"十三五"职业教育系列教材

电力技术类实验实训系列教材

DIANZI JISHU KECHENG SHEJI

电子技术课程设计

（第二版）

主　编　杨　力

副主编　王　星

编　写　陈　楠　郑和平

主　审　范　宇

中国电力出版社

CHINA ELECTRIC POWER PRESS

内 容 提 要

本书共 6 章，主要内容有电子技术课程设计基础，常用电子器件和仪器基本知识，模拟电子技术课程设计，数字电子技术课程设计，综合电子技术课程设计，EDA 技术及应用等。本书内容系统、先进，充分考虑高职高专院校的教学需要，实用性强；课题设计思路详细，实例贴近学生现实生活，大大提高了学生的学习兴趣。

本书可作为高职高专院校电气工程类、机械类、计算机类专业电子技术课程设计教材，也可以作为电子工程设计技术人员的参考用书。

图书在版编目（CIP）数据

电子技术课程设计/杨力主编. —2 版. —北京：中国电力出版社，2017.8（2021.3 重印）
"十三五"职业教育规划教材.电力技术类实验实训系列教材
ISBN 978 - 7 - 5198 - 1026 - 9

Ⅰ. ①电⋯ Ⅱ. ①杨⋯ Ⅲ. ①电子技术-课程设计-职业教育-教材 Ⅳ. ①TN - 41

中国版本图书馆 CIP 数据核字（2017）第 183251 号

出版发行：中国电力出版社
地　　址：北京市东城区北京站西街 19 号（邮政编码 100005）
网　　址：http：//www.cepp.sgcc.com.cn
责任编辑：陈　硕（010-63412532）安　鸿
责任校对：李　楠
装帧设计：赵姗姗
责任印制：吴　迪

印　　刷：北京九州迅驰传媒文化有限公司
版　　次：2009 年 4 月第一版　2017 年 8 月第二版
印　　次：2021 年 3 月北京第六次印刷
开　　本：787 毫米×1092 毫米　16 开本
印　　张：15.5
字　　数：376 千字
定　　价：35.00 元

前　　言

　　实验、课程设计、毕业设计是高职院校三大实践环节，课程设计是针对课程而言，但又不局限于课程；毕业设计具有更强的综合性和专业性。电子技术课程设计是对本门课程的综合性技能训练，通过设计使学生进一步掌握电子技术理论知识，熟悉元器件识别和检测技能，掌握电子仪器仪表的使用方法；通过查阅手册和文献资料，编写设计方案，完成安装和调试，培养学生独立分析和解决问题的能力。

　　目前，电子技术课程设计同类教材已出版多种，但大部分是针对本科院校和电子竞赛方面，对高职院校来说，其针对性和实用性均不强。部分高职院校出版的教材又大多是数字电路课程设计，没有模拟电路方面的内容；而且，根据高职院校的教改要求、教学计划的调整，很多高职院校非电子类专业未开设电子元器件和 EDA 技术方面的课程，而这些知识又是电子技术课程设计中必不可少的。因而，在教学实践中，学生非常需要一本课程设计方面的参考教材，这正是我们编写此书的目的。

　　本书是第二版，继续保持了原书第一版的先进性、实用性、系统性和资料性特点。自第一版书出版使用后，综合其他院校读者使用意见和目前电子技术发展状态，对部分电子元器件内容进行更新，增加实物图片。另外，单片机作为课程设计的工具已经广泛使用，本书增加了使用单片机作课程设计的实例。电子仿真设计软件也更新到了目前通用版本。具体更新内容如下：

　　（1）第 2 章部分元件知识增加了实物图，对电感器部分增加相关知识和实物图形。

　　（2）第 3 章新增了模拟电子技术设计文件格式，将已经淘汰的集成功率放大器芯片 LA4100 更换为 LM1875，增加相关制作实物图形；将 TDA2030A 更新为 TDA1514A，新增制作的实物模型图。在设计题选中，将"声、光控楼梯延迟灯"课题更换为"调幅广播接收机"。

　　（3）第 4 章新增了数字电路设计文件格式，将"多路数据采集系统"更换为"数字频率计"课题。

　　（4）第 5 章新增了应用单片机完成"调频接收机"和"电机遥控系统"两个设计题选。

　　（5）第 6 章将电子仿真软件 Multisim2001 更新为 Multisim12（汉化版），对该软件重新进行了较大幅度更新，充实了仿真案例，新增了对时序逻辑电路仿真内容。

　　（6）此外，对原书第一版中错漏之处一一进行了订正。

　　本书由国网四川省电力公司技能培训中心杨力任主编，王星任副主编，参编人员为陈楠、郑和平。其中郑和平编写了第 1 章 1.2 节；王星编写了第 2、第 3 章；陈楠编写了第 6 章 6.1 节、6.2 节；杨力编写了第 1 章 1.1 节和第 4、第 5 章以及第 6 章 6.3 节，并完成了全书统稿。本书由国网四川省电力公司技能培训中心范宇担任主审。

本书在编写过程中参考了有关教材和资料，并得到了有关院校的大力支持，在此表示感谢。

由于编者水平有限，书中存在的不足与疏漏之处，恳请广大读者批评指正。

编　者

2017 年 5 月

第 一 版 前 言

实验、课程设计、毕业设计是高职院校三大实践环节。课程设计是针对课程而言，但又不局限于课程；毕业设计具有更强的综合性和专业性。电子技术课程设计是对本门课程的综合性技能训练，可以使学生进一步掌握电子技术理论知识，熟悉元器件识别和检测技能，掌握电子仪器仪表的使用方法；通过查阅手册和文献资料，培养学生独立分析和解决问题的能力。

目前，电子技术课程设计同类教材已出版多种，但大部分是针对本科院校和电子竞赛方面，对高职院校来说，其深度和实用性均不强。部分高职院校出版的相关教材又大多是数字电路课程设计，没有模拟电路方面的内容；而且根据高职院校的教改要求、教学计划的调整，很多高职院校非电子类专业未开设电子元器件和 EDA 技术方面的课程，而这些知识又是电子技术课程设计必不可少的知识。因而，在教学实践中，学生非常需要一本课程设计方面的参考教材，这正是我们编写此书的目的。

本书具有以下特色：

（1）先进性。本书取材考虑到内容的先进性。在模拟电路设计中，主要采用集成电路进行设计，特别是以集成运放作为电路重要部件；数字电路课程设计中大量采用了中规模和大规模集成电路；综合性课程设计中模拟、数字电路结合，并引入单片机系统进行课程设计，软硬结合，硬件为主，充分体现现代电子技术发展趋势，符合当代电子技术构架。

（2）实用性。本书具有较强的实用性，使用范围以高职院校非电子类专业为主，在内容选取上充分考虑到学生实际水平和教学需要。由于课程设计时间短，高职院校课程设计一般不需要在课程设计中采用单片机系统进行设计，本书也仅仅是在综合性课程设计中才引入单片机系统。本书大部分课题来源于多年的教学实践和积累，具有较强的针对性。在本书设计实例中，既有方法的指导，又有详尽的设计、调试和参数测定过程，对学生具有较强的指导作用，同时对设计选题也给出了比较详细的设计思路，以利于学生选题和设计。

（3）系统性。本书具有较强的系统性，其内容包括了课程设计的方法、电子器件和仪器仪表使用方法、模拟电路课程设计、数字电路课程设计、综合性课程设计、EDA 知识。由浅入深，循序渐进，使学生熟悉课程设计方法和仪器仪表使用，掌握具体课程设计实践，以及仿真和电子制版的电子设计的全过程。

（4）资料性。本书除课程设计内容外，还编入了常用电子元器件的识别和检测知识，电子仪器仪表的使用方法，焊接技术方面知识。同时随着 EDA 技术成为电子设计重要方法，本书也编入了电子仿真（EWB）和电子制版（PCB）方面内容。书后附有数字集成电路参考资料，为学生查阅资料和选择器件提供方便。

本书由四川电力职业技术学院杨力主编。编写分工为成都电子机械高等专科学校荆友枫编写了第 1 章，王星编写了第 2 章，四川信息工程学校文刚编写了第 3 章，四川电力职业技术学院杨力编写了第 4 章、第 5 章和附录，任小军编写了第 6 章。本书由成都电子机械高等专科学校汪建副教授担任主审。

　　本书在编写过程中参考了有关教材和资料，并得到了有关院校的大力支持，在此表示感谢。

　　由于编者水平有限，书中存在的不足之处，恳请广大读者批评指正。

编　者

二〇〇九年一月

目　　录

第 1 章　电子技术课程设计基础

1.1　概　　述

1.1.1　课程设计的目的和要求

一、课程设计目的

电子技术课程设计是学生学习了"电子技术"课程，完成了相关模拟、数字基础实验，进行了电子元器件基本技能训练后，完成的一项综合性的实践活动，是"电子技术"课程十分重要的教学环节之一。通过课程设计，可以使学生初步掌握工程设计的方法和组织实践的基本技能，逐步熟悉开展科学实践的程序和方法，培养学生创新思维和工程设计能力。

在传统的电子技术实验教学中，其内容一般是根据基础理论的进程分为电子元器件技能训练、模拟电路和数字电路实验三个层次进行的。在每个层次的实验上存在内容陈旧、形式呆板、方法单一的问题，而且实验多为验证性实验，与当今对人才培养的要求有一定差距。在知识更新越来越快的今天，培养学生猎取知识的能力，显得更加重要。在电子技术课程设计教学过程中，通过了解，使用新技术、新器件，更清楚地认识到当前电子技术的飞速发展趋势，从而提升实验教学的水平。同时，在课程设计中要大量识别、检测、焊接电子元器件，因此可以进一步强化学生电子元器件选择和使用的实际技能。在课程设计过程中，将传统、单一的单元电路理论知识，设计更新为有一定实际意义的具体电路，整个设计过程，要完成方案的选择，实验电路的设计，电路的安装和调试等过程，有利于培养学生综合分析实际问题能力，较强的动手能力，团队合作精神。因此，通过课程设计，一方面可以巩固学生所学的电子技术理论知识；另一方面，既锻炼了学生的思维的广阔性，也培养了学生的创新能力和实际动手能力。

二、课程设计的要求

一般电子技术课程设计学时短，而且与电子专业毕业设计有一定差别（前者在设计的系统性、综合性和要求上低一些）；根据目前高职院校的教学实际情况，可以灵活选择课题，因此这里只提出一些基本的要求。

（1）设计电路的选择能力。根据设计任务和指标，初选电路；通过查阅资料、分析和设计计算，最终确定电路设计方案。

（2）根据设计方案，完成原理电路图的绘制和仿真分析。根据设计方案，采用电路设计软件（如 Protel 系列）进行电路图设计，绘制电路原理图，并利用专业软件（如 Multisim 2012）进行仿真分析；根据仿真分析结果不断调整电路元件参数和电路结构，对于大信号电路可以采用多用途电路搭接实际电路进行试验，使其结果达到设计技术指标。

（3）电路制作、整机的装配和调试。根据设计电路，合理选择元器件并对其检测；按照装配焊接工艺要求搭接电路，并完成整机装配，最后对整机进行调试。

（4）整机参数测试。整机调试完成后，必须进行整机的参数测试，并将参数与设计指标相比较，若有差距，应该分析原因，并对整机各部分电路重新检测和调试。

（5）完成总结报告。课程设计完成后，必须完成设计报告。其内容如下：

1）总体的设计思路，设计方案的选择依据。

2）单元电路设计过程，提交标准的设计原理电路图（或逻辑图）工程图纸，列出使用元器件清单。

3）EDA 仿真。

4）硬件电路安装和调试。

5）设计成果评价、总结，改进意见及课程设计的体会。

1.1.2　课程设计的教学过程

电子技术课程设计作为一种重要实践环节，一般学校已经将其纳入教学计划中，时间一般为 1 周（或 2 周）。按教学要求，学生应在规定时间内，在教师指导下，完成课题选择、课题设计、电路组装和调试，并写出课程设计报告，最后由指导教师根据学生完成的情况给出成绩。课程设计一般可分为以下几个阶段。

一、选择课题，确定设计方案阶段

在该阶段，首先由教师讲解设计要求，分配设计任务，使学生充分熟悉系统的性能、指标、内容及要求，以便明确设计课题应完成的任务。

然后，指导学生查阅相关文献资料，通过对电路分析比较、设计计算、元器件选择，熟悉设计内容，初步选择课题，提出初步设计构想。最后，由教师检查学生的设计方案，并对设计思路和方案的选择进行指导；若发现学生设计不够完善合理、设计方向有错误，及时指导学生修改设计方案。

二、绘制设计电路图，仿真分析和试验阶段

目前，电子技术的发展呈现系统集成化、设计自动化、用户专业化和测试智能化的特点，EDA 技术在电子课程设计中越来越重要；当设计方案确定后，通过电子计算机，借助专业设计软件设计电路已成为设计主流。学生画出基本电路图，经理论验证无错误后，方可进行电路的 EDA 仿真分析或电路的试验安装。

三、电路安装、调试阶段

经过仿真分析或试验电路后，可以进入电路的安装和整机的调试阶段。该阶段由学生按设计方案，选择元器件，制作电路 PCB 板（或用面包板），在电路板上搭接电路，选择合适元器件完成电路安装（或焊接）；最后对电路试运行，测试电路性能指标，并通过反复的调试使之满足设计要求。

四、课程设计的考核

（1）每位学生必须提交正确方案，并达到设计要求的总结报告，提供能够可靠工作的实验电路（或整机）。

（2）随机抽取不少于 20% 的学生对设计内容质疑。

（3）根据电路设计和电路调试情况以及课程设计报告、质疑成绩、课程设计过程表现，由指导教师按优、良、中、及格、不及格五级制评定成绩。

1.2　电子技术课程设计的方法

1.2.1　总体方案设计与选择

根据设计题目给定的技术指标和条件，初步设计出完整的电路。

"设计"阶段，又称为"预设"，其主要任务是准备好实验文件，包括：画出方框图，画出构成方框图的各单元的电路图，画出整体电路图，提出元器件清单。

传统的电子实训课程中，往往由教师规定设计要求，然后教师给出现成的电路图和元器件，学生再按照指导书上统一的电路图进行安装调试。作为电子技术课程设计要尽量改变这种情况，充分调动学生的主动性，以学生为主体，在其能力所及范围内，反复思考，大量参阅文献和资料，充分发挥，结合实际情况独立、创造性地进行电路的设计，将各种方案进行比较及可行性论证，然后确定方案。这样设计出的电路图才具有多样化。

不仅教师要给出多个课题供学生选择，而且实验室要提供较大选择余地的各种电子元件及中/小规模模拟、数字集成电路器件和显示器件。课题要具有一定难度，同一功能可用不同器件和方法实现，使设计方案多种多样。设计者也可以发挥自己的才智，另辟蹊径，寻找具有特色的方案，这正体现电子技术课程设计教学的目的：为设计者提供创造性工作的大舞台。如功率放大器的设计，可以采用三极管分立元件，也可以采用集成电路来设计。如自动报时数字钟课题中，实现 1~12 点的十二进制计数器的常用方法有两种，而因采用器件的不同将使电路更加多样化。又如校时电路的方案因其状态分配不同而多样化；报时电路的控制较复杂，这样具体方案就更多了。这样，学生自己设计电路，自己安装调试，但由于经验的不足常使电路存在某些问题，就需要一边安装调试一边修改完善电路，学生的思维一直处于活跃状态，使学生电路设计能力得到充分的锻炼。教师在此阶段的作用为引导学生多思考、解答设计难点，要为学生留下足够的独立设计空间。

在小型且比较简单的电子系统的设计中，常采用自下而上的方法（试凑法）来进行设计。这种方法建立在电子电路传统设计的基础上，是设计硬件式电子系统最基本的方法。下面介绍其具体步骤。

一、确定待设计系统的总体方案

把总体方案划分为若干相对独立的单元，每个单元实现特定的功能。划分单元的数目不能太多，但也不能太少，以能充分说明电路的控制思想和控制信号的流向为原则。

二、设计并实施各个单元电路

根据方案对各单元电路的要求，选择合适晶体管或集成电路类型（TTL、CMOS），每个单元的功能再由若干个标准器件来实现。在满足设计要求的前提下，设计电路以减少器件数目、连接线，提高电路的可靠性，降低成本为原则。

在设计中应尽可能多地采用各种标准的中、大规模集成电路，这要求设计者应熟悉各种标准集成电路器件的种类、功能和特点。

有时也需要选用一些小规模集成电路甚至分立元件。这时，需沿用经典的电子线路理论，通过对该单元电路的功能的分析，选择元器件及其参数，进而设计出具体电路。

三、把单元电路综合成电子系统

设计者应考虑各单元之间的连接问题。各单元电路在时序上应协调一致，电气特性上要匹配。此外，对于模拟系统要考虑"零点漂移"对电路的影响，对数字系统还应考虑防止竞争冒险及电路的自启动问题。

衡量一个电路设计的好坏，主要是看是否达到了技术指标及能否长期可靠地工作，此外还应考虑经济实用、容易操作、维修方便。为了设计出比较合理的电路，设计者除了要具备丰富的经验和较强的想象力之外，还应该尽可能多地熟悉各种典型电路的功能。只要将所学过的知识融会贯通，反复思考，周密设计，一个好的电路方案是不难得到的。

1.2.2　单元电路的设计与选择

根据系统的指标和功能框图，明确各部分任务，进行各单元电路的设计、参数计算和器件选择。

一、单元电路的设计

单元电路是整机的一部分，只有把各单元电路设计好才能提高整体设计水平。每个单元电路设计前都需明确本单元电路的任务，详细拟定单元电路的性能指标和其与前后级之间的关系，分析电路的组成形式。具体设计时，可以模仿成熟的先进的电路，也可以进行创新或改进，但都必须保证性能要求。而且，不仅单元电路本身要设计合理，各单元电路间也要互相配合，注意各部分的输入信号、输出信号和控制信号的关系。

二、参数计算

为保证单元电路达到功能指标要求，就需要用电子技术知识对参数进行计算。例如，放大电路中各电阻值、放大倍数的计算，振荡器中电阻、电容、振荡频率等参数的计算。只有很好地理解电路的工作原理，正确利用计算公式，计算的参数才能满足设计要求。

参数计算时，同一个电路可能有几组数据，注意选择一组能实现电路设计要求的功能、在实践中真正可行的参数。

计算电路参数时应注意下列问题：

(1) 元器件的工作电流、电压、频率和功耗等参数应能满足电路指标的要求。

(2) 元器件的极限参数必须留有足够充裕量，一般应大于额定值的 1.5 倍。

(3) 电阻和电容的参数应选计算值附近的标称值。

三、器件选择

(一) 阻容元件的选择

电阻和电容种类很多，正确选择电阻和电容是很重要的。不同的电路对电阻和电容性能要求也不同，有些电路对电容的漏电要求很严，还有些电路对电阻、电容的性能和容量要求很高。例如，滤波电路中常用大容量（100~3000μF）铝电解电容，为滤掉高频通常还需并联小容量（0.01~0.1μF）瓷片电容。设计时要根据电路的要求选择性能和参数合适的阻容元件，并要注意功耗、容量、频率和耐压范围是否满足要求。

(二) 分立元件的选择

分立元件包括二极管、晶体三极管、场效应管、光电二极管、晶闸管等。应根据其用途分别进行选择。

选择的器件种类不同，注意事项也不同。例如选择晶体三极管时，首先注意选择 NPN 型还是 PNP 型管，高频管还是低频管，大功率管还是小功率管，并注意三极管的如下参数：集电极最大允许耗散功率（P_{CM}）、集电极最大电流（I_{CM}）、集电极—发射极反向击穿电压（BU_{CEO}）、共射电流放大系数（β）、特征频率（f_T）、共发射极的截止频率（f_β）是否满足电路设计指标的要求；高频工作时，要求 $f_T = (5\sim10)f$，f 为工作频率。

(三) 集成电路的选择

由于集成电路可以实现很多单元电路甚至整机电路的功能，所以选用集成电路来设计单元电路和总体电路既方便又灵活。它不仅使系统体积缩小，而且性能可靠，便于调试、运用，在设计电路时颇受欢迎。

集成电路有模拟集成电路和数字集成电路。国内外已生产出大量集成电路，其器件的型号、原理、功能、特征可查阅有关手册。

选择的集成电路不仅要在功能和特性上实现设计方案，而且要满足功耗、电压、速度、价格等多方面的要求。

1.2.3　电路图的绘制和仿真分析

一、电路图的绘制

为详细表示设计的整机电路及各单元电路的连接关系，设计时需绘制完整的电路图。

电路图通常是在系统框图、单元电路设计、参数计算和器件选择的基础上绘制的，它是组装、调试和维修的依据。绘制电路图时要注意以下几点。

（1）布局合理、排列均匀、图面清晰、便于看图、有利于对图的理解和阅读。有时一个总电路由几部分组成，绘图时应尽量把总电路画在一张图纸上。如果电路比较复杂，需绘制几张图，则应把主电路画在同一张图纸上，而把一些比较独立或次要的部分画在另外的图纸上，并在图的断口两端做上标记。标出信号从一张图到另一张图的引出点和引入点，以此说明各图纸在电路连线之间的关系。

有时为了强调并便于看清各单元电路的功能关系，每一个功能单元电路的元件应集中布置在一起，并尽可能按工作顺序排列。

（2）注意信号的流向。一般从输入端或信号源画起，由左至右或由上至下按信号的流向依次画出各单元电路；而反馈通路的信号流向则与此相反。

（3）图形符号要标准，图中应加适当的标注。图形符号表示器件的项目或概念。电路图中的中、大规模集成电路器件，一般用方框表示，在方框中标出它的型号，在方框的边线两侧标出每根线的功能名称和引脚号。除中、大规模器件外，其余元器件符号应当标准化。

（4）连接线应为直线，并且交叉和折弯应最少。通常连线可以水平布置或垂直布置，一般不画斜线，互相连通的交叉处用圆点表示；根据需要，可以在连接线上加注信号名或其他标记，表示其功能或其去向。有的连线可用符号表示，如器件的电源一般标电源电压的数值，地线用符号表示。

设计的电路能否满足设计要求，还必须通过仿真分析、组装、调试进行验证。

二、电路的仿真分析

在电子系统设计过程中，验证设计人员检验设计方案是否满足预定的功能要求及技术指标时，传统的方法是利用人工对电路进行推算，在实验板上组装电路后进行反复调试。这种设计方法费时费力，设计周期长，设计费用高。随着计算机技术的发展，电子技术分析和设计方法发生了重大改变，对于微电子系统，计算机仿真技术得到了广泛应用。目前，以计算机仿真为基础的电子设计自动化（EDA）已成为现代电子系统（特别是数字电子系统）设计的重要手段。对于设计方案，可以通过电子仿真软件创建电路图，并进行仿真分析，已验证方案的正确性。

目前，高级的仿真系统采用 VHDL 硬件语言，利用专用工具 Quartus II 程序对原理图进行模拟运行，以验证设计，排除错误。但由于一些专业未开设 EDA 课程，对 VHDL 硬件描述语言不熟悉，且课程设计时间短、要求低，这里推荐大家使用目前比较通用的 EWB（Multisim 2012）电子工作平台作为仿真工具。

Multisim 2012 仿真软件是加拿大 Interactive Image Technologies 公司于 20 世纪 80 年代末、

90 年代初推出的电子电路仿真的虚拟电子工作台软件。它具有这样一些特点：

（1）采用直观的图形界面创建电路，通过计算机运行软件来选择元器件、仪器仪表来组合实验测试电路。

（2）软件仪器的控制面板外形和操作方式都与实物相似，可以实时显示测量结果。

（3）带有丰富的电路元件库，可提供多种电路分析方法。

（4）作为设计工具，它可以同其他流行的电路分析、设计和制板软件交换数据。

目前，该软件在教学中应用较为广泛，该软件的知识和应用将在第 6 章中做详细介绍。

1.2.4 电路的安装和调试

一、电路的安装

电子电路设计好后，便可进行组装。电子技术基础课程设计中组装电路通常采用焊接和实验箱上插接两种方式。焊接组装可提高学生焊接技术，但器件可重复利用率低，只应用在高电压、电流较大的电子电路安装中。对于小信号电路，一般在实验箱上组装，元器件便于插接且电路便于调试，并可提高器件重复利用率。在完成方案设计之后，需要进行电路的安装和调试，以发现实验现象与设计要求不相符合的情况，便于修改设计方案。

（一）焊接电路的安装方式

对于电压较高，电流较大的电路宜采用多孔电路板来进行电路的安装和调试工作，在安装中要注意以下问题。

（1）元器件的选择要正确。电阻器主要考虑阻值和功率；电容器要考虑容量值和耐压值，其中电解电容要考虑其极性安装正确；二极管和三极管必须考虑其极限参数和极性安装位置，不能插错。

（2）小信号集成电路可以考虑使用插座；大信号的集成电路（如集成功率放大器）必须直接焊接在电路板上，并加装合适的散热器。

（3）电源变压器的一、二次侧出线端与电路连接线连接后，在连接点必须加装绝缘导管，以保证安全。

（4）元器件的焊接工艺必须达到规定的要求，不能出现虚焊现象。

（二）在实验箱上用插接方式组装电路

在试验箱装接电路多用于数字系统设计中。其连接导线采用 0.6mm 的单股绝缘导线，电路底板由几块有许多小方孔单塑料板（面包板）组合而成。为减少故障，面包板上单电路布局与布线，必须合理而且美观。

在多孔实验插座板上安装，绝大部分故障是布线错误引起的，因此，布线工艺是非常重要的。其要求器件布局合理，导线的排列整齐而清晰，连接点接触良好。在安装过程中，一定要认真仔细，一丝不苟，连线不要错接或漏接，并保证接触良好；电源和地线不要短路，以避免人为故障。具体来说用插接方式组装电路要注意以下几个方面：

（1）安装前，应首先测试各集成电路器件的逻辑功能，判断器件的好坏。测试方法可参阅相关的数字电路的功能测试方法方面的内容。

（2）合理布局器件。根据整体逻辑电路图和器件引脚排列图，以器件摆放位置美观、疏密适当、连接导线尽量短和便于接线为原则。

（3）将所有待用集成块插入多孔实验插座板。注意：集成块不要插错或方向插反，插入之前应仔细整理引脚，使引脚与多孔实验插座板的连接可靠。

（4）连接电源线和地线母线。多孔实验插座板上有两排平行的插孔可专供接入电源线及地线，每排插孔的中间在电气上是断开的，应用导线将其相互连通，并将多个多孔实验插座板的电源线和地线连通。为避免干扰，可将地线接外围。

（5）导线直径应和插接板的插孔直径相一致，过粗会损坏插孔，过细则与插孔接触不良。为使检查电路方便，根据不同用途，导线可以选用不同颜色，一般习惯是正电源用红线，负电源用蓝线，地线用黑线，信号线用其他颜色的线。

（6）分单元电路进行安装调试。由于课程设计课题较复杂，整体电路由多个单元电路组成，可分单元电路依次进行安装调试，安装完毕某单元电路后，应及时调试该单元电路，再继续安装下一单元电路。装调的顺序建议为：先装调主电路，再装调控制电路，均达到指标要求之后，再连接起来统调。

（7）安装过程中强调布线工艺。好的布线工艺应接触良好，便于检测和查找故障。

二、电路的调试

实践表明，一个电子装置，即使按照设计的电路参数进行安装，往往也难以达到预期的效果。这是因为人们在设计时不可能周密地考虑各种复杂的客观因素（如元件值的误差，器件参数的分散性，分布参数的影响等），必须通过安装后的测试和调整，来发现和纠正设计方案的不足以安装的不合理，然后采取措施加以改进，使装置达到预定的技术指标。因此，掌握调试电子电路的技能，对于每个从事电子技术及其有关领域工作的人员来说，是非常重要的。

实验和调试的常用仪器有万用表、稳压电源、示波器、信号产生器和扫频仪等。

（一）调试前的直观检查

电路安装完毕，通常不宜急于通电，先要认真检查一下。

（1）连线是否正确。检查电路连线是否正确，包括错线、少线和多线。查线的方法通常有两种：

1）按照电路图检查安装的线路。这种方法的特点是，根据电路图连线，按一定顺序逐一检查安装好的线路，因此，可比较容易查出错线和少线。

2）按照实际线路来对照原理电路进行查线。这是一种以元器件为中心进行查线的方法。把每个元器件引脚的连线一次查清，检查每个引脚的去处在电路图上是否存在。这种方法不但可以查出错线和少线，还容易查出多线。

为了防止出错，对于已查过的线通常应在电路图上做出标记。测量时，最好用指针式万用表"Ω×1"挡，或数字式万用表"Ω"挡的蜂鸣器，并且直接测量元器件引脚，这样可以同时发现接触不良的地方。

（2）元器件安装情况。检查元器件引脚之间有无短路，连接处有无接触不良；二极管、三极管、集成电路和电解电容极性等是否连接有误。

（3）电源供电（包括极性）、信号源连线是否正确，检查直流极性是否正确，信号线是否连接正确。

（4）电源端对地是否存在短路。在通电前，断开一根电源线，用万用表检查电源端对地是否存在短路。检查直流稳压电源对地是否短路。

若电路经过上述检查，并确认无误后，就可转入调试。

（二）调试方法

调试包括测试和调整两个方面。电子电路的调试，是以达到电路设计指标为目的而进行的一系列的"测量→判断→调整→再测量"的反复进行过程。

为了使调试顺利进行，设计的电路图上应当标明各点的电位值、相应的波形图及其他主要数据。

调试方法通常采用"先分调，后联调（总调）"。一般来说，任何复杂电路都是由一些基本单元电路组成的，因此，调试时可以循着信号的流程，逐级调整各单元电路，使其参数基本符合设计指标。这种调试方法的核心是，把组成电路的各功能块（或基本单元电路）先调试好，并在此基础上逐步扩大调试范围，最后完成整机调试。采用先分调后联调的优点是：能及时发现问题和解决问题。新设计的电路一般采用此方法。对于包括模拟电路、数字电路和微机系统的电子装置，更应采用这种方法进行调试。因为只有把这三部分分开调试后，分别达到设计指标，并经过信号及电平转换电路后才能实现整机联调。否则，由于各电路要求的输入、输出电压和波形不符合要求，盲目进行联调，就可能造成大量的器件损坏。

除了上述方法外，对于已定型的产品和需要相互配合才能运行的产品也可采用一次性调试。

按照上述调试电路原则，具体调试步骤如下：

（1）通电观察。把经过准确测量的电源接入电路，观察有无异常现象，包括有无冒烟，是否有异常气味，手摸元器件是否发烫，电源是否有短路现象等。如果出现异常，应立即切断电源，待排除故障后才能再通电。然后测量各路总电源电压和各器件的引脚的电源电压，以保证元器件正常工作。

通过通电观察，认为电路初步工作正常，就可转入正常调试。

在这里，需要指出的是，一般实验室中使用的稳压电源是一台仪器，它不仅有一个"+"端，一个"−"端，还有一个"地"接在机壳上。当电源与实验板连接时，为了能形成一个完整的屏蔽系统，实验板的"地"一般要与电源的"地"连起来，而实验板上用的电源可能是正电压，也可能是负电压，还可能正、负电压都有。所以电源是"+"端接"地"，还是"−"端接"地"，使用时应先考虑清楚。如果要求电路浮地，则电源的"+"与"−"端都不与机壳相连。

另外，应注意的是：一般电源在开与关的瞬间往往会出现瞬态电压上冲的现象，集成电路最怕过电压的冲击，所以一定要养成"先开启电源，后接电路"的习惯，在实验中途也不要随意将电源关掉。

（2）静态调试。交流、直流并存是电子电路工作的一个重要特点。一般情况下，直流为交流服务，直流是电路工作的基础。因此，电子电路的调试有静态调试和动态调试之分。

静态调试一般是指在没有外加信号的条件下所进行的直流测试和调整过程。例如，通过静态测试模拟电路的静态工作点，数字电路的各输入端和输出端的高、低电平值及逻辑关系等，可以及时发现已经损坏的元器件，判断电路工作情况，并及时调整电路参数，使电路工作状态符合设计要求。

对于运算放大器，静态检查除测量正、负电源是否接上外，主要检查在输入信号为零时，输出端是否接近零电位，调零电路起不起作用。当运放输出直流电位始终接近正电源电压值或负电源电压值时，说明运放处于阻塞状态，可能是外电路没有接好，也可能是运放已经损坏。如果通过调零电位器不能使输出为零，除了运放内部对称性差外，也可能运放处于振荡状态，所以实验板直流工作状态的调试，最好接上示波器进行监视。

（3）动态调试。动态调试是在静态调试的基础上进行的。调试的方法是在电路的输入端接入适当频率和幅值的信号，并循着信号的流向逐级检测各有关点的波形、参数和性能指标。发现故障现象，应采取不同的方法缩小故障范围，最后设法排除故障。

测试过程中不能凭感觉和印象，要始终借助仪器观察。使用示波器时。最好把示波器的信号输入方式置于"DC"挡，通过直流耦合方式，可同时观察被测信号的交、直流成分。

通过调试，最后检查功能块和整机的各项指标（如信号的幅值、波形形状、相位关系、增益、输入阻抗和输出阻抗等）是否满足设计要求，如必要，再进一步对电路参数提出合理的修正。

（三）调试应注意的问题

调试结果是否正确，很大程度上受测量正确与否和测量精度的影响。为了保证调试的效果，必须减小测量误差，提高测量精度，为此需注意以下几点：

（1）正确使用测量仪器的接地端。凡是使用地端接机壳的电子仪器进行测量，仪器的接地端应与放大器的接地端连接在一起，否则仪器机壳引入的干扰不仅会使放大器的工作状态发生变化，而且将使测量结果出现误差。根据这一原则，调试发射极偏置电路时，若需测量 U_{CE}，则不应把仪器的两端直接接在集电极和发射极上，而应分别地测出 U_C、U_E，然后将二者相减得 U_{CE}。若使用干电池供电的万用表进行测量，由于万用表的两个输入端是浮动的，所以允许直接接到测量点之间。

（2）在信号比较弱的输入端，尽可能用屏蔽线连接。屏蔽线的外屏蔽层要接到公共地线上。在频率比较高时要设法隔离连接线分布电容的影响，例如用示波器测量时应该使用有探头的测量线，以减少分布电容的影响。

（3）测量电压所用仪器的输入阻抗必须远大于被测处的等效阻抗。因为，若测量仪器输入阻抗小，则在测量时会引起分流，给测量结果带来很大的误差。

（4）测量仪器的带宽必须大于被测电路的带宽。例如，MF-20 型万用表的工作频率为 20~20 000Hz。如果放大器的上限频率 $f_H = 100kHz$，就不能用 MF-20 型万用表来测试放大器的幅频特性；否则，测试结果就不能反映放大器的真实情况。

（5）要正确选择测量点。用同一台测量仪进行测量时，测量点不同，仪器内阻引进的误差大小将不同。例如，对于图 1-1 所示电路，测 C1 点电压 U_{C1} 时，若选择 E2 为测量点，测得 U_{E2} 根据 $U_{C1} = U_{E2} + U_{BE2}$ 求得的结果，可能比直接测 C1 点得到的 U_{C1} 的误差要小得多。出现这种情况，是因为 R_{E2} 较小，仪器内阻引进的测量误差小。

（6）测量方法要方便可行。需要测量某电路的电流时，一般尽可能测电压而不测电流，因为测电压不必改动被测电路，测量方便。若需知道某一支路的电流值，可以通过测量该支路上电阻两端的电压，经过换算而得到。

（7）调试过程中，不但要认真观察和测量，还要善于记

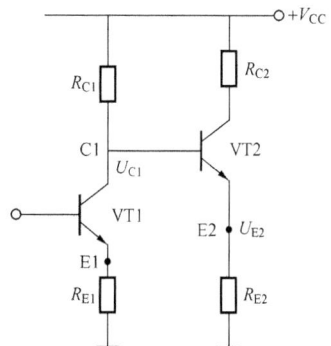

图 1-1　被测电路

录。记录的内容包括实验条件，观察的现象，测量的数据、波形和相位关系等。只要有了大量可靠的实验记录，并与理论结果加以比较，才能发现电路设计上的问题，完善设计方案。

（8）调试时出现故障，要认真查找故障原因。切不可一遇故障解决不了就拆掉线路重新安装。

1.2.5　课程设计报告

一、课程设计报告的要求

在实验进行前，必须认真阅读教材，复习有关理论知识，查阅有关元器件手册及仪器的性能与使用方法；明确本次课程设计的目的、任务及要求，认真写出设计报告。设计报告的内容包括实验步骤、原理电路图；计算出电路图中各元器件的数值，绘出主要参数的测量电路图；将理论计算值和待测参数列成表格，以便实验时填写。实践证明，凡是设计做得好的同学，做起实验来也得心应手，能达到事半功倍的效果。

设计性实验报告应包括以下内容：

（1）课题名称。

（2）已知条件。

（3）主要技术指标。

（4）设计用仪器。

（5）电路工作原理、电路设计与调试。

（6）技术指标测试、实验数据整理。

（7）整理电路原理图，并标明调试、测试完成后各元件的参数。

（8）故障分析及解决的办法。

（9）设计结果讨论与误差分析。

（10）思考题解答与课程设计研究等。

最后，还应对本次课程设计进行总结，写出本次课程设计中的收获体会，如创新设计思想、对电路的改进方案、成功的经验、失败的教训等。课程设计报告应文理通顺，字迹端正，图形美观，页面整洁。

二、课程设计报告格式

课程设计报告的封面和内页格式要求见表 1-1 和表 1-2。

表 1-1　　　　　　　　　　　课程设计报告封面格式

电子技术课程设计报告

课　　题：＿＿＿＿＿＿＿＿＿＿＿＿＿＿＿＿＿＿＿＿＿＿

指导教师：＿＿＿＿＿＿＿＿＿＿＿＿＿＿＿＿＿＿＿＿＿＿

设计人员：＿＿＿＿＿＿＿＿＿＿＿＿＿＿＿＿＿＿＿＿＿＿

组　　号：＿＿＿＿＿＿＿＿＿＿＿＿＿＿＿＿＿＿＿＿＿＿

班　　级：＿＿＿＿＿＿＿＿＿＿＿＿＿＿＿＿＿＿＿＿＿＿

成　　绩：＿＿＿＿＿＿＿＿＿＿＿＿＿＿＿＿＿＿＿＿＿＿

表 1-2　　　　　　　　　　　　　**课程设计内页格式**

目　　录

一、设计任务书

二、设计框图及整体方案概述

三、各单元电路的设计方案及原理说明

四、整机电路图

五、整机电路的安装过程

六、调试过程及结果分析

七、设计、安装及调试中的体会

八、对本次课程设计的意见及建议

九、附录（包括整机电路图和所用元器件清单）

第2章　常用电子器件和仪器基本知识

2.1　电子元器件的识别和主要性能参数

2.1.1　电阻器的识别和检测

一、电阻器基础知识

导体对电流的阻碍作用叫电阻，用字母 R 表示，其国际单位是 Ω（欧姆），常用单位有 $k\Omega$（千欧）、$M\Omega$（兆欧），换算关系是

$$1M\Omega = 10^3 k\Omega = 10^6 \Omega$$

常用国际单位符号及其转换关系见表 2-1。

表 2-1　　　　　　　　　常用国际单位符号及其转换关系

因数	名称	符号	因数	名称	符号
10^{18}	艾［可萨］	E	10^{-1}	分	d
10^{15}	拍［它］	P	10^{-2}	厘	c
10^{12}	太［拉］	T	10^{-3}	毫	m
10^{9}	吉［咖］	G	10^{-6}	微	μ
10^{6}	兆	M	10^{-9}	纳	N
10^{3}	千	k	10^{-12}	皮	P
10^{2}	百	h	10^{-15}	飞	F
10^{1}	十	da	10^{-18}	阿	A

电阻器在电路中可以起分压、分流、隔离、偏置、取样、调节时间常数和抑制寄生振荡等作用，主要用于稳定、调节、控制电压或电流的大小。电阻器的图形符号如图 2-1 所示。

电阻器的种类繁多，一般可以分为以下几类：

（1）固定电阻器。固定电阻器可以分为线绕电阻器和非线绕电阻器两大类。非线绕电阻器又可以分为空心线绕电阻器、膜式线绕电阻器和玻璃线绕电阻器三种。

（2）可调电阻器。可调电阻器又可以分为滑线电阻器和可调线绕电阻器两大类。

（3）敏感电阻器。它包括热敏电阻器、光敏电阻器和压敏电阻器等。

二、电阻器的识别

（一）命名方法

电阻器和电位器的型号均由四部分构成，如图 2-2 所示。

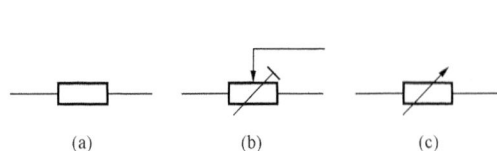

图 2-1　电阻器的图形符号

（a）普通电阻器；（b）微调电阻器；（c）可调电阻器

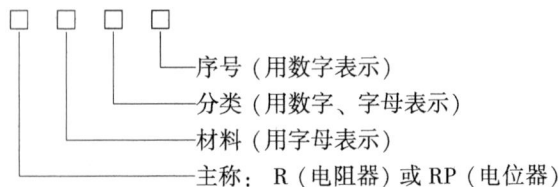

序号（用数字表示）
分类（用数字、字母表示）
材料（用字母表示）
主称：R（电阻器）或 RP（电位器）

图 2-2　电阻器和电位器的命名方法

电阻器和电位器型号中字母的含义见表 2-2。

表 2-2　　　　　　　　　　　电阻器和电位器型号中字母的含义

第一部分		第二部分		第三部分	
用字母表示主称		用字母表示材料		用数字或字母表示分类	
符号	意义	符号	意义	符号	意义
R	电阻器	T	碳膜	1	普通
P	电位器	H	合成膜	2	普通
M	敏感电阻	J	金属膜	3	超高频
		Y	氧化膜	4	高阻
		S	有机实心	5	高温
		N	无机实心	7	精密
		I	玻璃釉膜	8	高压
		X	线绕	9	特殊
		C	沉积膜	G	高功率
				X	小型
				W	微调
				D	多圈

例如：RJ71 表示精密金属膜电阻器。

整机电路较复杂时，为方便寻找电阻器，往往在 R 后加上编号，如 R_1、R_2 等；可变电阻和电位器的文字代号为 RP，同样也对其进行编号。具体符号说明如图 2-3 所示。

（二）表示方法

电阻器的表示方法有直标法、数字表示法、文字符号表示法和色标法四种。

（1）直标法。直标法是直接在电阻体上标志主要参数和技术性能。如图 2-4 所示。

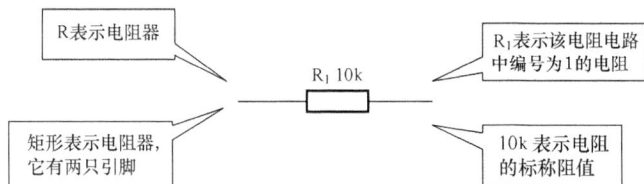

图 2-3　电阻器符号说明

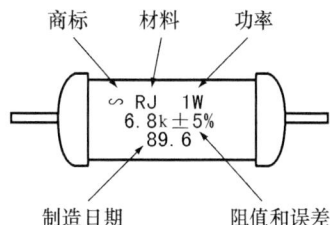

图 2-4　直标法表示的电阻器

从图 2-4 所示电阻器上的标志可知，该电阻器阻值为 6.8kΩ（误差为 5%），材料为金属膜，功率为 1W，制造日期为 1989 年 6 月。

（2）数字表示法。通常由 3 位阿拉伯数字组合而成。第 1、2 位表示电阻器具体阻值，第 3 位表示倍率（$1×10^n$）。在 SMD 贴片式电阻器中，都采用数字表示法。

例如：221 表示电阻器的阻值为 $22×10^1 = 220Ω$；150 表示电阻器的阻值为 $15×10^0 = 15Ω$，564 表示电阻器阻值为 $56×10^4 = 560kΩ$。

（3）文字符号表示法。用阿拉伯数字和文字符号有规律的组合，表示标称阻值和允许误差的方法称为文字符号法。单位由文字符号 R（欧姆）、k（千欧）、M（兆欧）表示。阻值的整数部分写在单位标记符号的前面，阻值的小数部分写在单位标记符号的后面。允许偏差用文字符号 D（±0.5%）、F（±1%）、G（±2%）、J（±5%）、K（±10%）、M（±20%）表示，如图 2-5 所示。

1R5J	2K7M	R1F	2M2K
1.5Ω±5%	2.7kΩ±20%	0.1Ω±1%	2.2MΩ±10%

图 2-5　电阻器的文字符号

（4）色标法。色标法是指用不同的颜色在电阻器器体上标志主要参数和技术性能的方法。通常采用背景颜色区别电阻器的种类，用浅色（淡绿色、淡蓝色、浅棕色）表示碳膜电阻器，用红色表示金属膜或金属氧化膜电阻器，深绿色表示线绕电阻器。

采用色标法的电阻器阻值的识别方法如下：

1）不同颜色表示的有效数字、倍率和允许偏差见表 2-3。

表 2-3　　　　　　　　　　　颜色代表的有效数字、倍率和允许偏差

颜色	有效数字	倍率（乘数）	允许偏差（%）	颜色	有效数字	倍率（乘数）	允许偏差（%）
黑	0	10^0		紫	7	10^7	±0.1
棕	1	10^1	±1	灰	8	10^8	
红	2	10^2	±2	白	9	10^9	−20~+50
橙	3	10^3		金		10^{-1}	±5
黄	4	10^4		银		10^{-2}	±10
绿	5	10^5	±0.5	无色			±20
蓝	6	10^6	±0 25				

要注意金、银的倍率分别为 10^{-1}、10^{-2}，允许偏差以金、银、棕、红、绿、蓝、紫最为常见。

2）色环表示法：

a. 四色环法。四色环法标注的电阻器第一环和第二环代表数字，第三环代表倍率，第四环代表允许偏差，如图 2-6 所示。四色环法一般多用于普通电阻器。

若一个电阻器的四道色环顺序依次为红、紫、黄、银，则这个电阻器的阻值为 $27×10^4Ω$（270kΩ），允许偏差是 ±10%。

b. 五色环法（多用于精密电阻器）。五色环法标注的电阻器第一、第二、第三环都代表数字，第四环代表倍率，第五环代表允许偏差，如图 2-7 所示。

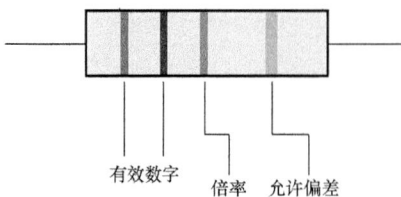

图 2-6　四色环电阻器读数方法　　　　　图 2-7　五色环电阻器读数方法

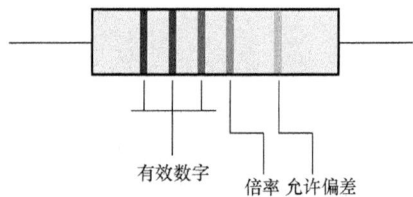

若一个电阻器的五道色环顺序依次棕、黑、绿、棕、棕五环，则这个电阻器的阻值为 $105×10^1 = 1050\Omega = 1.05k\Omega$，允许偏差为 $\pm1\%$。

色环电阻器读数技巧如下：①先找允许偏差环，最后一环（允许偏差环）与前一环的间隔比其他环之间的间隔宽；金、银一般是最后一环；②读出的阻值一定要符合客观实际；③为检验读数是否准确，最好再用万用表验证一下。

常见的几种电阻器实物图如图 2-8 所示。

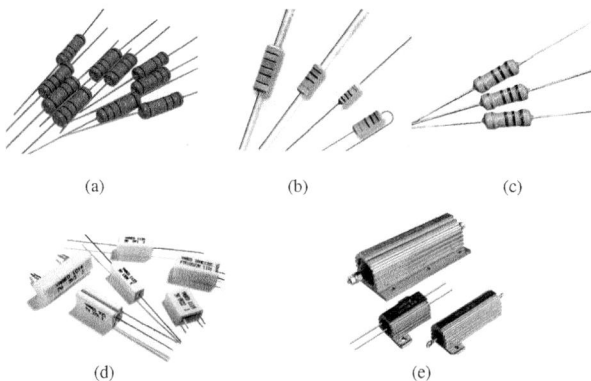

图 2-8 常见电阻器实物图

（a）氧化膜电阻器；（b）金属氧化膜电阻器；（c）碳膜电阻器；（d）水泥电阻器；（e）线绕电阻器

三、电阻器的检测

（1）先观察。观察电阻器引线是否完好，表面是否发黑，若发黑，则有损坏的可能。

（2）后测量。用万用表测量电阻器的阻值，若阻值无穷大则电阻器已经损坏；若测量值超出误差允许范围或阻值不稳定，也不能使用该电阻器。测量时要注意万用表量程的选择，以及正确的测量方法。

四、主要参数

电阻器的主要参数有标称阻值、允许偏差和功率。

（一）标称阻值和允许偏差

电阻器的标称阻值是指电阻器表面所标的阻值。实际阻值与标称阻值之间允许的最大偏差范围叫作阻值的允许偏差，一般用标称阻值与实际阻值之差除以标称阻值所得的百分数表示，又称为阻值误差。允许偏差与电阻器材料和工艺有关。通用型电阻器允许偏差分为 3 个等级。E24、E12、E6 系列通用电阻器的标称值见表 2-4。

表 2-4　　　　　　　　　　　E24、E12、E6 系列通用电阻器的标称值

系列	阻值误差	电阻器标称阻值
E24	Ⅰ级±5%	1.0；1.1；1.2；1.3；1.5；1.6；1.8；2.0；2.2；2.7；3.0；3.3；3.6；3.9；4.3；4.7；5.1；5.6；6.2；6.8；7.5；8.2；9.1
E12	Ⅱ级±10%	1.0；1.2；1.5；2.2；2.7；3.3；4.7；5.6；6.8；8.2
E16	Ⅲ级±20%	1.0；1.5；2.2；3.3；4.7；6.8

（二）额定功率

电阻器的额定功率指的是电阻器在直流或交流电路中，长期连续工作所允许消耗的最大

功率。电阻器的额定功率与其体积有关，一般外形越大，功率就越大。额定功率可以直接标注在电阻体上，也可以用额定功率符号表示。电阻器的额定功率符号如图 2-9 所示。

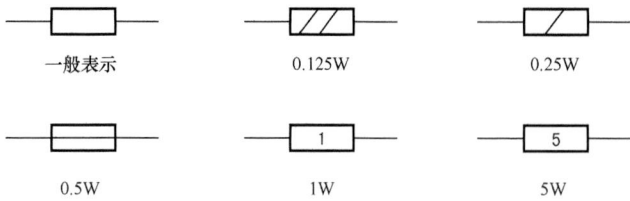

一般表示　　　　　　0.125W　　　　　　0.25W

0.5W　　　　　　1W　　　　　　5W

图 2-9　电阻器额定功率符号

五、电位器

电位器实际上就是一个可调电阻器，常用来调节电阻值或电位，电视机中的亮度、扩音器的音量调节等都是通过电位器来实现的。电位器有三个引出端，其中两个为固定端，另一个是滑动端。滑动端也称中心抽头，可以在固定端之间的电阻体上做机械运动，使其与固定端之间的电阻发生变化。

电位器的基本结构和符号如图 2-10 所示。电位器通常用符号 RP 来表示。图 2-10（b）中，1、3 是电位器固定臂引出脚，2 是活动臂引出脚。

常见电位器实物图如图 2-11 所示。

（一）电位器的识别

电位器的命名方法与电阻器相同。

（二）电位器的检测

测量电位器最常用的仪表是万用表。用万用表检测电位器的方法如下：

（1）用万用表欧姆挡测量电位器的两个固定端的电阻，并将测量出来的电阻与

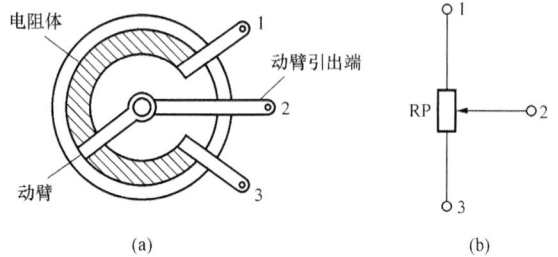

图 2-10　电位器基本结构和符号
（a）基本结构；（b）符号

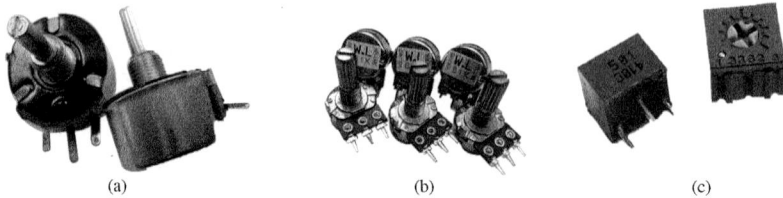

图 2-11　常见电位器实物图
（a）线绕电位器；（b）碳膜电位器；（c）合成膜微调电位器

标称值进行比较。若万用表测量出来的阻值比标称值大得多，则电位器已损坏；若指示的数值不稳定，不停地跳动，则表明电位器内部接触不好。

（2）用万用表欧姆挡测量电位器滑动端与固定端的阻值变化情况。移动滑动端，若万用表测量出来的阻值从小到大连续变化，最小值越小，最大值越接近标称值，则表明电位器质量越好；若测量出来的阻值间断或不连续，则说明电位器滑动端接触不良，不能选用。

2.1.2　电容器的识别和检测

一、电容器基础知识

电容器（简称电容），由一层绝缘介质隔开两块金属极板构成，是一种储能元件。电容器储存电荷的多少叫作电容量，电容器在电路中用字母 C 表示，国际单位是法拉，符号为

F。常用的单位还有 μF（微法）、pF（皮法）。

电容具有通交流、隔直流、通高频、阻低频的特性，在电路中常用于整流器的平滑滤波、电源的退耦、交流信号的旁路、交直流电路的交流耦合等。

电容器的符号表示分为有极性和无极性两种。有极性电容器主要是电解电容器，无极性电容器主要是以有机薄膜作介质的小容量无极性电容器。电容器的符号如图 2-12 所示。

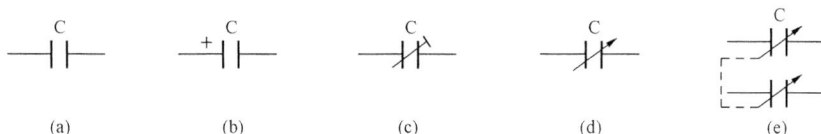

图 2-12　电容器的符号

（a）固定电容器；（b）有极性电容器；（c）微调变电容器；（d）可调电容器；（e）双联可调电容

电容器的种类繁多，一般有以下几种分类方法：

（1）按电容器容量是否可调分为固定电容器、可变电容器和微调电容器。

（2）按介质不同可将电容器分为有机介质电容器、无机介质电容器和电解电容器。有机介质电容器可以分为纸介电容器、塑料电容器和其他有机介质电容器。无机介质电容器又可以分为气体介质电容器、云母电容器、玻璃及玻璃釉电容器和瓷介电容器。电解电容器又可以划分为铝电容器、钽电容器等。

二、电容器的识别

（一）命名方法

电容器的型号由四部分组成，如图 2-13 所示。

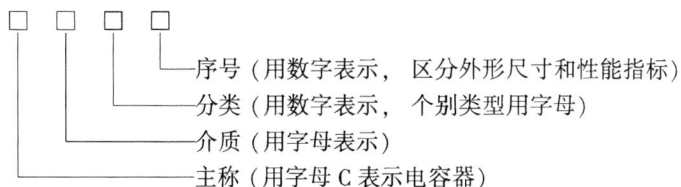

序号（用数字表示，区分外形尺寸和性能指标）
分类（用数字表示，个别类型用字母）
介质（用字母表示）
主称（用字母 C 表示电容器）

图 2-13　电容器型号的命名方法

电容器型号中各部分数字和字母代表的意义见表 2-5。

表 2-5　　　　　　　　　电容器型号中部分数字和字母代表的意义

第一部分		第二部分		第三部分	
用字母表示主称		用字母表示介质		用数字或字母表示分类	
符号	意义	符号	意义	符号	意义
C	电容器	C	陶瓷	W	微调
		Y	云母		
		I	玻璃釉		
		O	玻璃膜		
		B	聚苯乙烯等非极性有机薄膜		
		F	聚四氟乙烯		
		L	聚酯等极性有机薄膜		

续表

第一部分		第二部分		第三部分	
用字母表示主称		用字母表示介质		用数字或字母表示分类	
符号	意义	符号	意义	符号	意义
C	电容器	S	聚碳酸酯	W	微调
		Q	漆膜	J	金属膜
		Z	纸		
		J	金属化纸		
		H	纸膜复合		
		D	铝电解		
		A	钽电解		
		N	铌电解		

常见电容器的种类、实物图、性能特点及应用见表2-6。

表2-6　　　　　常用电容器的种类、实物图、性能特点及应用

电容器种类	实物图	性能特点	应用
铝电解电容器（CD11）	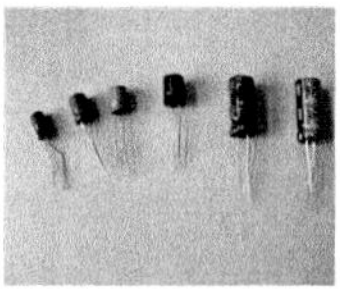	容量大，但是漏电大、误差大、稳定性差	常用作交流旁路和滤波，在要求不高时也用于信号耦合
瓷介电容器（CC系列）		高频、绝缘特性好，成本低，但易碎，稳定性差	适用于高频、高压、旁路和耦合电路
聚丙乙烯薄膜电容器（CBB系列）	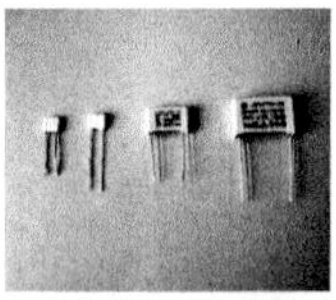	绝缘电阻高，容量精度稳定性好，但耐潮湿和耐热性差	应用广泛，常用于选择回路、滤波和耦合回路中
纸介电容器（CZ系列）	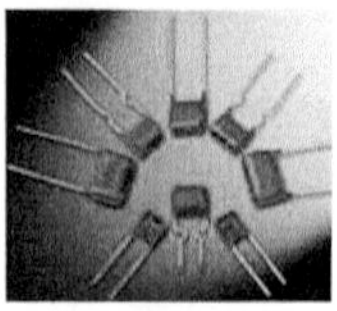	电容量和工作电压范围宽，损耗大、容量精度不易控制，稳定性差	广泛应用于要求不高的电子仪器仪表中
空气可调电容器		空气介质可变电容体积大，损耗小	多用在电子管、晶体管收音机调谐电路中

例如：CCW1是圆片形高频陶瓷微调电容器；CD11是立式电解电容器。

（二）容量表示方法

（1）直标法。这是一种将字母和数字直接标在产品的表面，表示产品的主要参数和技术指标的方法。图 2-14 中电容器的标称容量是 $1\mu F$、耐压 220V、纸介介质、允许偏差为 $\pm 5\%$。

（2）文字符号表示法。用数字、文字符号有规律的组合来表示电阻器容量。文字符号表示其电容量的单位，主要有 p、n、μ、m、F 等，与电阻的文字符号表示方法相同。使用文字符号法时，容量整数部分写在容量单位符号的前面，容量的小数部分写在容量单位符号的后面。小于 10pF 的电容，其允许偏差用字母代替。允许偏差用文字符号 D（$\pm 0.5\%$）、F（$\pm 1\%$）、G（$\pm 2\%$）、J（$\pm 5\%$）、K（$\pm 10\%$）、M（$\pm 20\%$）表示，表示方法与电阻相同。

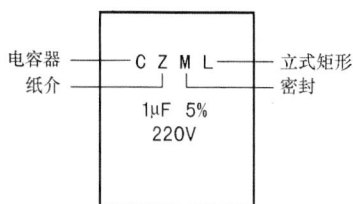

图 2-14　电容器的直标法

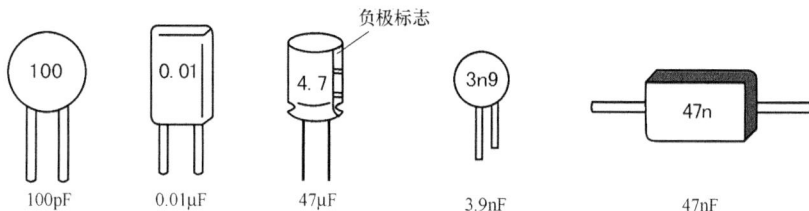

图 2-15 中，3n9、47n 表示的两个电容器用到 n 标法，因此上述电容器容量分别是：$3.9nF = 3.9 \times 10^3 pF = 3900pF$、$47nF = 47 \times 10^{-3}\mu F = 0.047\mu F$。

图 2-15　电容量的文字符号法

（3）数字表示法。一般用 3 位数字表示电容器容量，其单位是 pF。其中第 1、2 位为有效数字，第 3 位是倍率，即表示有效值后"零"的个数。具体计算方法是：

容量值 = 前 2 位有效数字 $\times 10^n pF$（n 代表第 3 位有效数字的大小）

例如：103 表示的容量值为 $10 \times 10^3 pF = 10\,000pF = 0.01\mu F$，$682 = 68 \times 10^2 = 6800pF$，104 表示的容量值为 $10 \times 10^4 pF = 0.1\mu F$，如图 2-16 所示。

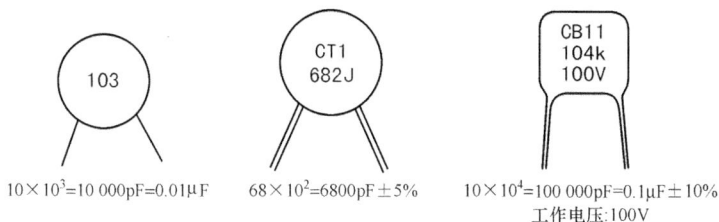

（4）色标法。电容器的色标法和电阻器的表示方法相同，单位一般为 pF。

图 2-16　电容量的数字表示

（三）电容器的耐压值的识别

电容器耐压值的标出，限定了使用电容器时，只能将电容器在其耐压值的 80% 的工作电压中使用。一个电路的最高工作电压只能是这个电路中耐压值最低的电容器的耐压值的 80%，才能保证电容器使用安全，并且保证电路工作的稳定性。电容器耐压标注有直接表示法和字母表示法两种。

（1）电容器的直接表示法。电容器直接表示法即是用 0~9 的数字来表示。

例如：CBB10-473M/63V 表示该电容器容量为 $0.047\mu F$，耐压为 63V，容量误差为

±20%的聚丙乙烯薄膜电容器；CD11-2200μF/25V 表示该电容器容量为 2200μF，耐压值为 25V 的铝电解电容器。

（2）电容器耐压的数字表示法。该方法通常是由 1 位数字和 1 位字母来表示。第 1 位数字表示倍率（1×10^n）；第 2 位共对应有 12 个英文字母，每个字母表示 1 个数。然后将第 1 位和第 2 位相乘后的乘积就是该电容器的耐压值，单位为 V（伏）。电容器耐压的数字表示法见表 2-7。例如，"2H" 表示 $5.0 \times 10^2 = 500V$；"3D" 表示 $2.0 \times 10^3 = 2000V$。

表 2-7　　　　　　　　　　　　　　　　电容器耐压数字表示法

A	B	C	D	E	F	G	H	J	K	W	Z
1.0	1.25	1.6	2.0	2.5	3.15	4.0	5.0	6.3	8.0	4.5	9.0

（3）小型电解电容器的耐压也有用色标法的，位置靠近正极引出线的根部，所表示的耐压值见表 2-8。

表 2-8　　　　　　　　　　　　　　　　颜色代表的耐压值

颜色	黑	棕	红	橙	黄	绿	蓝	紫	灰
耐压（V）	4	6.3	10	16	25	32	40	50	63

三、电容器的检测

用数字电容表测量容量不太大的电容器时，最好先测量电容器容量值和漏电性能。在只有普通万用表条件下，可以对电容器的容量、漏电、极性、电容器是否击穿进行初步测量和检查，具体检查方法如下。

1. 固定电容器的检测

（1）检测 10pF 以下的小电容。因为 10pF 以下的固定电容器容量很小，用万用表进行测量，只能定性地检查其是否有漏电、内部短路或击穿现象。测量时，万用表一般选用 $R \times 10k$ 挡，用两表笔分别任意接电容的两个引脚，阻值应为无穷大；若阻值为零，则说明电容漏电损坏或内部击穿。

（2）检测 10pF~0.01μF 固定电容器，可以根据是否有充电现象，进而判断其好坏。万用表选用 $R \times 1k$ 挡，先用万用表两表笔任意接触电容器两个引脚，再交换表笔触碰电容器两个引脚，如果电容器性能良好，万用表指针会向右摆动一下，随即迅速向左回转，返回无穷大位置。应注意：在测试操作时，特别是在测量小容量电容时，要反复调换被测电容器两个引脚，才能明显地看到万用表指针的摆动。

（3）对于 0.01μF 以上的固定电容，可用万用表的 $R \times 10k$ 挡直接测试电容器有无充电过程，以及有无内部短路或漏电，并可根据指针向右摆动幅度估计出电容器的容量。

2. 电解电容器的检测

（1）万用表量程选择。因为电解电容的容量较一般固定电容大得多，所以测量时，应针对不同容量选用合适的量程。一般情况下，1~47μF 的电容可用万用表 $R \times 1k$ 挡测量，大于 47μF 的电容可用 $R \times 100$ 挡测量。

（2）性能判别。将万用表红表笔接负极，黑表笔接正极，在刚接触的瞬间，万用表指针即向右偏转较大偏度（对于同一欧姆挡，容量越大，摆幅越大），接着逐渐向左回转，直到停在某一位置，此时的阻值便是电解电容的正向漏电阻，此值略大于反向漏电阻。实际使用经验表明，电解电容的漏电阻一般应在几百千欧以上，否则，电容将不能正常工作。在测试中，若正向、反向均无充电的现象，即表针不动，则说明容量消失或内部断路；若阻值很小或为零，说明电容漏电大或已击穿损坏，不能再使用。

（3）极性判别。对于正、负极标志不明的电解电容器，可利用上述测量漏电阻的方法加以判别，即先任意测一下漏电阻，记住其大小，然后交换表笔再测出一个阻值。两次测量中阻值大的那一次便是正向接法，即黑表笔接的是正极，红表笔接的是负极。

（4）容量估测。使用万用表欧姆挡，采用给电解电容进行正、反向充电的方法，根据指针右摆幅度大小，可估测出电解电容的容量。电容器的测试见表2-9。

表 2-9　　　　　　　　　　　　　　　　电 容 器 的 测 试

量程选择	正常	断路损坏	短路损坏	漏电现象	备注
×10k(<1μF) ×1k(1～100μF) ×100(>100μF)	先向右偏转,再缓慢向左回归	表针不动	表针不回归	$R<500\text{k}\Omega$	重复检测某一电容器时，每次都要将被测电容短路一次

3. 可变电容器的检测

（1）用手轻轻旋动转轴，应感觉十分平滑，不应感觉时松时紧甚至有卡滞现象。将载轴向前、后、左、右、上、下等各个方向推动时，转轴不应有松动的现象。

（2）用一只手旋动转轴，另一只手轻摸动片组外缘，不应感觉有任何松脱现象。转轴与动片之间接触不良的可变电容器，不能继续使用。

（3）将万用表置于 $R\times10\text{k}$ 挡，一只手将两个表笔分别接可变电容器的动片和定片的引出端，另一只手将转轴缓缓旋动几个来回，万用表指针都应在无穷大位置不动。在旋动转轴的过程中，如果指针有时指向零，说明动片和定片之间存在短路点；如果碰到某一角度，万用表读数不为无穷大而是出现一定阻值，说明可变电容器动片与定片之间存在漏电现象。

四、电容器的主要参数

电容器的主要参数有标称容量、允许偏差、额定电压、绝缘电阻和时间常数。

（一）标称容量与允许偏差

在电容器上标注的电容量，称为标称容量。电容器的标称容量与实际容量的差值再除以标称值所得的百分比，就是允许偏差。允许偏差分为8个等级，见表2-10。

表 2-10　　　　　　　　　　　　　　　　电容器的允许偏差等级

级别	01	02	I	II	III	IV	V	VI
允许偏差（%）	1	±2	±5	±10	±20	−30～+20	−20～+50	−10～+100

一般来说，云母和陶瓷介质电容器的电容量较低（大约在5000pF以下）；纸、塑料和

陶瓷介质形式的电容器的容量居中（0.005~1.0μF）；电解电容器的容量较大。

（二）额定电压（U_{CN}）

在下限温度和额定温度之间的任一温度下，可以连续施加在电容器上的最大直流（交流）电压或脉冲电压的峰值就是额定电压。电容器在使用中应保证直流电压与交流峰值电压之和不超过电容器的额定电压。

电容器长期可靠地工作，能承受的最大直流电压，就是电容器的耐压，也叫作电容器直流工作电压。在交流电路中，要注意所加的交流电压最大值不能超过电容器的直流工作电压值。

下面是常用固定电容直流工作电压，其中有"＊"的数值，只限电解电容器使用：1.6、4.3、10、16、25、32＊、40、50、63、100、125＊、160、250、300＊、400、450＊、500、630、1000。

电容器的最重要的性能参数是电容量和耐压值。一般电解电容器容量较大，其耐压值为3~500V不等。无极性的小容量的电容器耐压值在50V以上。电解电容器容量一般采用直标法；小容量无极性电容器采用数字表示法，最常见的是用纯数字法和n标法。

2.1.3 晶体二极管的识别和检测

一、晶体二极管基础知识

晶体二极管，简称二极管，因为是用半导体材料制成的，故又叫作半导体二极管。其核心是一个PN结，基本特性是具有单向导电性。由于它能将交流信号（交流电）变为直流信号（直流电），因而广泛应用于各种电工电子设备中。

二极管由一个PN结、两条电极引线和管壳构成。在PN结的两侧用导线引出并用管壳加以封装，就是晶体二极管。其中从P区引出的线为正极，从N区引出的线为负极。晶体二极管的符号和结构如图2-17所示。其常见的外形封装如图2-18所示。

二极管种类繁多，主要有以下几种分类方法：

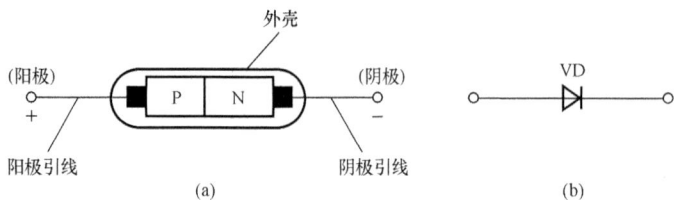

图2-17 二极管的结构和符号

（a）结构；（b）符号

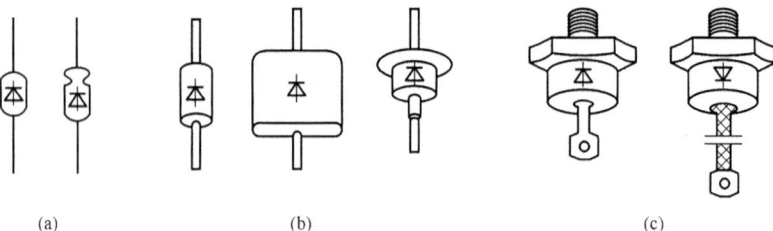

图2-18 常见二极管外形封装图

（a）玻璃封装；（b）塑料封装小功率二极管；（c）金属封装中、大功率二极管

（1）按包装材料，二极管分为玻壳、塑封和金属外壳二极管。

（2）按结构材料，二极管分为锗二极管和硅二极管。锗二极管又分为P型和N型；硅二极管也分为P型和N型。

(3) 按制作工艺，二极管分为面结构型二极管和点接触型二极管。

(4) 按用途，二极管分为整流二极管、硅堆，高压硅堆、检波二极管、开关二极管、阻尼二极管、稳压二极管、双向二极管、变容二极管、双基极二极管和敏感类二极管（光敏、温度、压敏、磁敏、发光等）。

二、二极管的命名方法

国产二极管的型号一般由五部分组成（部分二极管无第五部分），各部分字母代表的含义如图 2-19 所示。

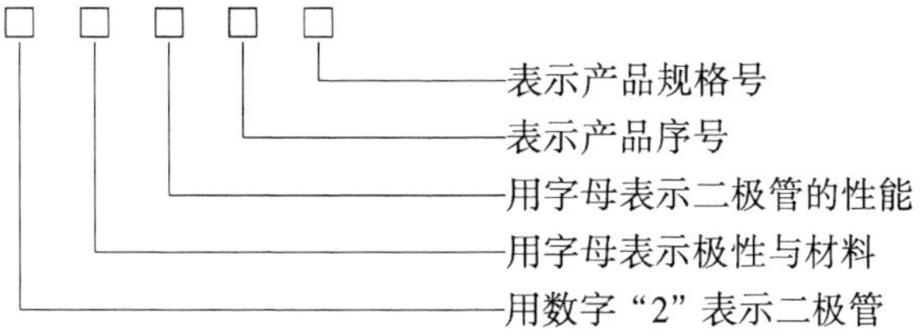
表示产品规格号
表示产品序号
用字母表示二极管的性能
用字母表示极性与材料
用数字“2”表示二极管

图 2-19　二极管型号的命名方法

二极管型号中数字和字母代表的意义见表 2-11。例如：2CZ 表示硅整流二极管。

表 2-11　二极管型号中数字和字母代表的意义

第一部分		第二部分		第三部分	
用 2 表示主称		用字母表示材料和极性		用字母表示分类	
符号	意义	符号	意义	符号	意义
2	二极管	A	锗 N 型	P	普通管
		B	锗 P 型	W	稳压管
		C	硅 N 型	Z	整流管
		D	硅 P 型	L	整流堆
				U	光电管

三、二极管的极性识别

可以根据二极管到外形特性和引脚极性标记，分辨出二极管两个引脚的正负极性。通常二极管的外形极性标记有以下几种方法：

(1) 二极管的负极用一条色带标志，其表示方法如图 2-20（a）所示。

(2) 锗二极管正极端用一个色点标出，另一端表示负极，如图 2-20（b）所示。

(3) 在二极管的外壳上直接印有二极管的图形符号，根据图形符号判断二极管的极性，如图 2-20（c）所示。

(4) 发光二极管的两个引脚，长引脚为正极，短引脚为负极，如图 2-20（d）所示。

四、二极管的检测

二极管的检测主要内容是判断其极性和质量好坏。

(一) 判别极性

用万用表判断二极管的极性。根据二极管正向电阻小，反向电阻大的特点，将万用表拨到欧姆挡。小功率二极管一般用 $R\times100$ 或 $R\times1k$ 挡，不能用 $R\times1$ 挡，因其电流较大，可能损坏二极管，也不能用 $R\times10k$ 挡，因为 $R\times10k$ 挡电压过高，可能击穿管子。大功率二极管

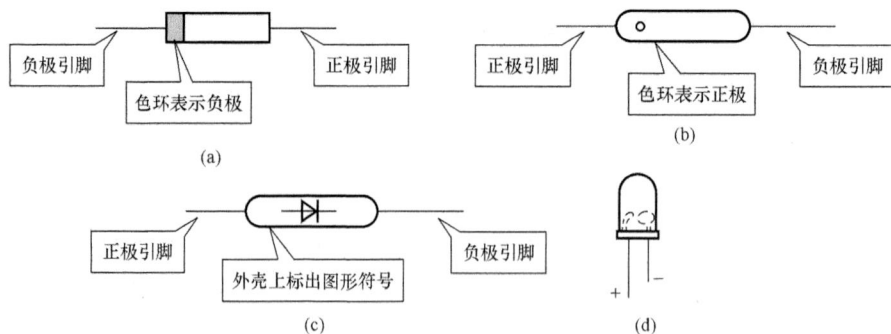

图 2-20　二极管引脚示意图

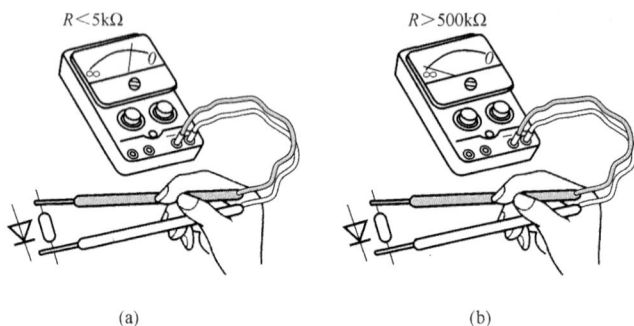

图 2-21　二极管的极性判断
（a）测正向电阻；（b）测反向电阻

可选用 $R\times1$ 挡。将两表笔分别接触二极管两个电极，测得一个电阻值，交换电极再测一次，从而得到两个电阻值。一般来说正向电阻小于 $5k\Omega$，反向电阻大于 $500k\Omega$，测量方法如图 2-21 所示。性能好的二极管，一般反向电阻比正向电阻大几百倍。若测得阻值较小，则与黑表笔相接的一端为阳极；若阻值较大，则与黑表笔相接的一端为二极管的阴极。

（二）质量好坏的判别

将万用表拨到欧姆挡（一般用 $R\times100\Omega$ 挡或 $R\times1k\Omega$ 挡），如果测得的正、反向电阻很小或等于零，则说明管子内部已击穿或短路；如果正、反向电阻均很大或接近无穷大，说明管子内部已开路；如果电阻值相差不大，说明管子性能变差。上述三种情况发生时二极管均不能使用。

五、二极管的主要参数

二极管的主要参数有最大整流电流、最大反向工作电压、直流电阻和最高工作频率。二极管的详细参数均可以通过查阅晶体管手册获得。表 2-12 所列为常用整流二极管参数。

表 2-12　　　　　　　　　　　　常用整流二极管参数

型号	最大反向工作电压 U_{DM}（V）	正向平均电流 I_f（A）	正向压降 U_f（V）	最大反向电流 I_{fmax}（μA）
1N4001	50	1	1.1	10
1N4002	100	1	1.1	10
1N4003	200	1	1.1	10
1N4004	400	1	1.1	10
1N4005	600	1	1.1	10
1N4006	800	1	1.1	10
1N4007	1000	1	1.1	10
1N5400	50	3	1.1	10
1N5401	100	3	1.1	10

型号	最大反向工作电压 U_{DM}（V）	正向平均电流 I_f（A）	正向压降 U_f（V）	最大反向电流 I_{fmax}（μA）
1N5402	200	3	1.1	10
1N5404	400	3	1.1	10
1N5406	600	3	1.1	10
1N5407	800	3	1.1	10
1N5408	1000	3	1.1	10

（1）最大整流电流 I_F。最大整流电流是指二极管长期工作时，允许通过的最大平均电流，使用正向平均电流不能超过此值，否则二极管会击穿。

（2）最大反向工作电压 U_{DM}。最大反向工作电压 U_{DM} 是指二极管正常工作时，所承受的最高反向电压（峰值）。通常手册上给出的最大反向工作电压是击穿电压的一半左右。

（3）直流电阻 R。二极管的直流电阻 R 指加在二极管两端的直流电压与流过二极管的直流电流的比值。二极管的正向电阻较小，约为几欧到几千欧；反向电阻很大，一般可达零点几兆欧。

（4）最高工作频率 f_M。最高工作频率 f_M 是指二极管正常工作时上、下限频率，它的大小与 PN 结的结电容有关；超过此值，二极管单向导电特性变差。

二极管正负极、规格、功能和制造材料一般可以通过管壳上的标志和查阅手册进行判断。例如，IN4001 通过壳上的标志可判断正负极，查阅手册可知它是整流管、参数是 1A/50V；查阅手册可知 2CW15 是 N 型硅材料稳压管。如果管壳上无符号或标志不清，就需要用万用表来检测。

六、发光二极管

发光二极管可以把电能转化成光能，是由磷化钾、砷化钾等半导体材料制成的。

当电子与空穴复合时能辐射出可见光，因而可以用来制成发光二极管。发光二极管与普通二极管构成相同，由一个 PN 结组成，也具有单向导电性。当给发光二极管加上正向电压后，有一定的电流流过发光二极管，使发光二极管发光。

发光二极管的两个引脚极性如图 2-22（a）所示。有的发光二极管的两根引线一样长，但管壳上有一凸起的小舌，靠近小舌的引线为正极，如图 2-22（b）所示。

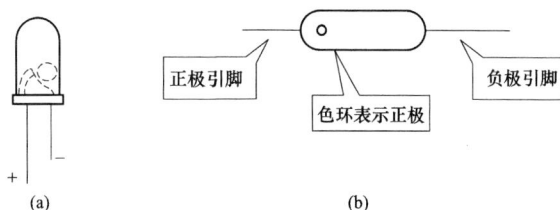

图 2-22　发光二极管引脚示意图
（a）发光二极管管脚极性；（b）一端凸起二极管极性

不同颜色的发光管所用的材料不同，所以发出的光色也不同。发光管发出白色光其实是几种颜色的混合。现在已有红外光、红光、黄光、绿光及蓝光发光二极管，但其中蓝光二极管成本、价格很高，使用不普遍。

2.1.4 半导体三极管的识别和检测

一、半导体三极管基础知识

半导体三极管又称为晶体三极管，通常简称晶体管、三极管。它是一种电流控制的半导体器件，可用来对微弱信号进行放大或用作无触点开关。晶体三极管有三个电极，分别是基极（b）、发射极（e）和集电极（c）。其内部有集电结和发射结两个 PN 结，因此，三极管又叫双极性晶体管。

半导体三极管具有结构牢固、寿命长、体积小、耗电省一系列优点，故在各个领域内得到了广泛应用。三极管在电路中的文字符号为"VT"。

图 2-23 给出了常见的三极管的外形和封装。功率大小不同的三极管体积和封装形式也不同，近年生产的小、中功率管多采用硅酮塑料封装；大功率三极管采用金属封装，通常做成扁平形状并有螺钉安装孔；有的大功率管制成螺栓形状，这样能使三极管的外壳和散热器连成一体，便于散热。

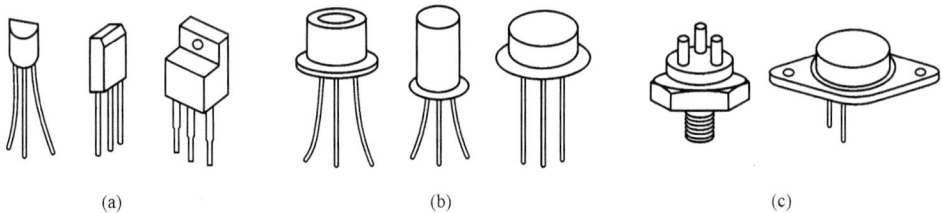

图 2-23　几种半导体三极管的外形和封装
（a）小功率管；（b）中功率管；（c）大功率管

半导体三极管种类繁多，主要可以按照以下几种方法进行分类：

（1）按材料极性三极管可分为硅管和锗管。

（2）按导电类型三极管可分为 NPN 型和 PNP 型。

（3）按功率三极管可分为大功率（$P_{CM} > 1W$）、中功率（$P_{CM} > 0.3W$）和小功率（$P_{CM} \leqslant 0.3W$）。

（4）按频率可将三极管分为高频管和低频管。

二、三极管的识别

（一）三极管的命名方法

国产三极管的型号由五部分组成，其命名方法如图 2-24 所示。

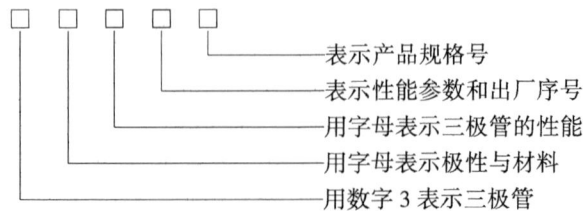

表示产品规格号
表示性能参数和出厂序号
用字母表示三极管的性能
用字母表示极性与材料
用数字 3 表示三极管

图 2-24　三极管型号的命名方法

国产三极管型号中数字和字母表示的意义见表 2-13。

表 2-13　　　　　　　　　　　国产三极管型号中数字和字母代表的意义

第一部分		第二部分		第三部分			
用 3 表示主称		用字母表示材料和极性		用字母表示分类			
符号	意义	符号	意义	符号	意义	符号	意义
3（三个电极）	三极管	A	锗 PNP 型	X	低频小功率管	K	开关管
		B	锗 NPN 型	G	高频小功率管	T	闸流管
		C	硅 PNP 型	D	低频大功率管	J	结型场效应管
		D	硅 NPN 型	A	高频大功率管	O	MOS 场效应管

目前使用的进口三极管主要有美国和日本的，分别以"2N"或"2S"为开头。其中"2"表示有两个 PN 结的元件，"N"表示该器件在美国电子工业协会注册登记，"S"则表示该器件在日本电子工业协会注册产品。型号各部分表示意义见表 2-14。

表 2-14　　　　　　　　　美国、日本三极管型号中数字和字母代表的意义

部分　　　　产地	一	二	三	四	五
日本	2	S（日本电子工业协会）	A：PNP 高频　B：PNP 低频 C：NPN 高频　D：NPN 低频	两位以上的数字表示登记号	A、B、C 表示 β 大小
美国	2	N（美国电子工业协会）	多位数字表示登记序号		

韩国 90×× 系列三极管也使用较广泛。该系列主要是塑封中、小功率三极管。其部分参数见表 2-15。

表 2-15　　　　　　　　　　　　韩国 90×× 系列三极管参数表

名　称	9011	9012	9013	9014	9015	9016	9018
材料	硅	硅	硅	硅	硅	硅	硅
极性	NPN	PNP	NPN	NPN	PNP	NPN	NPN
功率	小	小	小、中	小	小、中	小	小
频率	高	高	高	高	高	甚高	甚高
电压 U_{CEO}（V）	30	20	20	45	45	20	15
电流 I_C（A）	30mA	0.5	0.5	0.1	0.1	25mA	50mA
h_{FE}	50~100	50~100	100~150	50~100	100~300	100~150	100~150

（二）三极管的 β 值

由于三极管器件的离散性较大，即使同型号的管子 β 数值也可能相差很大，为方便选用三极管，国产三极管通常采用色标来表示 β 的大小。各种颜色三极管对应的 β 值见表 2-16。

表 2-16　　　　　　　　　　　各种颜色的三极管对应的 β 值

色标	棕	红	橙	黄	绿	蓝	紫	灰	白
β	5~15	15~25	25~40	40~55	55~80	80~120	120~180	180~270	270~400

进口三极管通常在型号后加上英文字母来表示其 β 值。例如 9011D 中的 "D" 表示其 β 值为 28~44，5551B 中的 "B" 表示 β 值为 150~240。

三、三极管的极性判断和检测

三极管的检测主要包括三极管引脚极性和质量好坏判断。先将万用表置于 $R\times1k$ 挡，测量方法如下。

（1）判断基极并确定三极管类型。先用黑表笔接某一引脚，红笔分别接另外两引脚，测得两个电阻值。再将黑表笔换接另一引脚，重复以上步骤，当测得两个电阻值都很小，这时黑表笔所接就是基极 b。该三极管是 NPN 型三极管，测量方法如图 2-25 所示。

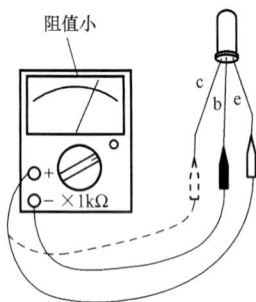

图 2-25　判断三极管基极

若为 PNP 管则用红表笔与假定的 b 极相接，用黑表笔接另外两个电极。两次测得电阻均很小时，红表笔所接的为 b 极，且可确定三极管为 PNP 管。

（2）确定集电极（c）和发射极（e）。从三极管的结构图上看，发射极（e）和集电极（c）并无大的区别，可以互换使用。实际上，发射区和集电区面积和掺杂浓度有很大的差异。若是 NPN 管，可将黑表笔和红表笔分别接触两个待定的电极，然后用手指捏紧黑表笔和 b 极（相当于接入一个 100kΩ 的电阻，注意不能将两极短路），观察表的指针摆动幅度，见图 2-26（a）。然后将黑、红表笔对调，按上述方法重测一次。比较两次表针摆动幅度，摆动幅度较大的一次黑表笔所接的引脚为 c 极，红表笔所接的为 e 极。

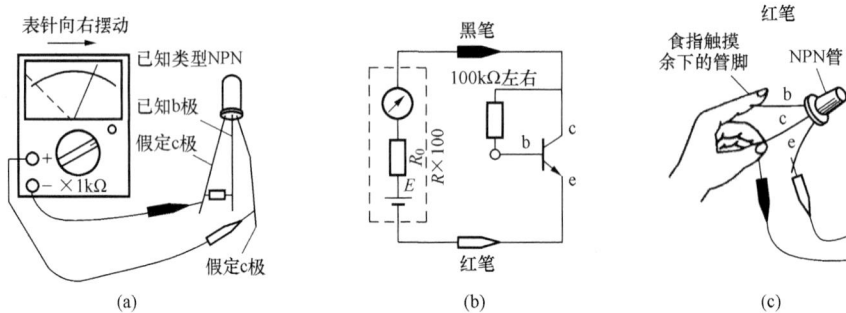

图 2-26　判断 c 极和 e 极
（a）假定 c 极观察万用表测量电阻；（b）等效电路；（c）交换表笔再进行测量

在实际测量中用手指代替基极电阻的做法如图 2-26（c）所示。若为 PNP 管，上述方法中将黑、红表笔调换即可。

（3）三极管质量好坏判断。以 NPN 型管为例判断三极管质量好坏判断。用万用表的 $R\times 1k$ 挡，将黑表笔接在三极管的基极，红表笔分别接在三极管的发射极和集电极，测得两次的电阻值均为 kΩ 级（若三极管为锗管，阻值为 1kΩ 左右；若为硅管，阻值为 7kΩ 左右），然后将红表笔接在基极，黑表笔分别接三极管的 e 极和 c 极，若测得的电阻为无穷大，可初步判定三极管完好。然后用万用表测量三极管 e 极和 c 极之间的电阻，测量阻值也应该是无穷大。若测量结果符合上述结论，则三极管是好的。

如果两次测得三极管发射极和集电极之间的电阻都为零或都为无穷大，则说明三极管发射极和集电极之间短路或开路，此三极管已不能使用。

对于 PNP 型三极管，只需对调万用表的红黑表笔即可判断其质量好坏。

（4）放大能力判断。三极管放大能力可通过看管顶色标或通过放大法检测进行判断。用放大法进行检测时，指针偏转角度越大 β 值越高。如果接上电阻 R 后，指针不动或向右偏转不大，说明被测管放大能力很差或者已经损坏。

（5）稳定性判断。将三极管集电极接黑表笔，发射极接红表笔，用手捏住管壳加热，或将管子靠近发热体，观察指针摆动范围，摆动越大，稳定性越差。

小功率三极管的判断方法对大功率三极管（$P_{CM}>1W$）基本适用，因为金属管壳为已知（集电极），所以判断方法较为简单。

（6）选用和替代。中、小功率的三极管可用万用表的"h_{FE}"挡来进行，方法是将 NPN（或 PNP）插入数字万用表相应引脚座中，就可以在表刻度盘中指示"h_{FE}"的值。大功率三极管选用一般在晶体管图示仪中进行。三极管代换的原则一般是用同型管、同规格的三极管进行更换，若要代换首先要考虑功率和反向电压值。代换时应查阅三极管主要性能参数。

四、三极管主要性能参数

三极管主要性能参数有以下八个，它们分别从不同侧面描述三极管特性。

（1）集电极—发射极反向击穿电压 $U_{(BR)CEO}$。基极开路时，集电极与发射极间最大允许的反向电压。

（2）集电极—基极反向击穿电压 $U_{(BR)CBO}$。发射极开路时，集电极与基极间最大允许的反向电压。

（3）集电极—发射极反向截止电流 I_{CEO}。基极开路（$I_B=0$），集电极—发射极间加规定反向电压时的集电极电流，也叫穿透电流。

（4）集电极—基极反向截止电流 I_{CBO}。发射极开路（$I_E=0$），集电极—基极间加规定反向电压时的集电极电流。

（5）共发射极电路直流放大系数 h_{FE}（或 β）。共发射极电路中，集电极电流 I_C 与基极电流 I_B 之比，$h_{FE}=I_C/I_B$。

（6）共基极截止频率 f_a。因频率升高，h_{FE} 下降到等于 1 所对应的频率。

（7）集电极最大允许电流 I_{CM}。当三极管参数变化不超过规定值时，集电极允许承受的最大电流。一般是指 h_{FE} 减小到规定值的 2/3 的 I_C 值。

（8）集电极最大允许耗散功率 P_{CM}。保证参数在规定范围内变化，集电极上允许损耗功率的最大值。

五、三极管的更换方法

在检修电路时，经常需要更换损坏的三极管，更换三极管的主要方法见表 2-17。

表 2-17　　　　　　　　　　　　　三极管更换的基本方法

是否需要原规格型号	P_{CM}	I_{CEO}	BU_{CEO}击穿电压	特征频率 f_T	β	引脚排列	性能差异	价格高低	外观体积
换管子时，最好选用相同型号规格；国内外的管子均可相互代用，但其原则是参数接近	代用管的 P_{CM} 应不小于原管	接近原管	不小于原管	不低于原管	接近原管	应该一致	高性能管可以代替低性能管，但不能逆替管	取决于应用者	不能相差太大，否则印制板上不好处理

2.1.5　电感器的识别和检测

一、电感器的基础知识

电感是导线内通过交流电流时，在导线的内部及其周围产生交变磁通，导线的磁通量与产生此磁通的电流之比。

当导线中有电流时，其周围即建立磁场。通常我们把导线绕成线圈，以增强线圈内部的磁场。电感线圈就是据此把导线（漆包线、纱包或裸导线）一圈靠一圈（导线间彼此互相绝缘）地绕在绝缘管（绝缘体、铁芯或磁芯）上制成的。电感器用符号 L 表示，国际单位为 H（亨），常用的单位还有 mH（毫亨）和 μH（微亨）。

电感器在电路中起阻交流，通直流，阻高频，通低频（滤波）的作用。

电感器的种类很多，在电路中的表示符号也不同，主要有以下几种分类方法：

（1）按导磁体性质分类：空心线圈、铁氧体线圈、铁芯线圈、铜芯线圈。

（2）按工作性质分类：天线线圈、振荡线圈、扼流线圈、陷波线圈、偏转线圈。

（3）按绕线结构分类：单层线圈、多层线圈、蜂房式线圈。

（4）按电感形式分类：固定电感线圈、可变电感线圈。

常见电感器的电路符号表示及外形如表 2–18 所示，图 2–27 为部分电感器实物图。

表 2–18　　　　　　　　　　常见电感器图形符号及外形图

类型	图形符号	外形图	用途
空心线圈电感器		脱胎空心线圈　空心　单层空心电感线圈　空心电感	分频器
铁芯线圈电感器		低频阻流圈	整流 LC 滤波器
磁芯线圈电感器		高频阻流圈　磁芯线圈　磁罐线圈	高频电路中阻止高频信号通过
带磁芯可变电感器		磁芯	高、中频选频放大器
色码电感器		100μH　82μH　3.3mH	适用频率范围 10kHz～200MHz

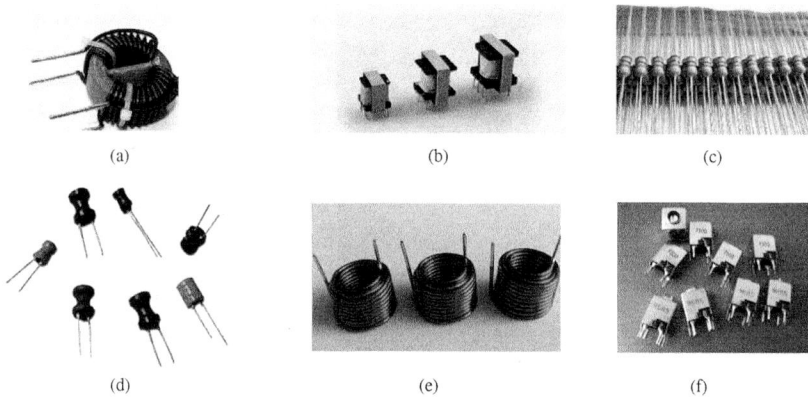

图 2-27 常见电感器实物图

(a) 带磁环电感线圈；(b) 音频输出变压器；(c) 色码电感器；
(d) 带磁芯电感器；(e) 空心电感器；(f) 收音机用中频变压器

二、电感器的识别

电感器电感量的表示方法与电阻类似，包括直标法、文字符号表示法和色标法。

（一）直标法

直标法是将电感器的标称电感量用数字和文字符号直接标在电感器外壁上。电感单位后面用一个英文字母表示其允许偏差，各字母所代表的允许偏差见表 2-19。

表 2-19 各字母所代表的允许偏差

英文字母	允许偏差（%）	英文字母	允许偏差（%）	英文字母	允许偏差（%）
Y	±0.001	W	±0.05	G	±2
X	±0.002	B	±0.1	J	±5
E	±0.005	C	±0.25	K	±10
L	±0.01	D	±0.5	M	±20
P	±0.02	F	±1	N	±30

例如，$560\mu HK$ 表示标称电感量为 $560\mu H$，允许偏差为 $\pm 10\%$。

（二）文字符号表示法

文字符号表示法是将电感器的标称值和允许偏差值用数字和文字符号按一定的规律组合标志在电感体上。采用这种标示方法的通常是一些小功率电感器。

除了那些高精度元件以外，一般仅用 3 位数字标注元件的数值，而允许偏差通常用后缀一个英文字母表示，各字母代表的允许偏差与直标法相同，允许偏差也可以不表示出来。具体规定如下：

（1）电感的基本标注单位是 μH（微亨），用 3 位数字标注元件的数值。

（2）对于十个基本标注单位以上的元件，前两位数字表示数值的有效数字，第三位数字表示数值的倍率。例如，电感器上标注 820 表示其电感量为 $82\times10^{0}=82\mu H$。

（3）对于 10 个基本标注单位以下的元件，第一、第二位数字表示数值的有效数字，第二位用字母"N"或"R"表示小数点。例如，对于电感器上的标注，6R8 表示其电感量为

6.8μH；4N7 表示电感量为 4.7nH，4R7 则代表电感量为 4.7μH；47N 表示电感量为 47nH，6R8 表示电感量为 6.8μH。

（三）色标法

色标法是指在电感器表面涂上不同的色环来代表电感量（与电阻器类似），通常用四色环表示，紧靠电感体一端的色环为第一环，露着电感体本色较多的另一端为末环。第一色环是十位数，第二色环为个位数，第三色环为应乘的倍数，第四色环为误差率，各种颜色所代表的数值与电阻的色标法相同，读数方法也相同。

三、色码电感器的检测

将万用表置于 $R×1$ 挡，红、黑表笔各接色码电感器的任一引出端，此时指针应向右摆动。根据测出的电阻值大小，可具体分为下述两种情况：

（1）被测色码电感器的电阻值为 0，则表明内部有短路现象；

（2）被测色码电感器电阻值的大小与绕制电感器线圈所用的漆包线径、绕制圈数有直接关系，只要能测出电阻值，则认为被测色码电感器是正常的。

2.1.6　集成电路的认识和使用

一、集成电路基础知识

集成电路是利用半导体工艺或厚膜、薄膜工艺，将电阻、电容、二极管、双极型三极管、场效应晶体管等元器件按照设计要求连接起来，制作在同一硅片上，成为具有特定功能的电路。

集成电路与分立元器件组成的电路相比，具有体积小、功耗低、性能好、重量轻、可靠性高、成本低等优点。

按照制造工艺分类，集成电路可以分为半导体集成电路、薄膜集成电路、厚膜集成电路、混合集成电路。

用平面工艺（氧化、光刻、扩散、外延工艺）在半导体晶片上制成的电路称为半导体集成电路。

用厚膜工艺（真空蒸发、溅射）或薄膜工艺（丝网印刷、烧结）将电阻、电容等无源元件连接制作在同一片绝缘衬底上，再焊接上晶体管管芯，使其具有特定的功能，叫作厚膜或薄膜集成电路。如果再装焊上单片集成电路，则称为混合集成电路。

目前使用最多的是半导体集成电路。半导体集成电路按有源器件分类，有双极型、MOS 型和双极-MOS 型集成电路；按集成度分类，有小规模（集成了几个门或几十个元器件）、中规模（集成了一百个门或几百个元器件以上）、大规模（一万个门或十万个元器件）、超大规模（十万个元器件以上）集成电路；按照功能分类，有数字集成电路和模拟集成电路两大类，见表 2-20。

表 2-20　　　　　　　　　　半导体集成电路按功能分类

数字集成电路	门电路（与、或、非、与非、或非、与或非门等）	
	触发器（R-S、D、J-K 触发器等）	
	功能部件（半加器、全加器、译码器、计数器等）	
	存储器	随机存储器（RAM）
		只读存储器（ROM）
		移位寄存器等（SR）

续表

数字集成电路	微处理器（CPU）	
	可编程器件	PROM，EPROM，E^2PROM
		PLA
		PAL
		GAL，FPGA，EPLD
		Hardwire LCA
		其他
模拟集成电路	线性集成电路	直流运算放大器
		音频放大器
		宽带放大器
		高频放大器
		其他
	非线性集成电路	电压调整器
		比较器
		读出放大器
		模/数（数/模）转换器
		模拟乘法器
		晶闸管触发器
		其他

二、集成电路的识别

各种封装集成电路的引脚识别及其特点、应用见表 2-21。

表 2-21   各种封装集成电路的引脚识别及其特点、应用

名　　称	封装标记及引脚识别	引脚数/间距	特点及应用
金属圆形		8，12	可靠性高，散热、屏蔽性好，价格高，主要用于高档产品
功率塑封		3，4，5，8，10，12，16	散热性能好，用于大功率器件
双列直插		8，14，16，18，20，22，24，28，40 2.54/1.778 标准/窄间距	造价低且安装方便，广泛用于民品
单列直插		3，5，7，8，9，10，12，16 2.54/1.778 标准/窄间距	造价低且安装方便，广泛用于民品
双列表面安装		8，14，16，18，20，22，24，28 1.27/0.8 标准/窄间距	体积小，用于微组装产品

名　称	封装标记及引脚识别	引脚数/间距	特点及应用
扁平矩形	 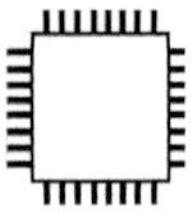	32，44，64，80，120，144，168 0.8/0.65 QFP/SQFP	引脚数多，用于大规模集成电路
软封装	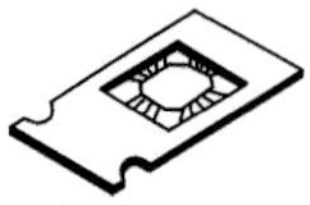 	直接将芯片封在 PCB 上	造价低，主要用于低价名品

三、集成电路检测

（一）用万用表测试集成电路的好坏

用万用表测试集成电路的好坏，主要可采用电压法或电阻法。一种情况下，如果集成电路是在线状态（即已经接在电路当中），就可在通电的状态下测一下各脚对接地脚的电压，正确的电压值可从有关的资料、图纸获得或从同型号的芯片中获得。

另一种情况是非在线状态（即集成电路没有接在电路中），可用红、黑表笔分别接集成电路的接地脚，然后用另一支表笔测各脚对地的电阻值，观察与正常的集成电路阻值是否一致，如果相差不多则可判定被测集成电路是好的。正常的阻值可通过资料或测量正品集成电路得到。

（二）测量电路板上的集成电路的好坏

测量电路板上的集成电路好坏可采取引脚电压与引脚电阻的方法进行判断。在电路板通电的情况下，先测集成电路各引脚的电压。因为大部分说明书或资料都标出了各引脚的电压值，当测出某引脚电压与图纸所标差距较大时，应先检查与此引脚相关的各元器件有无问题，如能找出相关的元器件故障，问题就不是集成电路引起的。

如果找不出集成电路周围元器件有明显故障，也不要轻易认为集成电路有问题，此时可再用测引脚电阻的办法进一步判断。但很少有资料标明集成电路引脚的在线电阻值，所以需要把有怀疑的引脚和接地引脚与电路板断开，然后与一个新的集成电路进行对照，测量怀疑的引脚与接地引脚之间的电阻值，当测出的电阻值与新的集成电路电阻值相差较大时（注意对照测量时红黑表笔也应一致），基本上就可断定电路板上的集成电路已损坏。

四、集成运算放大器基础知识

（一）集成运算放大器的基本结构

集成运算放大器（简称集成运放）是模拟电子电路中最重要的器件之一。它在最近几年里得到非常迅速的发展，出现了不同类型、不同结构的集成运放，但其基本结构具有共同之处。如图 2-28 所示，集成运放一般由差分输入级、中间电压放大级、输出级和偏置电路四部分组成。

（二）集成运放的封装方式与引脚功能

集成运放常见的两种封装方式是金属封装和双列直插式塑料封装，其外形封装图如图 2-29 所示。金属壳封装分为 8、10、12 个引脚等，双列直插式分为 8、10、12、14、16 个引脚等。

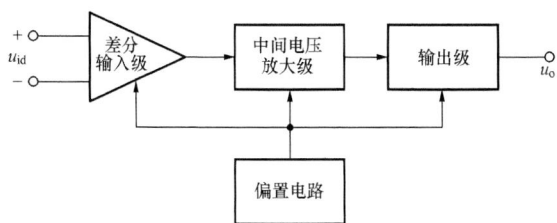

图 2-28　集成运放基本结构

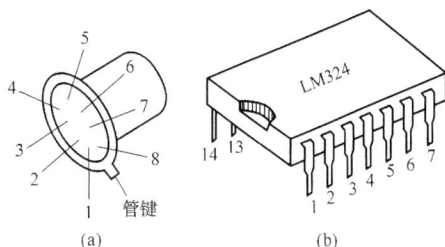

图 2-29　集成运放的两种外形封装图
（a）金属封装；（b）双列直插式塑料封装

金属封装器件是以管键为辨认标志，由器件顶上向下看，管键右方第一根引线为引脚1，然后逆时针围绕器件，依次数出其余各引脚。双列直插式器件，是以缺口作为辨认标记（有的产品是以商标方向来标记的）。由器件顶上向下看，标记朝向自己，标记右边第一根引脚线为引脚1，然后逆时针围绕器件，可依次数出其余引脚。

集成运放图形符号如图 2-30（a）、（b）所示。其外引线排列，各制造厂家规范不同。

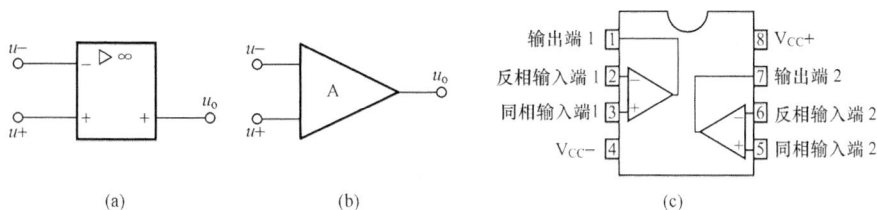

图 2-30　集成运放
（a）国际标准图形符号；（b）通用图形符号；（c）TL082 集成运放引脚与名称

TL082 是一种通用的 J-FET 双运算放大器。其特点为：有较低的偏置电压和偏移电流；输入级具有较高的输入阻抗；输出设有短路保护；内设频率补偿电路；有较高的压摆率。其最大工作电压为 $\pm18V$。TL082 集成运放引脚与名称如图 2-30（c）所示，各引脚功能为：

引脚 2、6 为反相输入端，即当同相输入端接地，信号加到反相输入端时，输出端信号与输入信号极性相反。

引脚 3、5 为同相输入端，即当反相输入端接地，信号加到同相输入端时，输出端信号与输入信号极性相同。

引脚 4、8 分别接 $+V_{CC}$ 和 $-V_{CC}$。

引脚 1、7 为输出端。

（三）常用集成运放参数

常用集成运放参数见表 2-22。

表 2-22　　　　　　　　　　　　　　常用集成运放参数

型号　　　　参数	电源电压（V）	最大输出电压（V）	最大输出电流（mA）	失调电压（mV）	失调电流（mA）	输入偏流（nA）
μA709（中增益通用型）	±18	±13		2	50	200
μA741（高增益通用型）	±18			2	20	80

续表

参数＼型号	电源电压（V）	最大输出电压（V）	最大输出电流（mA）	失调电压（mV）	失调电流（mA）	输入偏流（nA）
μA747（通用型双运放）	±18	±13		2	20	0.5
μPC4558（通用型双运放）	±18			2	30	100
TL081（JFET 输入）	±18	28		5	5pA	30pA
TL082（JFET 输入双运放）	±18	28		5	5pA	30pA
TL084（JFET 输入四运放）	±18	28		5	5pA	30pA
OP-07（高精度高增益）	±22			0.03	75	3
OP-27G（高精度高增益）	±22			0.03	75	60
NE5534（低噪声）	±22			3	30	500
NE5532（低噪声双运放）	±22			3	30	500
LM324（单电源型四运放）	32／±16		40	2	5	<90

参数＼型号	共模输出入电压（V）	差模输入电阻（MΩ）	开环电压增益（dB）	共模抑制比（dB）	增益带宽积（MHz）	转换速率（V·μs⁻¹）
μA709（中增益通用型）	±10	0.4	93	90		
μA741（高增益通用型）	±15	2	106	90	1.2	0.5
μA747（通用型双运放）	±15	2	90	90		0.5
μPC4558（通用型双运放）	±15	1	>90	100	3	0.5
TL081（JFET 输入）	±15	10^6	103.5	86	4	13
TL082（JFET 输入双运放）	±15	10^6	103.5	86	4	13
TL084（JFET 输入四运放）	±15	10^6	103.5	86	4	13
OP-07（高精度高增益）		50	110	120	0.6	0.17
OP-27G（高精度高增益）		4	115	<126	8	2.8
NE5534（低噪声）		0.1	>90	100	10	13
NE5532（低噪声双运放）		0.3	>90	100	10	9
LM324（单电源型四运放）	28.3		100			

目前 LM 系列集成运放使用较为普遍，其型号和参数见表 2-23。

表 2-23　　　　　　　常用 LM 系列集成运算放大器类型号和参数

型号	电压（V）	输出功率（W）	静态电流（mA）	转换速率（V·μs⁻¹）	总谐波失真（%）	电源抑制比（dB）	信噪比（dB）
LM1875	16~60	25	70	8	0.07	83	
LM1876	20~64	20×2	50	18	0.08	115	108
LM3886	20~94	68	50	19	0.03	120	92.5
LM4700	20~66	30	25	18	0.08	115	108
LM4701	20~66	30	25	18	0.08	115	108
LM4730	20~50	14	90	18	0.03	50	
LM4731	20~56	25	95	18	0.02	50	

续表

型号	电压（V）	输出功率（W）	静态电流（mA）	转换速率（V·μs^{-1}）	总谐波失真（%）	电源抑制比（dB）	信噪比（dB）
LM4732	20~80	50	105	19	0.01	89	
LM4752	9~40	11	10.5	2	0.08	50	
LM4765	20~66	30×2	50	18	0.08	115	98
LM4834	2.7~5.5	2	15		0.3	74	93
LM4835	2.7~5.5	2	15		0.3	74	93
LM4836	2.7~5.5	2	15		0.3	74	93
LM4838	2.7~5.5	2	15		0.3	74	93
LM4901	2~5.5	1.6	3		0.2	64	
LM4902	2~5.5	0.675	4		0.4	67	
LM4903	2~5.5	1	4		0.2	64	
LM4904	2~5.5	1	4		0.2	64	
LM4905	2~5.5	1	4		0.2	64	
LM4906	2.6~5.5	1	4		0.2	70	
LM4766	20~78	40×2	48	9	0.06	125	98
LM4781	20~70	35×3	75	9	0.02	85	93

2.1.7　继电器的类别

继电器是一种电控制器件，当输入量的变化达到要求，在输出电路中使被控量发生阶跃变化的一种电器。其实质是用小电流去控制大电流运作的一种自动开关，在电路中起自动调节、安全保护、转换电路等作用，常应用于遥测、遥控、通信、自动控制及电力电子等设备中。

继电器的工作原理是当输入量（如电流、电压、温度、压力、速度等）达到预定数值时，继电器动作，改变控制电路的工作状态，从而实现既定的控制或保护的目的。线圈通电，动铁芯在电磁力作用下动作吸合，带动动触点动作，动断触点分开，动合触点闭合；线圈断电，动铁芯在弹簧的作用下带动动触点复位。

继电器的分类方法繁多，一般有以下几种分类方法：

（1）按继电器的工作原理分为：电磁继电器、固体继电器、温度继电器、舌簧继电器、高频继电器、时间继电器、极化继电器等。

（2）按继电器的外形尺寸分为：微型继电器、超小型微型继电器、小型微型继电器。

（3）按照继电器在保护回路中所起的作用分为：启动继电器、时间继电器、量度继电器、信号继电器、中间继电器、出口继电器。

（4）按继电器按照动作原理分为：电磁型继电器、电子型继电器、感应型继电器、整流型继电器、数字型继电器等。

（5）按照反映的物理量分为电流继电器、电压继电器、功率方向继电器、阻抗继电器、频率继电器、气体继电器。

（6）按继电器的负载分为微功率继电器、弱功率继电器、中功率继电器、大功率继电器。

国产继电器型号命名方式及含义见表 2-24。

表 2-24　　　　　　　　　　　　国产继电器型号命名方式及含义

第一部分		第二部分		第三部分	第四部分	
用字母表示主称类型		用字母表示形状特征		用数字表示产品序号	用字母表示防护特征	
符号	意义	符号	意义		符号	意义
JR	小功率	W	微型		F	封闭式
JZ	中功率	X	小型		M	密封式
JQ	大功率	C	超小型			
JC	磁电式					
JU	热继电器或温度继电器					
JT	特种					
JM	脉冲					
JS	时间					
JAG	弹簧式					

例如：继电器 JRX-13F，表示封闭式小功率小型继电器。

电子电路常用的电磁继电器实物如图 2-31 所示。继电器的图形符号见表 2-25。

图 2-31　电磁继电器实物图

表 2-25　　　　　　　　　　　　继电器的图形符号

名称	图形符号	说明	名称	图形符号	说明
继电器线圈		-IEC	机械保持继电器的线圈		-IEC
具有两个线圈的继电器		-IEC 组合表示法	极化继电器的线圈		-IEC
		-IEC 分离表示法	动合（常开）触点		-IEC

续表

名称	图形符号	说明	名称	图形符号	说明
缓慢释放继电器的线圈		-IEC	动断（常闭）触点		-IEC
缓慢吸合继电器的线圈		-IEC	先合后断的转换触点		-IEC
快速继电器的线圈		-IEC	被吸合时延时闭合的动合触点	形式1　形式2	-IEC

1. 电磁继电器

电磁继电器一般由铁芯、线圈、衔铁、触点簧片等组成。

在线圈两端加上一定的电压，线圈中就会流过一定的电流，就会产生电磁效应，衔铁在电磁力吸引的作用下克服返回弹簧的拉力吸向铁芯，从而带动衔铁的动触点与静触点（动合触点）吸合。线圈断电后，吸力消失，衔铁受弹簧的反作用力返回原来的位置，使动触点与静触点（动断触点）释放。这样吸合、释放，从而达到了在电路中的导通、切断的目的。

2. 光继电器

光继电器为 AC/DC 并用的半导体继电器，指发光器件和受光器件一体化的器件。输入侧和输出侧电气绝缘，信号可以通过光信号传输。光继电器的特点有：寿命为半永久性，微小电流驱动信号，高阻抗绝缘耐压，超小型，光传输等。光继电器主要应用于量测设备、通信设备、保全设备、医疗设备等。

3. 时间继电器

时间继电器是一种利用电磁原理或机械原理实现延时控制的控制电器。时间继电器可分为空气阻尼型、电子型和电动型等。

交流电路中常用空气阻尼型时间继电器。空气阻尼型时间继电器原理是利用空气通过小孔节流来获得延时动作的。其由电磁系统、延时机构和触点三部分组成。空气阻尼型时间继电器的延时范围大，且结构简单，但准确度较低。

时间继电器还可分为通电延时型和断电延时型两种类型。

4. 中间继电器

中间继电器的作用主要有代替小型接触器、增加接点数量、增加接点容量、转换接点类型、转换电压、消除电路中的干扰等可用作开关。其主要用于各种保护和自动控制线路中，增加保护和控制回路的触点数量和触点容量。

中间继电器采用线圈电压较低的多个优质密封小型继电器组合而成，防潮、防尘、不断线，可靠性高，克服了电磁型中间继电器导线过细易断线的缺点。其具有继电器触点容量大，工作寿命长；功耗小，温升低，不需外附大功率电阻，可任意安装，并且接线方便；继电器动作后有发光管指示，便于观察；延时只需用面板上的拨码开关整定，延时精度高，延时范围可在一定范围内任意整定等特点。

2.2　常 用 电 子 仪 器

2.2.1　YB4324 型双踪示波器

示波器是电子设备检测中必不可少的测试设备，用它可以直接观测各种不同电信号幅度随时间变化的波形曲线，还可以测试多种参数，如电压、电流、频率、周期、相位差、脉冲幅度、上升及下降时间等。

电子示波器是一种以阴极射线管作为显示器的显示信号波形的测量仪器，它对电信号的分析是按时域法进行的，即研究信号的瞬时幅度与时间的函数关系，因此，它具有捕获、显示和分析时域波形的功能。

一、示波器的分类

示波器种类繁多，可以按照不同的标准进行分类。

按用途，示波器可分为通用示波器、取样示波器、记忆和储存示波器和逻辑示波器。

（1）通用示波器，用于观察基本电信号。

（2）取样示波器，用于观测频率高、速度快的电信号。

（3）记忆和储存示波器，具有储存信息的功能，用于对单次瞬变过程、非周期现象、低重复频率信号的观测。

（4）逻辑示波器，用于分析数字系统的逻辑关系。

按信号通道，示波器可分为单踪示波器和双踪示波器两种。

（1）单踪示波器，只有一个信号通道，可观测一个信号。

（2）双踪示波器，有两个信号通道，可同时观测两个信号。

二、示波器的结构

示波器由 Y 偏转系统、X 偏转系统和主机系统三部分组成。其中还应用了放大、脉冲、振荡等电路。在实际使用中，以单束示波管组成的、运用了电子开关的双踪示波器应用很广泛。通用示波器原理框图如图 2-32 所示。

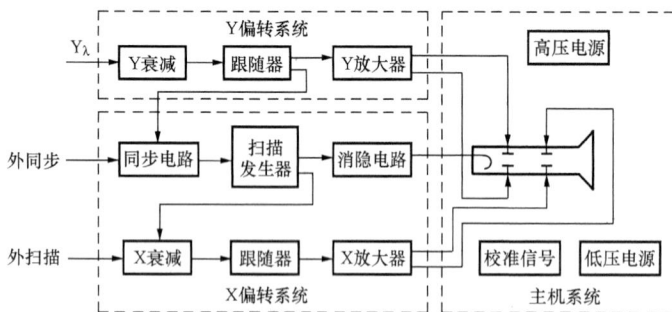

图 2-32　通用示波器原理框图

主机系统的校准信号发生器的作用是产生幅度已知的精度稳定的方波，以校准示波器的垂直通道的灵敏度。该方波信号一般幅值为 0.5V（P-P），频率为 1kHz。

三、YB4324 型双踪示波器技术参数

（1）带宽：0~20MHz。

（2）偏转系数：5mV/DIV~10V/DIV，按 1、2、5 进位。

（3）垂直方式：CH1、CH2、CHOP、ADD。

（4）扫描时间系数：0.1μs/DIV~0.2s/DIV，按 1、2、5 的顺序分为 20 挡。

（5）触发源：CH1、CH2、交替、电源、外接。

（6）扫描方式：自动、触发、锁定、单次。

（7）示波管有效显示面：8×10DIV。

不同型号示波器的参数存在差别，使用时请参阅使用说明书。

四、YB4324 型双踪示波器各功能按键说明

YB4324 型双踪示波器前、后面板控制件位置分别如图 2-33、图 2-34 所示。

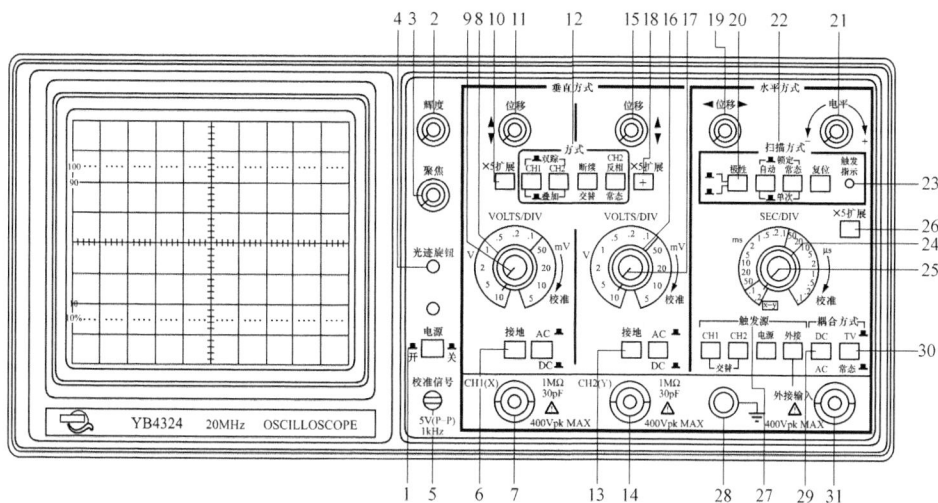

图 2-33　YB4324 型双踪示波器前面板控制件位置图

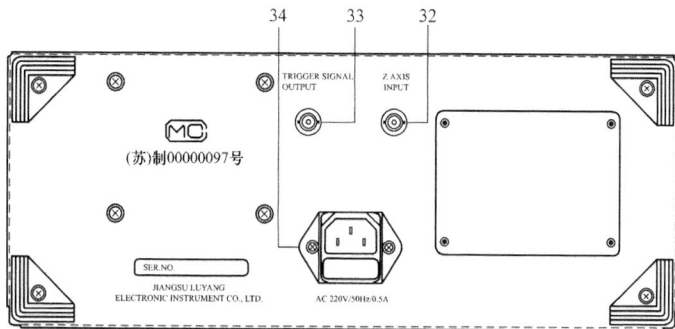

图 2-34　YB4324 型双踪示波器后面板控制件位置图

YB4324 型示波器功能键的作用见表 2-26。

表 2-26　　　　　　　　　YB4324 示波器各功能键的作用

键号	键　名	作　用
1	电源开关（POWER）	控制电源的接通和关闭
2	辉度调节旋钮（INTENSITY）	调节光迹亮度，以人眼观看舒服为宜。太亮，影响示波管寿命；太暗，不易读数
3	聚焦旋钮（FOCUS）	调整光迹清晰度，也叫清晰度调节旋钮
4	轨迹旋钮（TRACE ROTATION）	调节光迹与水平刻度线的水平位置

键号	键　名	作　用
5	探极校准信号（PROBE ADJUST）	提供 0.5V，频率为 1kHz 的方波信号，用于调整测试探头的补偿和检测垂直、水平电路的基本功能
6	耦合方式（AC GND DC）	垂直通道 1 的输入耦合方式选择。AC：信号中的直流分量被隔开，用以观察信号的交流成分。DC：信号与仪器通道直接耦合，当需要观察信号的直流分量或被测信号的频率较低时应选用此方式。GND 输入端处于接地状态，用以确定输入端为零电位时光迹所在位置
7	通道 1 输入插座 CH1（X）	双功能端口，在常规使用时，此端口作为垂直通道 1 的输入口，当仪器工作在 X-Y 方式时此端口作为水平轴信号输入口
8	通道 1 灵敏度选择开关（VOLTS/DIV）	选择垂直轴的偏转系数，从 5mV/DIV～10V/DIV 分 11 个挡级调整，可根据被测信号的电压幅度选择合适的挡级
9	微调（VARIABLE）	用以连续调节垂直轴的偏转系数，调节范围不小于 2.5 倍，该旋钮顺时针旋足时为校准位置，此时可根据"VOLTS/DIV"开关度盘位置和屏幕显示幅度读取该信号的电压值
10	通道扩展开关（PULL×5）	按入此开关，增益扩展 5 倍
11	垂直位移（POSITION）	用以调节光迹在垂直方向的位置
12	垂直方式（MODE）	选择垂直系统的工作方式。CH1：只显示 CH1 通道的信号。CH2：只显示 CH2 通道的信号。交替：用于同时观察两路信号，此时两路信号交替显示，该方式适合于在扫描速率较快时使用。断续：两路信号断续工作，适合于在扫描速率较慢时同时观察两路信号。叠加：用于显示两路信号相加的结果，当 CH2 极性按键被按入时，则两信号相减。CH2 反相：此按键未按入时，CH2 的信号为常态显示，按入此键时，CH2 的信号被反相
13	耦合方式（AC GND DC）	作用于 CH2，与控制件 6 功能相同
14	通道 2 输入插座	垂直通道 2 的输入端口，X-Y 方式时，作为 Y 轴输入口
15	垂直位移（POSITION）	用以调节光迹在垂直方向的位置
16	通道 2 灵敏度选择开关	功能同 8
17	微调（VARIABLE）	功能同 9
18	通道 2 扩展（×5）	功能同 10
19	水平位移（POSITION）	用以调节光迹在水平方向的位置
20	极性（SLOPE）	用以选择被测信号在上升沿或下降沿触发扫描
21	触发电平（LEVEL）	用以调节被测信号在变化至某一电平时触发扫描
22	扫描方式（SWEEP MODE）	选择产生扫描的方式。自动（AUTO）：当无触发信号输入时，屏幕上显示扫描光迹，一旦有触发信号输入，电路自动转换为触发扫描状态，调节电平可使波形稳定的显示在屏幕上，此方式适合观察频率在 50Hz 以上的信号。常态（NORM）：无信号输入时，屏幕上无光迹显示，有输入信号时，且触发电平较触发扫描，当被测信号频率低于 50Hz 时，必须选择该方式。锁定：仪器工作在锁定状态后，无须调节电平即可使波形稳定在屏幕上。单次：用于产生单次扫描，进入单次扫描后，按动复位键，电路工作在单次扫描方式，扫描电路处于等待状态，下次扫描需再次按复位键
23	触发指示（TRIGD READY）	该指示灯有两种功能指示，当仪器工作在非单次扫描方式时，该灯亮表示扫描电路工作在被触发状态；当仪器工作在单次扫描方式时，该灯亮表示扫描电路在准备状态，此时若有信号输入将扫描一次，指示灯随之熄灭

续表

键号	键　名	作　用
24	扫描速率（SEC/DIV）	根据被测信号的频率高低，选择合适的挡级。当扫速"微调"置校准位置时，可根据度盘的位置和波形在水平轴的距离读出被测信号的时间参数
25	微调（VARIABLE）	用于连续调节扫描速率，调节范围不小于 2.5 倍。顺时针旋足为校准位置
26	扫描扩展开关（×5）	按入此按键，水平速率扩展 5 倍
27	触发源（TRIGGER SOURCE）	用于选择不同的触发源。CH1：在双踪显示时，触发信号来自 CH1 通道，单踪显示时，触发信号则来自被显示的通道。CH2：在双踪显示时，触发信号来自 CH2 通道，单踪显示时，触发信号则来自被显示的通道。交替：在双踪交替显示时，触发信号交替来自于两个 Y 通道，此方式用于同时观察两路不相关的信号。电源：触发信号来自于市电。外接：触发信号来自于触发输入端口
28	⊥	机壳接地端
29	AC/DC	外触发信号的耦合方式，当选择外触发源，且信号频率很低时，应将开关置 DC 位置
30	常态/TV（NORM/TV）	一般测量，此开关置常态位置，观察电视信号时，应将此开关置 TV 位置
31	外触发输入（EXT INPUT）	当选择外触发方式时，触发信号由此端口输入
32	Z 轴输入	亮度调制信号输入端口
33	触发输出（TRAGGER SIGNAL OUTPUT）	CH2 通道输出信号，方便于外加频率计等
34	带熔断器的电源插座	仪器电源进线插口

YB4324 型双踪示波器控制键初始位置见表 2-27。

表 2-27　　　　　　　　　　YB4324 型双踪示波器控制键初始位置

控制键名称	作用位置	控制键名称	作用位置
辉度调节旋钮（INTENSITY）	居中	AD/DC	DC
聚焦旋钮（FOCUS）	居中	扫描方式（SWEEP LEVEL）	自动（AUTO）
水平位移（三只）（POSITION）	居中	耦合方式（COUPLING）	AC 常态
垂直方式（MODE）	CH1	触发电平	+
通道 1 灵敏度选择开关（VOLTS/DIV）	0.1V 挡	触发源（TRIGGER SOURCE）	CH1
微调（VARIABLE）	校准位置	扫描速率（SEC/DIV）	0.5ms

五、示波器的使用方法

接通示波器电源开关，指示灯亮，稍等预热，屏幕中出现光迹，分别调整亮度旋钮和聚焦旋钮，使光迹的亮度适中、清晰，如图 2-35（a）所示。若不出现光迹，则应调整亮度旋钮、聚焦旋钮、垂直位移、水平位移和扫描因素旋钮，使之出现水平光迹，且位于屏幕正中央。图 2-35（b）为聚焦不好情况。

在正常情况下，被显示波形的水平轴方向应与屏幕的水平刻度线平行。由于地磁或其他原因造成的误差，如图 2-35（c）所示，可按下列步骤检查调整：

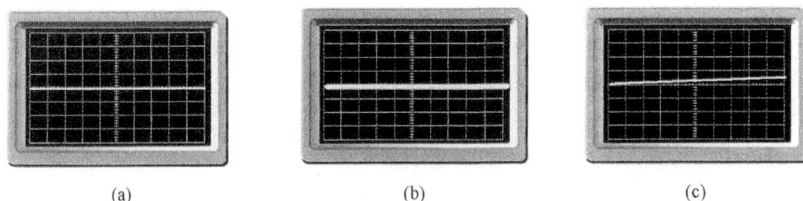

图 2-35　示波器显示的光迹

（a）正常的扫描；（b）聚焦不好；（c）扫描线与刻度不平行

（1）预置仪器控制件，使屏幕获得一个扫描线。

（2）调节垂直位移，看扫描基线与水平刻度线是否平行，如不平行，用旋具调整前面板"光迹旋钮（TRACE RPTATION）"控制键。

示波器自带 0.5V（P-P）[有的是 2V（P-P）]、1kHz 精密校准信号，将示波器探头接在校准信号输出端可以进行信号校准（见图 2-36），则在示波器屏幕上会出现图 2-37 所示的波形图。

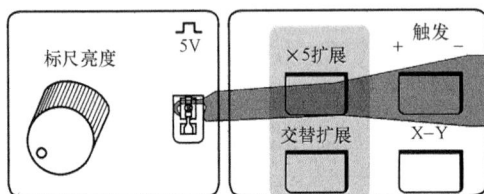

图 2-36　校准信号的接法

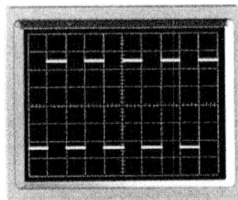

图 2-37　校准信号正常波形

示波器探头可以用于很宽的频率范围，但必须进行相位补偿，失真的波形会引起测量误差，因此，测量前要进行探头校正。若波形有过冲或下塌现象 [见图 2-38（b）、（c）]，可用高频旋具调节示波器的补偿元件（见图 2-39），使波形达到最佳。

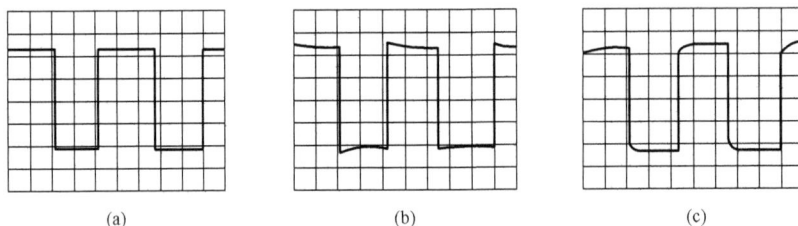

图 2-38　示波器相位补偿

（a）补偿合适；（b）过冲过补偿；（c）下塌欠补偿

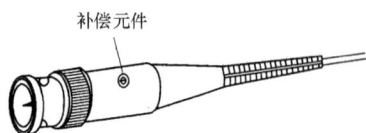

图 2-39　示波器探头的补偿元件

示波器探头是为了补偿示波器输入特性的差异而特制的，上面有"×1，×10"两挡，若探头上开关置于"×1"挡，则输入信号不衰减；若置于"×10"则信号衰减 10 倍。

六、使用注意事项

（1）使用时示波器机壳必须可靠接地。

（2）电源电压要符合要求，如超出使用范围，则应采用稳压措施后再使用。

（3）开机后亮度调节要适中，不可让光点长时间停留在屏幕一点上以免损坏荧光屏。

（4）正常使用时，扫描微调和垂直微调旋钮均应顺时针旋到底，处于校准位置。

（5）测量时，被测波形的关键部位要移到屏幕中心，以确保测量准确。

（6）调整旋钮应做到有的放矢，每一个操作步骤，都应清楚可能引起的调试效果，避免盲目调整。

（7）被测信号频率低于几百千赫时，可用一般导线连接。被测信号较弱时，应使用屏蔽线连接。测量高频或脉冲信号时，则应使用高频电缆连接。

（8）测量探头要专用，若被测信号大于灵敏度最大值时，要使用衰减器，以免烧坏示波器。

（9）使用时应保证示波器完整、可靠，应避免在强磁场中使用示波器，操作时应避免频繁开、关，且避免振动和冲击。

（10）保证示波器干燥和清洁，不用时用布罩住，妥善保管。

2.2.2 LM1602 型函数信号发生器

函数信号发生器是一种高精密度的信号源，是一种具有输出正弦波、方波、三角波脉冲波、斜波和 TTL 电平信号的通用仪器。它带有数字频率计、计数器和功率输出等功能，各端口具有自动保护功能，广泛用于教学、电子实验和电子测量等领域。下面以 LM1602 型信号发生器来介绍低频信号发生器的使用方法。LM1602 型信号发生器输出信号有电压和频率数字显示，使用较为方便，其外形如图 2-40 所示。

图 2-40　LM1602 型函数信号发生器外形图

一、LM1602 型函数信号发生器技术参数

（1）波形：正弦波、方波、三角波、脉冲波、斜波、50Hz 正弦波。

（2）频率范围：0.2Hz~2MHz。

（3）频率显示：5 位 LED 显示。

（4）输出幅度：20V（P-P）（1MΩ），10V（P-P）（50Ω）。

（5）输出阻抗：50Ω。

（6）频率分挡：7 挡十进制。

（7）衰减开关：20、40、60dB。

（8）功率输出：≥10W。

二、LM1602 型函数信号发生器各功能按键说明

LM1602 型函数信号发生器面板如图 2-41 所示。

LM1602 型函数信号发生器各功能键的名称及作用见表 2-28。

三、使用方法

（1）设置输出波形。根据要求选择正弦波、方波和三角波输出。

（2）频率调节。共分为 7 挡：0.2~2Hz，2~20Hz，20~200Hz，200Hz~2kHz，2~

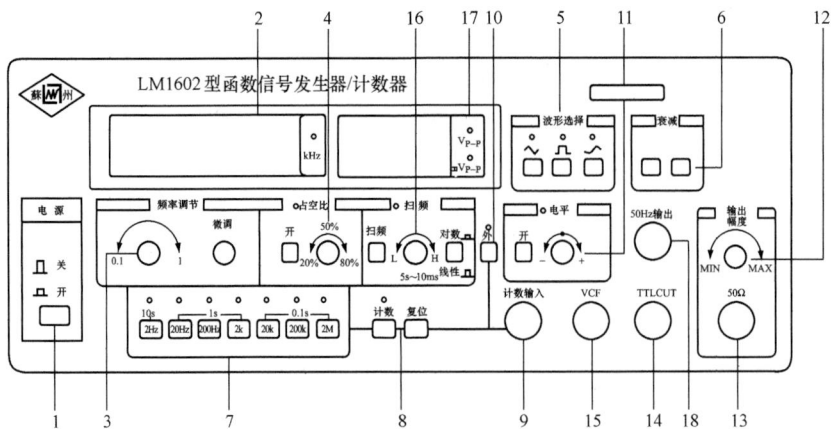

图 2-41　LM1602 型函数信号发生器面板图

20kHz，20～200kHz，200～2MHz。配合频率调节旋钮和微调旋钮可完成输出函数信号频率的调整。

表 2-28　　　　　　LM1602 型函数信号发生器各功能键的名称及作用

序号	键　名	作　用
1	电源开关	控制仪器工作电源通断
2	频率显示器	显示输出频率
3	频率调节旋钮	频率粗调用于确定输出信号频率所在范围，微调（频率细调）可精确调出所需频率
4	占空比调节旋钮	调整矩形波高低电平的时间比
5	波形选择	可选择正弦波、方波和三角波
6	衰减开关	可选择衰减 20、40、60dB
7	频率选择按钮	设置仪器产生的所有频率以供输出使用
8	计数和复位开关	可选择进行计数还是复位
9	计数/频率端口	用于选择计数或频率
10	外测开关	
11	电平调节旋钮	调节电平大小
12	输出幅度旋钮	调节输出幅度大小
13	电压输出端口	
14	TTL/CMOS 输出端口	
15	VCF	由此输入电压控制频率变化
16	扫频开关	
17	电压输出指示	接输出信号线
18	50Hz 正弦波输出	输出的 50Hz 正弦波

（3）幅度调整。幅度调整通过调节衰减开关和输出幅度旋钮来完成。

2.2.3　LM2193 型晶体管毫伏表

晶体管毫伏表是用于测量正弦交流电源有效值的常用仪表。它具有高灵敏度、高输入阻抗及高稳定性等优点。图 2-42 为 LM2193 型单针晶体管毫伏表外形图。

一、使用方法

（1）机械调零。晶体管毫伏表未使用时表头应静止在左端零点位置，若表头不在左端零点位置，应调节表头上的机械调零点进行机械调零。

（2）打开电源开关前应先检查输入的电压，将电源线插入后面板的交流插孔。各控制键设定如下：电源开关键弹出，量程设置在最大量程处。

（3）将输入信号由输入端子送入交流毫伏表。电缆线夹并接在电路两端，黑色鳄鱼夹与被测电路地端相连。要先接黑色鳄鱼夹，再接红色鳄鱼夹。

（4）调节量程旋钮，使表头指针位置在大于或等于满度的 1/3 处。

（5）将交流毫伏表的输出用探头送入示波器的输入端，当表针指示满刻度时，其输出应满足指标。

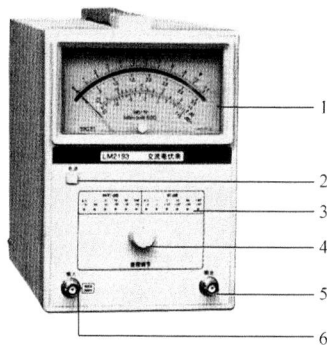

图 2-42　LM2193 型单针晶体管
毫伏表外形图

1—表头；2—电源开关；3—量程指示；
4—量程旋钮；5—输出端子；6—输入端子

（6）量程指示（dB 量程）的使用。晶体管毫伏表的表头有两种刻度：以 1V 作 0dB 的刻度值；以 0.755V 作 0dB（1mW600Ω）的刻度值。增益为 $A_\mathrm{u}=20\log\dfrac{U_\mathrm{o}}{U_\mathrm{i}}$（dB）。

例如：当一个输入电压，其幅值为 30mV、输出电压为 3V 时，其放大倍数为 3V/30mV ＝ 100（倍），而 $A_\mathrm{u}=20\log 3/0.03=40$（dB）。

二、注意事项

（1）输入电压的极限值：在使用晶体管毫伏表时，其输入电压不可超过其最大电压输入值，否则电容部件可能损坏。

（2）当使用输入参数时，存在一个约 50pF 的电容将跨接在实验线路中，这会影响测量。尤其是在高频线路中，应使用较短的测试线，以减小这个电容。

（3）在交流电源接通而仪器暂时不使用时，应置量程开关在高量程挡，这将避免噪声电平产生的"打表"现象，保护表头。

三、万用表和晶体管毫伏表的区别

当被测电压级数较小时，万用表的灵敏度太低，不能使指针偏转或偏转角度太小无法读数；当被测电路阻抗较大时，由于普通万用表的内阻相对较小，会影响测量精度。万用表的频率范围较窄，若放大电路的工作频率高于万用表的工作频率范围，则测量结果会有较大的误差。

晶体管毫伏表的外形与万用表相似，但是它的输入连接线不是表笔而是同轴电缆。电缆外层是地线，用黑色鳄鱼夹连接，用于减小外来感应电压的影响；电缆芯用红色鳄鱼夹连接。晶体管毫伏表表头刻度线、电压量程开关配合使用才能正确读数。

2.2.4　YB4810 型晶体管图示仪

YB4810 型晶体管图示仪是一种用阴极射线示波管显示半导体器件的各种特性曲线，可测量半导体静态参数的测试仪器。它能在不损坏器件的情况下，测量其极限参数，如击穿电压、饱和压降等。因此，广泛应用于半导体器件有关的各个领域，常用来测试晶体管共射极输出特性和场效应管输出特性。以 YB4810 型晶体管图示仪为例，说明晶体管图示仪的使用方法及注意事项。

一、YB4810 型晶体管图示仪各功能按键说明

YB4810 型晶体管图示仪前、后面板图控制件位置图如图 2-43、图 2-44 所示。

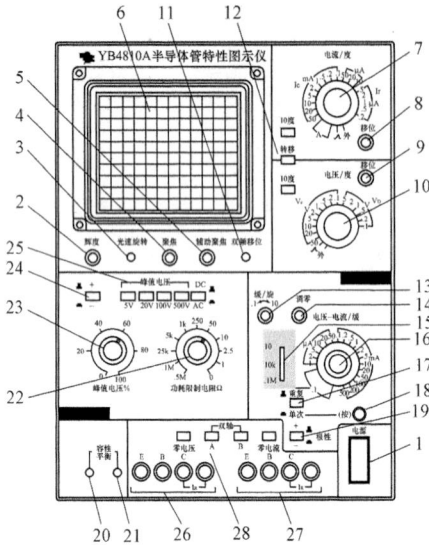

图 2-43　YB4810 型晶体管图示仪前面板控制件位置图

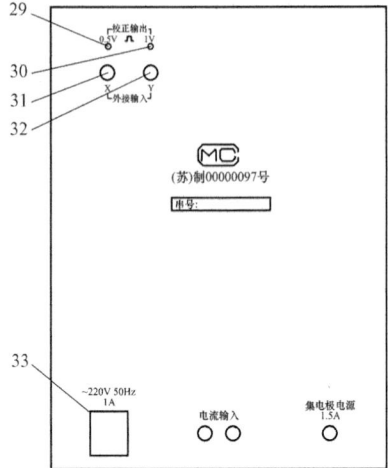

图 2-44　YB4810 型晶体管图示仪后面板控制件位置图

YB4810 型晶体管图示仪各功能键作用见表 2-29。

表 2-29　　　　　　　　　　　YB4810 型晶体管图示仪各功能键作用

序号	键名	作用
1	电源开关	决定电源的通断
2	辉度旋钮	控制辉度。顺时针旋转，逐渐变亮，辉度应适中
3	光迹旋转	当示波管屏幕上水平光迹与水平内刻度线不平行时，可调节该电位器使之平行
4	聚焦	改变示波管第二阳极电压使电子聚焦
5	辅助聚焦	改变示波管第三阳极电压使电子聚焦，使用时聚焦与辅助聚焦互相配合，使图像清晰
6	示波管波形显示	晶体管测试时可将其特性直观地显示出来
7	电流/度开关	一种具有 22 挡、四种偏转作用的开关
8	Y 轴移位	起移位作用。顺时针旋动，光迹向上；反之向下
9	X 轴移位	起移位作用。顺时针旋动，光迹向左；反之向右
10	电压/度开关	是一种具有 17 挡、四种偏转作用的开关
11	双簇移位	当测试选择开关置于双簇显示时，借助于该电位器，可使二簇特性曲线显示在合适的水平位置上

续表

序号	键　　名	作　　用
12	校正及转换开关	由三个按钮组成的直键开关：上面一个按钮是 Y 轴 10 度校正信号，当该钮按入时校正信号便输入到 Y 放大器。下面一个按钮是 X 轴 10 度校正信号，当该钮按入时，校正信号便输入到 X 放大器。中间一个按钮是转换开关，有按入和弹出二个状态，以满足 NPN、PNP 管子测试需要
13	级/簇	用来调节阶梯信号的级数，能在 4~10 级内任意选择
14	调零	未测试前，应首先调整阶梯信号起始级为零电位，当荧光屏已观察到基极阶梯信号后将 5k1A 置于"零电压"观察到光点或光迹在荧光屏上的位置，然后将 5k1A 复位，调节"阶梯调零"电位器使阶梯信号起始级与"零电压"时的位置重合，这样阶梯信号的"零电位"被正确校正
15	串联电阻	当电流—电压/级开关置于电压/级的位置时，串联电阻被串联进半导体器件的输入回路中
16	电流—电压/级	它是一个 23 挡、具有两种作用的开关
17	重复/关选择开关	重复：阶梯信号连续输出，作正常测试 关：阶梯信号没有输出，但处于待触发状态
18	单簇	单簇按钮只有在重复/关选择开关置于"关"状态时起作用。当按下该钮时，屏幕上显示出一簇特性曲线，可方便、准确地测试半导体器件的极限参数
19	极性	为满足不同类型半导体器件的需要来选择阶梯信号极性
20	容性平衡	由于集电极电流输出端的各种杂散电容的存在，都将形成容性电流降压在电流取样电阻上，造成测量上的误差，因此在测试前应调节 80RV1 使之减到最小值
21	辅助容性平衡	辅助电容平衡是针对集电极变压器二次绕组对地电容的不对称，再次进行电容平衡调节
22	功耗限制电阻	是串联在被测管的集电极电路上限止超过功耗，在测试击穿电压，或二极管正向特性时，可作电流限制电阻
23	峰值电压%	峰值控制旋钮可以在 0~5V、0~20V、0~100V、0~500V 之间连续选择，面板上的值只能作近似值使用，精确的读数应由 X 轴偏转灵敏度读测
24	极性	该开关可以转换集电极电源的正负极性，按需要选择
25	峰值电压范围	它是通过集电极变压器的不同输出电压的选择而分：YB4811 型为 5V（5A）、50V（1A）、500V（0.1A）、3000V（2mA）四挡，YB4810A 型为 5V（5A）、20V（2.5A）、100V（0.5A）、500V（0.1A）四挡。在测试半导体管时，应由低挡改换到高挡，在换挡时必须将峰值电压调到 0 值，慢慢增加，否则易击穿被测管
26	A 测试插孔	同 21
27	B 测试插孔	在测试标准型管壳的半导体器件时，可用附件中的测试盒与之直接连接，当作其他特殊用途测试时，可用香蕉插头与导线作为插孔与被测器件之间的连接
28	测试选择开关	零电压 5k1A，该钮用来校正阶梯信号作电压源输出时，其起始级的零电压，该钮按入时，被测管的栅极接地
29	0.5V（P-P）校正信号输出插孔	该插孔输出幅度为 0.5V，频率为市电频率的校正信号，供测试用

续表

序号	键　名	作　用
30	1V（P-P）校正信号输出插孔	该插孔输出幅度为1V，频率为市电频率的校正信号，供测试用
31	X 轴输入插孔	
32	Y 轴输入插孔	
33	电源插座	

二、使用方法

为了显示晶体管的各种特性曲线，必须对基极的阶梯波、集电极扫描电压、X 轴和 Y 轴放大器等的接法和极性做相应的改变。这些都是通过测试转换开关和偏转作用开关来实现。

（一）晶体管共射极输出特性测试

（1）根据管型将集电极和基极的极性开关置 PNP 或 NPN。

（2）将 Y 轴"电流/度开关"置合适挡位（小功率管置 1mA/度左右，大功率管置 0.5A/度左右）。

（3）将 X 轴"电压/度开关"置合适挡位（小功率管置 1V/度左右，大功率管置 5V/度左右）。

（4）将阶梯"幅度/级"开关置合适挡位（一般置较小挡，再逐渐加大，大功率管应达到较大挡）。

（5）功耗限制电阻取值较大，以后逐渐减小。

（6）将调压器先置左端，按 E、B、C 接入晶体管，逐渐加大电压。

（7）观察和记录曲线。

（二）场效应管输出特性测试

（1）根据 P 沟道或 N 沟道将极性开关置 PNP 或 NPN。

（2）将 Y 轴"电流/度开关"置于 I_C 合适挡位（实际为 I_D），X 轴"电压/度开关"置 U_C 合适挡位（实际为 U_D）。

（3）将阶梯"幅度/级"开关置合适的电压挡，逐渐增大。

（4）功耗电阻置较大，以后再减小。

（5）将调压器先置左端，待测管 D 接 C，G 接 B，S 接 E，将电压逐渐加大。

（6）观察和记录曲线。

2.2.5　LM1720 型双路数显直流稳压电源

实验室使用的稳压电源有两种类型。一类是独立的直流稳压电源，该类稳压电源采用独立的变压器和稳压电路，其功率和稳压性能要好于实验台提供的稳压值，但输出电压的组数有限，如 LM1720 型双路数字显示稳压电源。另一类是和实验台组合在一起的稳压电源，如 ZH-12 型通用电子实验台。上述两类直流稳压电源的使用方法类似，下面以 LM1720 型直流稳压电源为例，说明稳压电源的使用方法及使用注意事项。

一、LM1720 型双路数显直流稳压电源各功能按键说明

LM1720 型双路数显直流稳压电源面板如图 2-45 所示。其各功能键的作用见表 2-30。

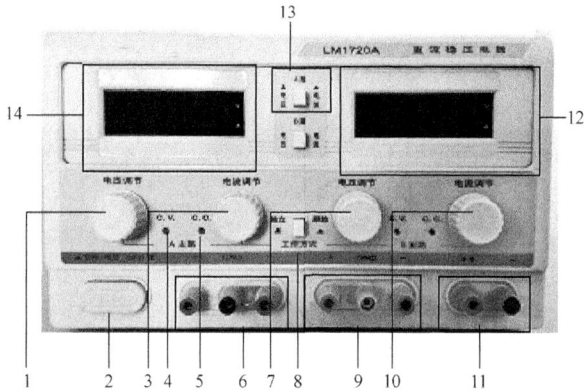

图 2-45 LM1720 型双路数显直流稳压电源面板图

表 2-30   **LM1720 型双路数显直流稳压电源各功能键的作用**

序号	键 名	作 用
1	A 路电压调节旋钮	顺时针旋转，输出电压升高；逆时针旋转，输出电压降低
2	电源	电源开关
3	A 路电流调节旋钮	顺时针旋转，输出电流升高；逆时针旋转，输出电流降低
4	A 路稳压指示灯	CV 为稳压指示灯
5	A 路稳流指示灯	CC 为稳流指示灯
6	A 路输出接线端口	连接外部负载到 "+" 端子（红色）和 "-" 端子（黑色）
7	B 路电压调节旋钮	顺时针旋转，输出电压升高；逆时针旋转，输出电压降低
8	工作方式	指明工作方式
9	B 路输出接线端口	输出接线端口
10	B 路电流调节旋钮	顺时针旋转，输出电流升高；逆时针旋转，输出电流降低
11	固定 5V 输出端口	5V 电源输出
12	B 路输出电压、电流指示	指示 B 路输出电压、电流
13	电压、电流指示	指示电压、电流
14	A 路输出电压、电流指示	指示 A 路输出电压、电流

二、稳压电源的使用

（1）直流稳压电源在使用时，每组电源一般都有量程挡，应合理选择量程；然后在调电压微调旋钮，得到所需的直流电压。

（2）实验台或独立稳压电源输出的电压值，应采用万用表配合电压微调旋钮进行校准，以得到符合要求的直流稳压值。

（3）在使用直流稳压电源时，不可将电源正极和负极短路，避免损坏仪表。

（4）在稳压电源接入电路之前要先调好电压、电流值，关闭直流电压源后接入电路中，再接通直流稳压电源。稳压电源提供正、负两组电压，要特别注意正、负极不能接反。

2.2.6 ES-1 型数字电路实验箱

ES-1 型数字电路实验箱主要由电源电路、连续脉冲电路、单脉冲电路、逻辑笔电路、逻辑量产生电路、电路插孔、移位显示电路、蜂鸣器、数字译码显示电路、电源开关组成。

该实验箱可以满足大部分数字电路实验和课程设计要求。其面板如图 2-46 所示。实验箱各部分电路的功能见表 2-31。

图 2-46   ES-1 型数字电路实验箱面板图

表 2-31   ES-1 型数字电路实验箱各部分电路功能

序号	名　称	作　用
1	电源电路	提供电源，显示电源开/关
2	连续脉冲电路	提供 1、2、4、8Hz 和 0.5kHz 的连续脉冲信号
3	单脉冲电路	提供单次正、负脉冲
4	逻辑笔电路	检测引脚的逻辑正负
5	逻辑量产生电路	提供 17 个逻辑编码输出端口
6	电路插孔	提供 9 个 16 脚芯片、6 个 14 脚芯片、3 个 8 脚芯片的插座及导线插孔
7	移位显示电路	提供移位寄存显示功能
8	蜂鸣器	声音报警器件
9	数字译码显示电路	提供 4 组数字译码显示功能
10	电源开关	开/关电源

2.2.7　多孔实验插座板和单芯硬导线

一、多孔实验插座板

多孔实验插座板俗称"面包板"，因其有许多供布线的孔，类似面包而得名。

图 2-47（a）为常用多孔实验插座板实物图。在多孔实验插座板上布满了供插接元器件的小孔，每个多孔实验插座板由两排 64 列导电良好的金属弹性簧片组成。每列对应一个簧片，每个簧片有 5 个触孔，这 5 个触孔在电气上相通，而各列之间电气上不通。因此，每一列可作为电路中的一个节点，在此节点上，最多可连接 5 个元器件。触孔之间及簧片之间均为双列直插式集成电路的标准间距，适于插入各种双列直插式集成电路，也可插入引脚直径为 0.5~0.6mm 的任何元器件。当集成电路插入两列簧片之间时，其余的 4 个插孔可供集成

电路各引脚的输入输出或互连；另有两排平行
的插孔可专供接入电源线及地线，每半排插孔
之间相互连通，这为需要多电源供电的线路实
验提供了很大的方便。

多孔实验插座板使用灵活、方便，虽然元
器件的排列与引线的走向受到一定限制，但仍
可做到使搭接的电路整齐、美观。

用多孔实验插座板搭接电路一般用于临时
性试验，不需焊接，因此元器件的引线不必剪
短，可以反复使用，利用率高，不易损坏元器
件，更换器件快捷、增减自如。对于已定型的
电路，则需采用印制电路板。

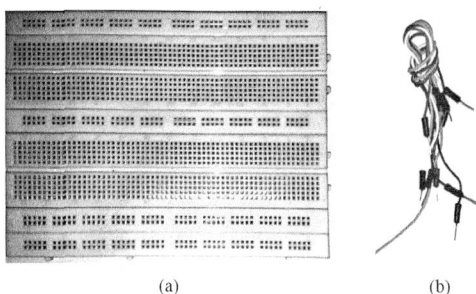

（a）　　　　　　　　　　　　（b）

图 2-47　多孔实验插座板和单芯硬导线实物图
（a）多孔实验插座板；（b）单芯硬导线

二、单芯硬导线

为配合多孔实验插座板，常采用直径为 $0.5 \sim 0.6$ mm 的单芯塑料包皮硬导线，其实物见
图 2-47（b）。在截取导线时，注意将剪刀口稍微斜放着截取，使导线断面呈尖头以便于插
入多孔实验插座板。截取导线的长度必须适当，导线两端绝缘包皮以剥去 $2 \sim 4$ mm 为宜，若
太短，则导线无法与弹性簧片良好接触；若太长，则裸露部分的金属易相互短路。一根导线
经过多次使用后，线头易弯曲，以至于很难再插入多孔实验插座板，因此必须用镊子理直，
否则将其剪去，重新剥出一个线头。

整齐的布线极为重要，它不但使检查、更换器件方便，而且使线路可靠。布线时应在组
件周围布线，并使导线不跨过集成电路，避免交叉走线，尽量使用短线，同时设法使导线尽
量不覆盖不用的孔，且应贴近多孔实验插座板表面。布线的顺序通常是先接电源线和地线，
再把闲置输入端通过一只 $1 \sim 10$ kΩ 的电阻接电源正极（逻辑 1）或接地（逻辑 0），然后接
输入线、输出线及控制线。

单芯硬导线有多种颜色可供选用，通常用不同颜色来区分不同功能的连接线。例如常用
红色导线接电源线，用黑色导线接地线，而用其他不同颜色的导线分别接输入线、输出线及
控制线，这样便于在连接较复杂电路时检查和排除故障。

2.3　焊　接　技　术

焊接过程中主要使用的工具包括电烙铁、镊子、斜口钳、小刀和捅针等。其中电烙铁用
于焊接；镊子用于元件成形和辅助拆卸器件，同时能够起散热作用；斜口钳用于焊接后剪掉
多余的引线；小刀用来刮去待焊导线上的绝缘层或氧化层；捅针用于拆卸多脚元器件。

2.3.1　焊接前的准备工作

一、检查电烙铁

电烙铁在使用前必须检查其好坏，以及电源线绝缘层是否损坏。电烙铁内阻一般为
$1 \sim 3$ kΩ。若烙铁头凸凹不平、老化，可用锉刀锉平，加热后在表面涂上一层焊锡。

二、检查电路板

若印制电路板表面发黑、有氧化层，一般可用橡皮反复擦拭铜箔表面；如果铜箔氧化严

重可以用细砂纸轻轻打磨，直至铜箔表面光洁如新，然后在铜箔表面涂上一层起防护作用的松香酒精液。

三、检查元器件

元器件在插入印制电路板前，观察其引线表面是否氧化，若氧化可以砂纸或镊子除去氧化层。

2.3.2　元器件的成形和安装工艺

一、成形

在安装前要根据焊孔的宽度预先把元器件引脚弯曲成一定形状，如图 2-48 所示。

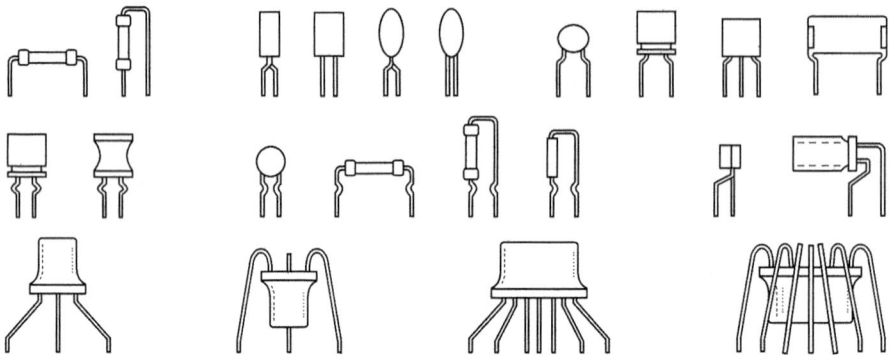

图 2-48　元器件的引脚形式

没有专用工具或需要加工少量元器件引线时，可使用尖嘴钳和镊子等工具将引出脚加工成形。在加工时必须考虑印制电路板元件孔距和元器件引脚间距离，以便决定元器件的安装方式。

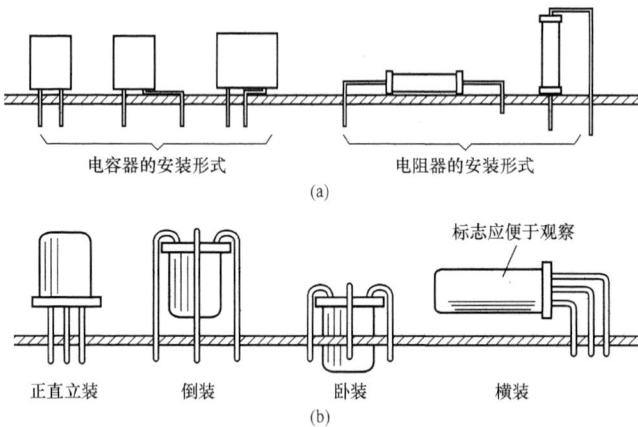

电容器的安装形式　　　电阻器的安装形式
(a)

标志应便于观察

正直立装　　倒装　　卧装　　横装
(b)

图 2-49　元器件的安装方式

（a）元器件的安装方式 1；（b）元器件的安装方式 2

二、安装

元器件一般来说均应紧贴印制电路板卧式安装，对于卧式安装不方便的也可用立式安装，如图 2-49（a）、（b）所示。不论哪种安装方法，都必须找准焊孔后再插入元件，焊脚在印制电路板反面透出长度不超过 5mm。

元器件的安装顺序有以下几种安装方式：

（1）按元器件的属性，先安电阻，再安装电容。

（2）按元器件的体积大小，先小后大。

（3）按元器件的安装方式，先卧后立。

（4）按元器件的位置，先内后外。

（5）按电路图，逐一完成局部电路。

2.3.3 焊接的步骤及注意事项

一、正确的焊接姿势

掌握正确的操作姿势，可以减轻焊接时可能带来的人身伤害。为减少助焊剂加热时挥发出的化学物质对人的危害，烙铁到焊接人鼻子的距离应不少于 20cm，通常以 30cm 为宜。

如图 2-50（a）~（c）所示，电烙铁的握法有反握法、正握法和握笔法三种。反握法的动作稳定，适于大功率烙铁长时间的操作；正握法适于中功率烙铁或带弯头电烙铁的操作；握笔法适于操作台上的操作。焊锡丝一般有两种拿法，如图 2-51 所示。

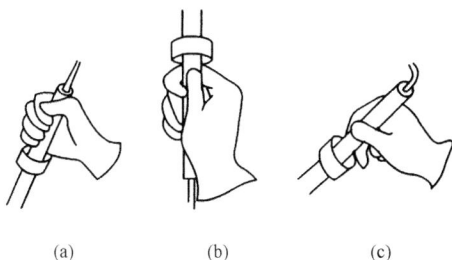

图 2-50 电烙铁的拿法示意图
（a）反握法；（b）正握法；（b）握笔法

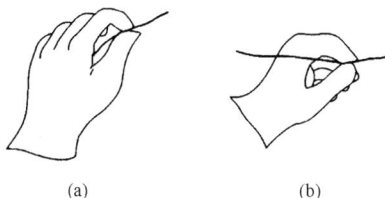

图 2-51 焊锡丝的拿法示意图
（a）连续焊接时；（b）断续焊接时

二、焊接基本步骤

正确的焊接操作过程可以分成五个步骤，如图 2-52（a）~（e）所示。

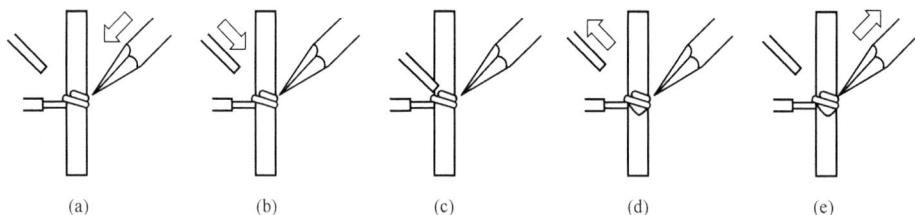

图 2-52 焊接五步操作法

（1）准备施焊。左手拿焊丝，右手握烙铁，进入备焊状态。要求烙铁头保持干净，无焊渣等氧化物。

（2）加热焊件。烙铁头靠在两焊件的连接处，加热整个焊件全体，时间为 1~2s。

（3）送入焊丝。焊件的焊接面热到一定温度时，焊锡丝从烙铁对面接触焊件。注意，不要把焊锡丝送到烙铁头上。

（4）移开焊丝。当焊丝熔化一定量后，立即向左上 45° 方向移开焊丝。

（5）移开烙铁。焊锡浸润焊盘和焊件的施焊部位以后，向右上 45° 方向移开烙铁，结束焊接。

对于热容量小的焊件，如印制板上较细导线的连接，可以将步骤（2）、（3）合并，步骤（4）、（5）合并，简化为三步操作。

在焊接过程中可使用松香作助焊剂，不得使用腐蚀性较大的焊锡膏和焊油作助焊剂。焊锡丝可选用活性焊锡丝，该焊锡芯内有松香助焊剂，且含锡量充足，可焊性好；焊锡丝的常

用规格为 $\phi 1mm$、$\phi 0.8mm$ 和 $\phi 1.5mm$ 最为常见，使用者可根据实际情况选用。

2.3.4　焊点质量及检查

良好的焊点具有电气接触良好、机械结合牢固和美观三个特点。保证焊点质量的关键是要避免虚焊。

一、虚焊产生的原因及其危害

虚焊主要由待焊金属表面的氧化物和污垢引起，它使焊点成为有接触电阻的连接状态，导致电路工作不正常、不稳定，给电路的调试、使用和维护带来重大的隐患。此外，也有一部分虚焊点在电路开始工作的一段较长时间内，保持接触良好，因此不容易发现。但在温度、湿度和震动等环境条件的作用下，接触表面逐步被氧化，接触慢慢地变得不完全。虚焊点的接触电阻会引起局部发热，局部温度升高又促使不完全接触的焊点情况进一步恶化，最终甚至使焊点脱落。因此，虚焊是电路可靠性的一大隐患，必须严格避免。

一般来说，造成虚焊的主要原因包括：焊锡质量差；助焊剂的还原性不良或用量不够；被焊接处表面未预先清洁好，镀锡不牢；烙铁头的温度过高或过低，表面有氧化层；焊接时间掌握不好；焊接中焊锡尚未凝固时，焊接元件松动。

二、焊点的要求

良好的焊点必须要有可靠的电气连接、足够的机械强度和光洁整齐的外观。

良好的外表是焊接质量的反映，好的焊点外表有金属光泽，没有拉尖、桥接等现象，并且不伤及导线的绝缘层及相邻元器件。元件焊点的质量判断如图 2-53 所示。

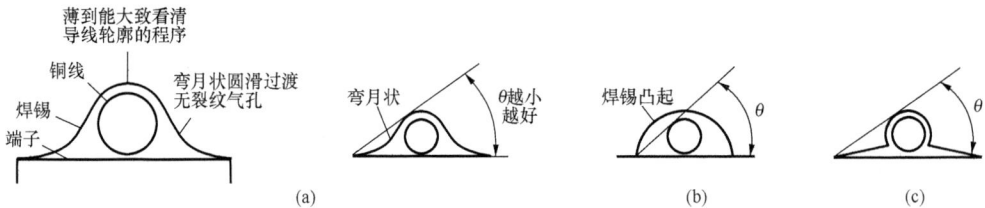

图 2-53　元件焊点质量判断

（a）良好的焊点；（b）焊锡量过多；（c）焊锡量不足

三、焊点外观检查

焊点的外观检查，除用目测以外，还要用指触、镊子拨动、拉线等办法检查有无导线断线、焊盘剥离等缺陷。主要检查漏焊、焊料拉尖、焊料引起导线间短路（即"桥接"）、导线及元器件绝缘损伤、焊料飞溅等情况。

四、通电检查

在确认连线无误后，才可以进行通电检查。如果不经过严格的外观检查，通电检查不仅困难较多，而且可能损坏设备仪器，造成安全事故。例如电源连线虚焊，设备通电时就加不上电。通电检查可以发现许多微小的缺陷，因此焊点外观检查之后一定要对设备通电检查。

2.3.5　波峰焊

一、波峰焊基础知识

波峰焊的主要材料是焊锡条，是让插件板的焊接面直接与高温液态锡接触达到焊接目的，其高温液态锡保持一个斜面，经电动泵或电磁泵使液态锡形成类似波浪的现象，使预先装有元器件的印制板通过焊料波峰，实现元器件焊端或引脚与印制板焊盘之间机械与电气连接的软钎焊。

波峰焊在焊接过程中，要保持工艺过程的稳定，实行对缺陷的预防，焊接完毕之后应检验是否符合产品的焊接质量要求。

由于铅是重金属，对人体有较大伤害，波峰焊逐渐用锡银铜合金和特殊的助焊剂代替锡铅合金，但是在焊接时，要求有更高的预热温度。

二、波峰焊流程

波峰焊流程如图 2-54 所示，波峰焊流电路板成品如图 2-55 所示。

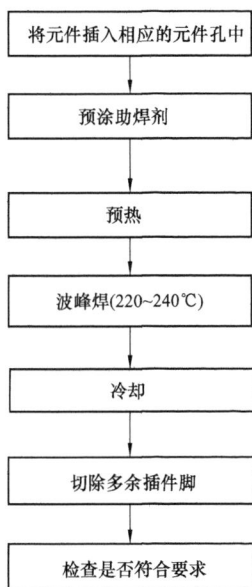

```
将元件插入相应的元件孔中
        ↓
      预涂助焊剂
        ↓
        预热
        ↓
  波峰焊(220~240℃)
        ↓
        冷却
        ↓
    切除多余插件脚
        ↓
   检查是否符合要求
```

图 2-54　波峰焊流程图

波峰焊在焊接过程中，要对浸锡时间、传送速度、夹送倾角、温度曲线参数等进行设置。要按时记录波峰焊机运行参数、检查波峰焊机波峰是否平整，喷口是否被锡渣堵塞，发现问题立即处理。

图 2-55　波峰焊流电路板成品图

第 3 章　模拟电子技术课程设计

3.1　模 拟 电 路 设 计 方 法

3.1.1　模拟电路基本要求与设计方法

一、模拟电路设计的基本要求

模拟电路课程设计是在学生学习完模拟电子技术课程的基本理论知识，完成基本课程实验后，开展的一项综合实践训练。该实践教学环节主要是培养学生灵活运用理论知识的能力，联系实际进行相关课题的设计、安装与调试。通过模拟课程设计，学生应达到以下的基本要求：

（1）综合运用模拟电子技术课程所学到的基本知识、基本技能，结合课程设计的要求，独立完成一个课题的理论设计。

（2）通过查阅电子元器件手册等参考文献资料，熟悉元器件的性能及参数，掌握正确合理的选择元器件的能力。

（3）掌握电子电路的正确安装与调试，学会运用电子仪器对线路进行测试与分析，解决调试过程中所遇到的问题。

（4）遵循实验数据，养成严谨求实的工作作风。

（5）学会撰写课程设计报告。

二、模拟电路的设计方法

电子技术课程设计一般应包括课题选择、线路设计、电路组装与调试、撰写课程设计报告等环节。在选择设计课题后，首先应明确设计系统的设计任务，选择设计方案，然后进行单元电路的设计、参数计算和器件选择，再将电路组合在一起，绘制完整的原理图和安装图，最后进行电路的安装与调试。

（一）明确系统的设计任务及要求

根据设计任务及要求，了解系统应达到的性能、指标，明确系统的设计任务及要求。

（二）选择设计方案

针对系统的设计任务、要求及条件，根据课程学习所掌握的知识和技能来完成系统的设计功能。在设计方案的选择过程中，应做到方案的优化合理，系统的可靠经济。对方案要不断进行可行性和优缺点分析，设计出完整的系统框图。

（三）单元电路的设计

根据系统的指标和要求，将系统分成几个部分，由相应的单元电路组成。每个单元电路设计前，都应明确各部分的任务及功能，拟定单元电路的性能指标、前后级的连接形式、电路的具体组成形式。在具体设计时可借鉴模拟电子技术课程相关的成熟电路，也可以在此基础上加以改进和创新，要求单元电路本身设计要合理，级与级之间要互相配合。

（四）电路参数的计算

根据单元电路的工作原理，利用课程学到的计算公式对电路的参数进行计算。例如直流稳压电源中稳压输出值的计算、电阻值的取值计算等都应通过参数计算来达到设计要求。

（五）电路元器件的选择

电路元器件主要包括阻容元件、晶体管、集成电路等，首先要根据电路的设计要求来选择其型号及参数，同时还应考虑系统的性价比。在具体选择时，应查阅相应的参考文献和元器件手册，并结合具体电路的设计要求。

（六）电路图的绘制

电路图包括电路原理图和安装图，在设计出各单元电路，对电路元器件进行了选择和计算后，就可以将各单元电路组合起来，绘制出相应的整机电路图。绘制电路图可以采用Protel 99SE 等专业绘图工具来进行，要求图形符号标准、元件布局合理、排列均匀、图面清晰。

（七）电路的组装

在以上工作完成后，便可进行电路的组装。电路的组装应根据设计要求来进行。对小功率电路，可采用在实验面包板上插接元件来进行，这种方法便于调试，并且可提高电路器件的重复利用率。如果要做成成品，就应采用焊接的方法将元器件安装在设计好的印制电路板上，这种方法可提高学生的焊接技术，调试时稳定性好。焊接时应做到焊接点光滑、饱满，不能有虚焊、假焊的现象，元器件布局应合理，布线应短且规范。

（八）电路的调试

在电路组装好后（也可以分级组装分级调试），应通过对电路的测试和调试，来发现和纠正设计方案的不足和安装的不合理，并采取措施加以改进，使装置达到预定的技术指标要求。同时也要求学生掌握常见电子测量仪器的使用方法。模拟电子技术课程设计所需要的常见电子测量仪器有万用表、直流稳压电源、低频信号发生器、高频信号发生器、双踪示波器等。

（1）调试前的直观检查。在电路安装完以后，应检查元器件安装位置是否正确，焊接是否牢固，连线是否正确，以及电源线的极性是否正确。

（2）通电观察。在调试前的直观检查后，将电源接入电路，通电试机，观察有无异常现象，如有无冒烟，有无异常气味，元器件是否发烫等现象。如果出现异常现象，应立即切断电源，查找出故障原因。

（3）静态调试。所谓静态是指电路在没有加信号时的状态。该状态主要是测量电路的静态工作参数。例如晶体管直流工作点的测试，运算放大器在输入为零时其输出是否接近零，调零电路是否起作用等测试。

（4）动态调试。动态调试是指电路在输入端接入适当频率和幅度的信号，通过示波器观测相应输出点波形的调试。通过动态调试来检查各项指标是否满足设计要求。例如功率放大器的动态调试，可在其输入端加上适当频率和幅度的正弦波信号，观测输出波形是否失真，幅度能否达到要求；若不能，可通过电路元器件的参数调整来修正。

3.1.2　模拟电路设计文件的标准格式

一、设计题目

××电路设计

二、设计任务目的与要求

（1）要求。设计并制作用××电路。

（2）指标。详细列出设计电路需要达到的性能指标。

三、整体电路设计

（一）方案比较

方案 1：略。

方案 2：略。

列出可以完成设计任务的几种方案，并对其进行分析比较，选择最优方案。

（二）整体电路框图

画出选择方案的整体电路框图。

（三）单元电路设计及元器件选择

（1）单元电路设计。画出单元电路图。

（2）元器件选择。说明选择元器件的理由及元器件性能。

（四）系统的电路总图

（1）画出系统电路总图。

（2）列出元器件清单表格。

四、电路调试过程与结果

电路调试过程与结果必须与设计指标相一致。

五、参考文献

列出在电路设计过程中使用的参考资料。

3.2 模拟电路设计实例

3.2.1 音响放大器的设计

音响功率放大电路是模拟电子技术课程的一个重要教学内容，通过对一个音响放大器的设计和安装，既可以使学生对模拟电子技术课程的基本理论、基本技能较好的掌握和运用，又能增强学生的学习兴趣，提高学生的实际动手能力。

一、任务和要求

（1）功能要求。要求设计出的音响放大器具有话筒扩音、卡拉 OK 伴唱、音调控制等功能。

（2）主要技术指标。

1）额定功率：$P_N \leqslant 2W$。

2）频率响应：$f_L \sim f_H = 40 \sim 10kHz$。

3）负载阻抗：$R_L = 8\Omega$。

4）音调控制特性：1kHz 输出增益为 0dB，100Hz 和 10kHz 输出有 ±12dB 的调节范围，$A_{VL} = A_{VH} \geqslant +20dB$。

5）输入阻抗：$R_i \geqslant 20\Omega$。

二、设计原理与框图

音响放大器主要由话筒放大器、混合前置放大器、音调控制器和功率放大器四部分构成。其基本组成框图如图 3-1 所示。

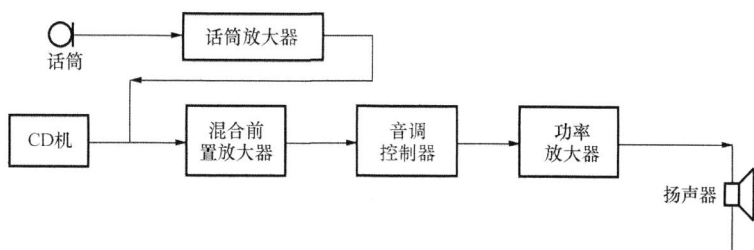

图 3-1　音响放大器的组成框图

三、可选器件

（1）LM1702 型直流稳压电源一台。

（2）LM1602 型低频信号发生器一台。

（3）BS1A 型失真度测量仪一台。

（4）YB4324 型双踪示波器一台。

（5）LM2193 型晶体管毫伏表一台。

（6）MF47 型万用表一台。

（7）低阻话筒一只，其阻抗为 20Ω，输出信号电压为 5mV。

（8）CD 机一台，其音频输出信号电压为 100mV。

（9）集成运放 LM324 一片，集成功率放大器 LA4102 一片，8Ω/4W 负载电阻一只，8Ω/4W 扬声器一只。

（10）连接导线（0.6mm 绝缘线）若干。

四、设计原理分析

（一）话筒放大器的原理分析

话筒放大器的作用就是不失真的放大话筒送出的声音信号。由于话筒输出信号只有 5mV 左右，这就要求放大器的增益要高，输入阻抗要高。图 3-2 所示的同相比例运放可作为话筒前置放大器，当运放的开环增益足够大时，同相比例运放的闭环电压增益为

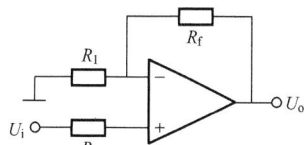

图 3-2　话筒前置放大器

$$A_{uf} = 1 + \frac{R_f}{R_1} \qquad (3-1)$$

输出电压为

$$U_o = \left(1 + \frac{R_f}{R_1}\right) U_i \qquad (3-2)$$

（二）混合前置放大器的原理

混合前置放大器的作用是将 CD 机输出的音乐信号与话筒输出的声音信号进行混合放大。图 3-3 所示电路中，输出电压为各输入电压按不同的比例之和，其电压增益为

$$u_o = -\left(\frac{R_f}{R_1} u_{i1} + \frac{R_f}{R_2} u_{i2}\right) \qquad (3-3)$$

（三）音调控制器的原理

音调控制器的作用是调节控制音响放大器输出频率的高低。如图 3-4 所示，R_{P1}、R_1、R_3、R_4、C_2、C_3 构成低音控制电路，高音信号到来时，其经 C_2、C_3 直接送出。R_{P2}、R_2、C_4 构成高音控制电路，C_1、C_5 起耦合信号作用。

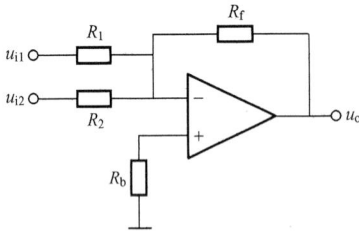

图 3-3　混合前置放大电路　　　　　　　图 3-4　音调控制电路

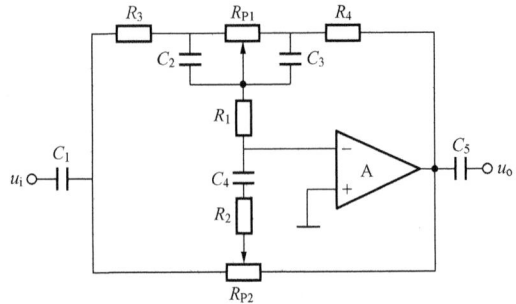

（四）功率放大器

功率放大器的作用是对输入的音频信号功率放大，满足推动扬声器发声的要求。功率放大器的常见电路形式有 OTL 电路和 OCL 电路，有集成运放和晶体管组成的功率放大器，也有专用集成电路功率放大器芯片。目前在音响放大器中广泛采用集成功率放大器，它具有性能稳定、工作可靠及安装调试简单等优点。

（五）设计过程分析

在设计过程中，首先要确定该功率放大器的级数，再根据各自的功能及技术参数确定各级应分配的电压增益，然后据此来计算各级电路参数（一般是从最后级开始往前级进行）。据题意要求，输入信号为 5mV 时输出功率的最大值接近 2W，系统的总电压增益 A_u 应为1200，各级电压增益分配如图 3-5 所示。功放级电压增益主要由集成电路决定，取 $A_{u4} =200$；音调级在频率为 1000Hz 时，增益为 1，考虑实际衰减，取 $A_{u3} = 0.8$；话筒放大器和混合前置放大器一般采用运算放大器，其增益不宜太大，取 $A_{u1} = 7.5$，$A_{u2} = 1$。

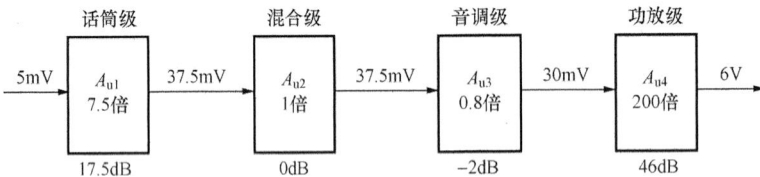

图 3-5　各级电压增益分配

（1）功率放大器的设计。目前功率放大器大多数采用集成功率放大器，电路设计就变得十分简单，只要查阅相应参数手册便可得到其应用电路。

LM1875 是美国国家半导体公司推出的一款高性能的双声道功放芯片，广泛应用于汽车立体声收录音机、中功率音响设备。其具有体积小、输出功率大（最大功率可到达 40W 左右）、静态电流小，动态电流大、失真小、有内部保护电路等特点。LM1875 也有其他公司生产，其内部电路略有差异，但引出脚位置及功能均相同，可以互换。LM1875 典型应用参数见表 3-1。

表 3-1   LM1875 典型应用参数

参数名称	参数值	条件
电压范围	16～60V	
静态电流	50MmA	
输出功率	25W	
谐波失真	<0.02%	当 $f=1kHz$，$R_L=8\Omega$，$P_0=20W$ 时
额定增益	26dB	当 $f=1kHz$ 时
工作电压	±25V	
转换速率	18V/μs	

LM1875 的电路特点：

1）输出功率大，$P_0=20W$（$R_L=6～8\Omega$）。

2）采用超小型封装（TO-220），可提高组装密度。

3）内含各种保护电路，因此工作安全可靠。主要保护电路有：短路保护、热保护、地线偶然开路、电源极性反接（$V_{smax}=12V$）以及负载泄放电压反冲等。

4）LM1875 能在最低±6V 最高±22V 的电压下工作，在±19V、8Ω 阻抗时，能够输出 16W 的有效功率，THD≤0.1%。

如图 3-6 所示为 LM1875 的外形封装图，图 3-7 为 LM1875 芯片图。LM1875 采用 TO-220 封装结构，形如一只中功率管，该集成电路内部设有过载、过热及感性负载反向电势安全工作保护。

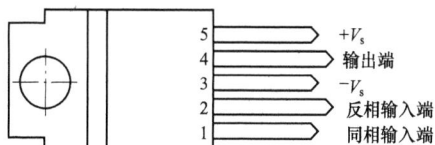

图 3-6 LM1875 外形封装图

5 +V_s
4 输出端
3 -V_s
2 反相输入端
1 同相输入端

图 3-7 LM1875 芯片图

LM1875 组成功率放大电路有以下几种形式，图 3-8 为 LM1875 组成的 OCL 电路，输出功率为 25W，图 3-9 为 LM1875 组成的单电源 OTL 电路，输出功率为 25W，图 3-10 由两只 LM1875 构成的 BTL 电路，它输出功率可以达到 36W 左右。

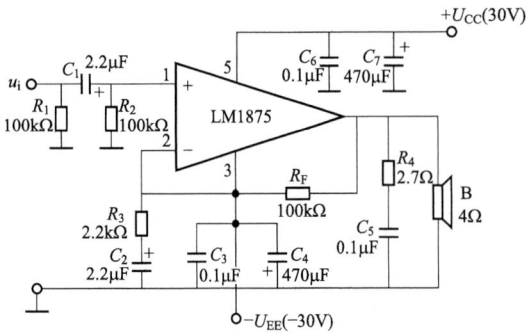

图 3-8　LM1875 组成的 OCL 电路

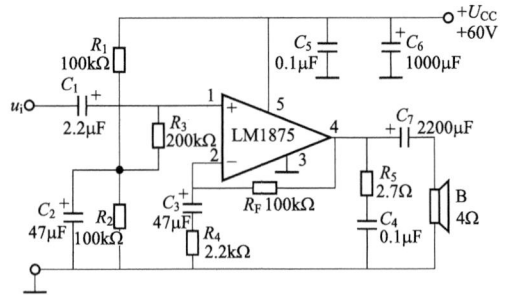

图 3-9　LM1875 组成的单电源 OTL 电路

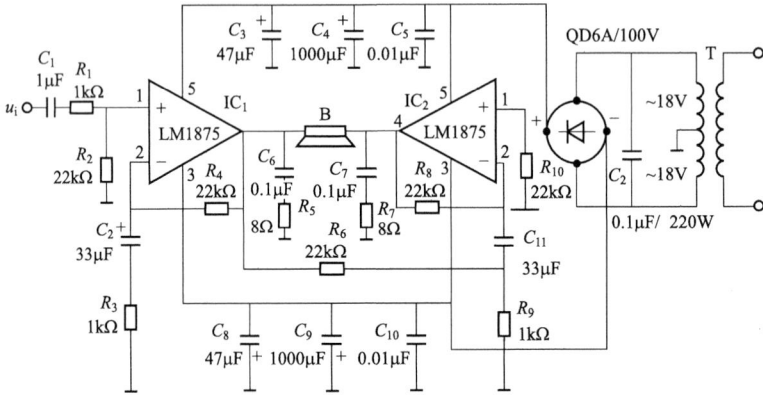

图 3-10　两只 LM1875 构成的 BTL 电路

在图 3-8 中 C_1 为信号输入耦合电容，隔直通交；C_2 用于稳定 LM1875 第 2 引脚直流零电位的漂移，R_1、R_2 为输入端偏置电阻，C_3 和 C_4、C_6 和 C_7 分别为 LM1875 正、负电源退耦电容，C_4 和 C_5 组成"茹贝尔"电路抑制放大电路的低频自激，提升音质；放大器的增益由 R_F 和 R_3 决定，本电路放大器电压放大倍数为

$$A_{uf} \approx 20 \lg \frac{R_F}{R_3} \approx 33.2 \mathrm{dB} (45.5 \text{倍})$$

图 3-9 中，在单电源供电情况下，必须为 LM1875 内部的差分放大器和 OTL 功放配置合适偏压。由 $R_1 \sim R_3$ 组成的分压器可为 LM1875 的同相输入端提供 $U_{CC}/2$ 的偏压，这样可以使输电电压以 $U_{CC}/2$ 为基础信号的变化上下浮动，使信号的动态范围最大。

图 3-10 是由两只 LM1875 构成的 BTL 电路，其功率是 OTL 电路功率的 4 倍。

（2）音量、音调控制器的设计。音量、音调控制器的电路如图 3-11 所示。运算放大器采用单电源供电的四运放 LM324，R_{P3} 为低音控制，R_{P4} 为高音控制，R_{P5} 为音量控制。

LM324 是四运放集成电路，采用 14 脚双列直插塑料封装，其引脚及内部组成如图 3-12 所示，内部包含四组形式完全相同的运算放大器。电路耗电小，电源电压范围宽，可用正电源 3～30V，或正负双电源（±1.5～±15）V 工作。除电源共用外，四组运放相互独立。

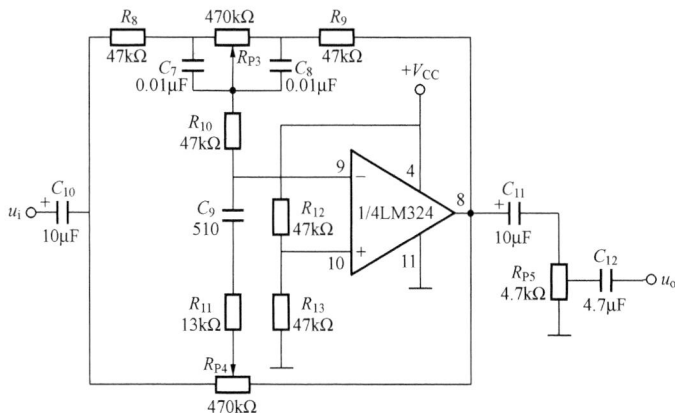

图 3-11　音量、音调控制器的电路图

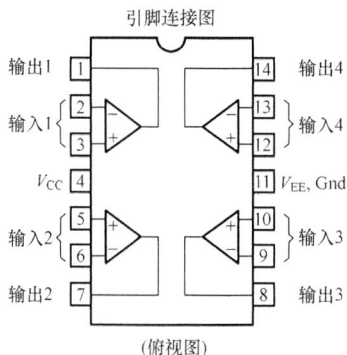

图 3-12　LM324 引脚和内部组成

（3）话筒放大器与混合前置放大器的设计。图 3-13 所示电路由话筒放大器和混合前置放大器两级电路组成。其中运放 A1 组成同相运算放大器，其输入阻抗较高，能对话筒输入的语音信号较好的加以放大，电压放大增益 A_{u1} 为

$$A_{u1} = 1 + \frac{R_{f1}}{R_1} = 7.8 \tag{3-4}$$

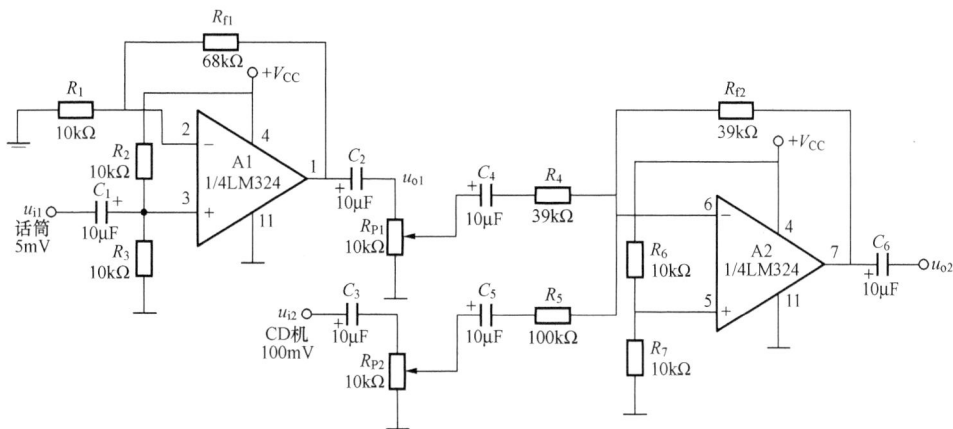

图 3-13　话筒放大器和混合前置放大器电路

由于 LM324 增益为 1 时，其带宽为 1MHz，故在放大倍数不高时能达到 $f_H = 10$kHz 的频响要求。

混合前置放大器由 A2 组成，将话筒放大器输出的语音信号与 CD 机输出的音乐信号加以混合放大。A2 是一个反相加法器电路，输出电压 u_{o2} 为

$$u_{o2} = -\left(\frac{R_{f2}}{R_4} u_{o1} + \frac{R_{f2}}{R_5} u_{i2} \right) \tag{3-5}$$

根据图 3-5 所示的电压增益分配，话筒输出电压为 37.5mV，已达到了混合级的电压输出，故取 $R_4 = R_{f2}$；CD 机输出的音乐信号较大，一般在 100mV，已大于 u_{o2} 的输出要求，应

对其加以衰减，取 $R_5 = 100\text{k}\Omega$、$R_4 = R_{f2} = 39\text{k}\Omega$。$R_{P1}$、$R_{P2}$ 分别用作控制语音和音乐信号的大小。

以上各单元电路的设计值还需通过实验加以调整和修改，特别是在进行整机调试时，还应考虑级与级间的相互影响。

（六）主要技术指标测试

（1）额定功率。音响放大器的额定功率是指在放大器的输出失真度小于某一数值时的最大功率。其表达式为

$$P_\text{N} = \frac{U_\text{o}^2}{R_\text{LN}} \tag{3-6}$$

式中：U_o 为负载上的最大不失真电压；R_LN 为额定负载电阻。

（2）频率响应。放大器的频率响应是指：当加入 1000Hz 的中音频信号，放大器的电压增益下降 3dB 时所对应的上、下限频率。其测量方法为：在话筒放大器的输入端输入电压为 20mV、频率为 20～50kHz 变化的正弦波信号，测出负载电阻 R_L 上对应的输出电压 u_o，用对数坐标纸即可绘出频率响应曲线。

（3）音调控制特性。如图 3-11 所示，将 100mV 的信号从音调控制电路 C_{10} 输入，u_o 从输出电容 C_{11} 引出。先测量 1000Hz 处的电压增益，再分别测量低频特性和高频特性。低频特性的测试方法是将 R_{P3} 分别置于最左端和最右端，频率在 20～1000Hz 变化，记下对应的电压增益。同样，高频特性的测试方法是将 R_{P4} 分别置于最左端和最右端，频率在 1～50kHz 变化，记下对应的电压增益。最后绘制出音调控制特性曲线。

（4）输入阻抗。从放大器输入端看进去的阻抗就称为输入阻抗。其测量方法与放大器输入阻抗的测量方法相同。

（5）整机效率。其表达式为

$$\eta = \frac{P_\text{N}}{P_\text{D}} \times 100\% \tag{3-7}$$

式中：P_N 为输出额定功率；P_D 为直流电源功率。

五、安装调试过程

下面以印制电路板的安装调试为例，介绍电路安装、调试的步骤和方法。

（1）印制电路板的制作。印制电路板制作时，可用电路设计软件 Protel 99se 将整机原理图转换成相应的印制电路图，然后进行印制板的制作。

（2）元器件的安装。安装前应对元器件的好坏进行测试。安装时应注意集成电路的引脚顺序，电解电容的极性，不能接错。焊接时，焊点要光滑、饱满，不能有假焊、虚焊；焊接时间不能过长，对集成电路、场效应管等器件的焊接，应将电烙铁接地，以避免电烙铁带的静电损坏器件。对功率放大集成电路，应考虑其散热问题。

（3）电路调试。电路的调试一般是先分级调试，再级联调试，最后整机调试与性能测试。分级调试的顺序可从最后级开始，然后逐级向前进行。分级调试又分为静态调试和动态调试。静态调试是指将输入端对地短路，用万用表对静态工作点进行测试，通过调节元器件的参数使电路的静态工作点满足要求；而动态调试是指在输入端加入相应的电信号，用示波器进行输入、输出波形观测调试。

单级调试是比较容易达到技术指标要求，在级联调试、整机调试时，由于级与级间可能

存在相互影响，可能使单级调试好的技术指标发生变化，这时就应重点检查布线是否合理，阻抗是否匹配等问题。

（4）整机功能视听。用 8Ω/4W 的扬声器代替 8Ω/4W 的负载电阻，进行如下功能视听。

话筒扩音：将低阻抗话筒（一般为 20Ω）接入话筒放大器的输入端，为防止自激啸叫，话筒不能正对扬声器；用话筒讲话，扬声器发出的声音应清晰；调节图 3-13 中话筒音量电位器 R_{P1}，便可控制声音的大小。

音乐欣赏：将 CD 机输出的音乐信号接入混合前置放大器，调节图 3-13 音乐控制电位器 R_{P2}，即可改变音乐声音的大小。

卡拉 OK 伴唱：CD 机输出音乐信号的同时，手握话筒伴随歌曲演唱，改变 R_{P1}、R_{P2} 即可改变其混合比例；调节图 3-11 中电位器 R_{P3}、R_{P4} 即可改变高低音大小，起到音调调节。如果再加入电子混响电路，演唱的效果就会更好。

如图 3-14 所示为 LM1875 双声道带音调控制功率放大器，图 3-15 所示为制作 LM1875 放大器的 PCB 板。

图 3-14　LM1875 双声道带音调控制功率放大器

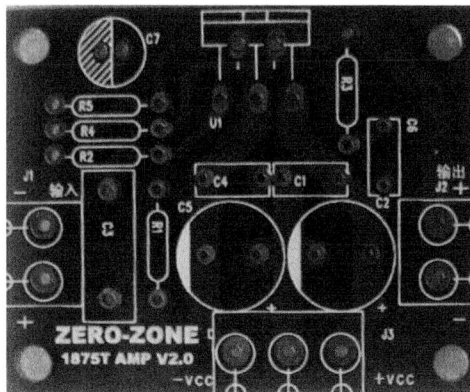

图 3-15　LM1875 放大器的 PCB 板

3.2.2　函数信号发生器的设计

函数信号发生器是一种在科研和生产中经常用到的基本波形产生器，它可以产生精度较高的正弦波、方波、矩形波、锯齿波等多种函数信号。

一、任务和要求

（一）设计任务

设计一个能输出方波、三角波、正弦波的函数信号发生器。

（二）设计要求

（1）根据性能指标要求，结合实验条件设计出电路原理图，分析电路工作原理，计算元件参数。

（2）列出所用元器件的清单，准备需用的设备、仪表及元器件。

（3）安装调试电路，对调试过程中遇到的问题进行分析、排除，使之达到设计要求。

（4）记录实验数据，对实验数据进行分析。

（5）撰写课题设计报告。

（三）主要性能指标

（1）输出波形：方波、三角波、正弦波。

（2）频率范围：一般分为若干频段，如 1～10Hz、10～100Hz、100Hz～1kHz、1～10kHz 等。

（3）输出电压：方波 U_{P-P}≤24V；三角波 U_{P-P}≈8V；正弦波 U_{P-P}≈3V。

（4）波形特性：正弦波特性一般用非线性失真系数表示，一般要求不小于 3%；三角波特性用非线性系数表示，一般要求不小于 2%；方波的特性参数是上升时间，一般要求不小于 100ns。

二、设计原理与框图

根据设计任务可以把函数信号发生器分为比较器、积分器和正弦波变换器三大部分，其组成原理框图如图 3-16 所示。

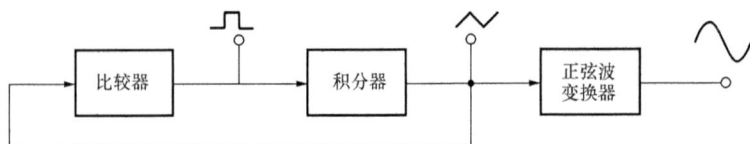

图 3-16　函数信号发生器组成原理框图

三、可选器件

（1）LM1702 型直流稳压电源一台。

（2）YB4324 型双踪示波器一台。

（3）LM2193 型晶体管毫伏表一台。

（4）BS1A 型失真度测量仪一台。

（5）MF47 型万用表一台。

（6）集成运放 μA741 一片，4.7、10kΩ 电位器各一只，47kΩ 电位器两只，100kΩ 电位器三只，100Ω 电位器一只，单刀双掷开关两只，单刀三掷开关一只，三极管 9014 四只，电容、电阻若干。

（7）集成运放 LM318 一片，单片集成函数信号发生器 5G8038 一片。

（8）连接导线（0.6mm 绝缘线）若干。

四、设计原理分析

（一）方波、三角波形发生器的原理分析

如图 3-17 所示为脉冲式方波、三角波发生器的组成原理框图。先由双稳态触发器产生方波，然后经变换得到三角波。该电路包括双稳态触发器、比较器、积分器等部分。双稳态触发器通常采用施密特触发器，积分器则采用密勒积分器。

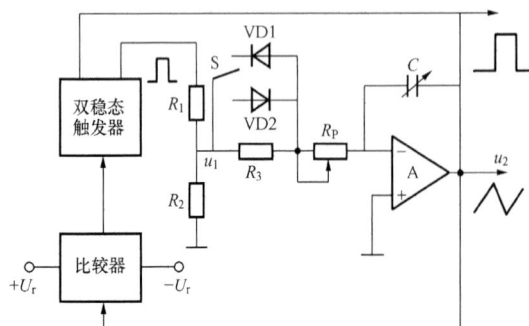

图 3-17　脉冲式方波、三角波发生器的组成原理框图

脉冲式方波、三角波发生器的工作过程为：假设开关 S 悬空，当双稳态触发器输出 u_1 为 U_1 时，积分器输出 u_2 开始线性下降；当 u_2 下降到 $-U_r$ 时，比较器使双稳态触发器翻转，u_1 由 U_1 变为 $-U_1$；同时 u_2 将线性

上升，当 u_2 上升到参考电平 U_r 时，双稳态触发器又翻转，于是完成一个循环周期。不断重复上述过程，就得到方波信号 u_1 和三角波信号 u_2。上述过程的工作波形如图 3-18（a）所示。

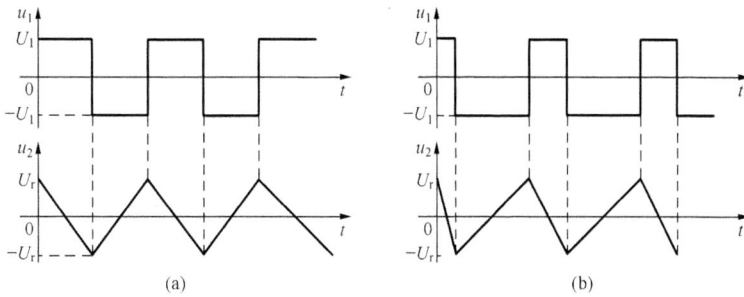

图 3-18　脉冲式函数信号发生器的工作波形图
(a) S 悬空时函数信号发生器波形；(b) S 与 VD2 相连时函数信号发生器

若 S 与 VD2 相连，当触发器输出为 U_1 时，VD2 导通，R_3 被短路，积分器输出急速下降；当下降到 $-U_r$ 时，触发器翻转，输出为 $-U_1$，VD2 截止，R_3 接入电路，u_2 输出缓慢上升，形成正相三角波，如图 3-18（b）所示。若 S 与 VD1 相连，则可得到反相三角波和极性相反的矩形波。

综上所述，脉冲式方波、三角波发生器无独立的主振器，而是由触发器、比较器、积分器构成的自激振荡闭合回路。改变积分电容的容量或 R_p 阻值即可改变输出信号的频率。如果在电阻 R_3 的两端并接一只二极管 VD1（或 VD2），可改变积分器充放电时间常数，由此可得到矩形波和三角波。

（二）正弦波形成电路的原理分析

正弦波形成的方法有很多，可用正弦波振荡电路直接产生，也可由三角波变换成正弦波。将三角波变换成正弦波的电路有二极管网络变换、差分放大电路等几种方式。

（1）二极管网络变换电路。如图 3-19 所示，该电路主要由二极管和电阻构成，对输入三角波进行可变分压处理。

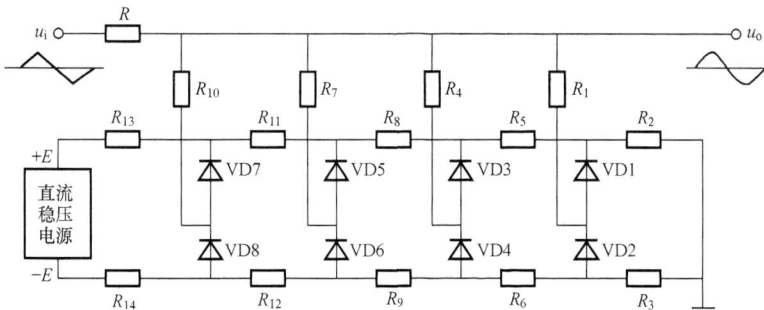

图 3-19　二极管网络变换电路

下面介绍二极管网络变换电路的工作原理。在三角波的正半周，当输入 u_i 瞬时值较小时，所有的二极管都被 $+E$ 截止，u_i 经 R 直接输出，输出 u_o 与 u_i 波形相同。当 u_i 瞬时值上升到 U_1 时，二极管 VD1 导通，u_i 经 R、R_1、R_2 分压输出，u_o 比 u_i 略有下降，其值为

$$u_o = \frac{R_1 + R_2}{R + R_1 + R_2} u_i \qquad (3-8)$$

当 u_i 瞬时值上升到 U_2 时，二极管 VD3，电阻 R_4、R_5 接入，与第一级分压电路共同构成第二级分压，u_o 的衰减增大，此时 u_o 为

$$u_o = \frac{R_4 + R_5 + R_2}{R + R_4 + R_5 + R_2} u_i \qquad (3-9)$$

随着 u_i 的不断增大，VD5、VD7 依次导通，分压比逐步减小，u_o 的衰减幅度更大，使输出由三角波趋于正弦波。同理，当 u_i 由其正峰值逐步减小，二极管 VD7、VD5、VD3、VD1 依次截止分压比又逐步增大，u_o 的衰减幅度逐步变小，三角波也趋于正弦波。对于 u_i 的负半周，原理相似。波形如图 3-20 所示。

（2）差放电路实现的三角波—正弦波变换。差放电路实现三角波—正弦波变换电路的基本原理是利用差分放大器传输特性的非线性。图 3-21 为差分放大电路实现三角波—正弦波变换的电路，在该电路中，调节 R_{P1} 可改变三角波的幅度，R_{P2} 可调整电路的对称性，VT3、VT4 组成镜像恒流源电路，C_1、C_2、C_4 耦合信号，C_3 滤除谐波分量，改善波形，减小失真。

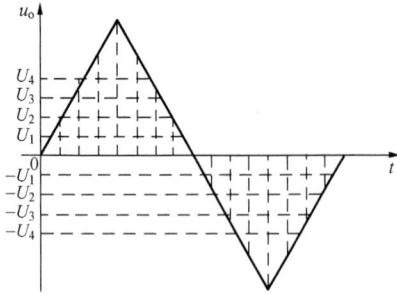

图 3-20　波形变换图

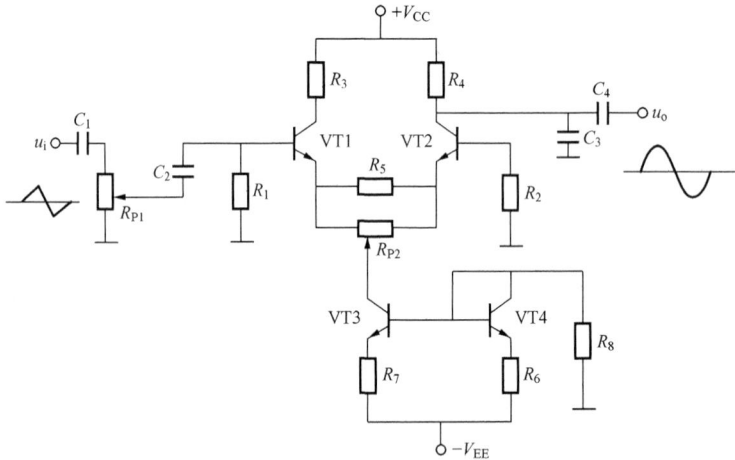

图 3-21　差分放大电路实现的三角波—正弦波变换电路

（三）用差放电路实现的方波—三角波—正弦波产生电路的设计

（1）主要技术指标。

1）频率范围：1~10Hz；10~100Hz。

2）输出电压：方波 $U_{P-P} \approx 24V$，三角波 $U_{P-P} \approx 8V$，正弦波 $U_{P-P} \approx 3V$。

3）波形特性：方波的上升时间不大于 100ns；三角波特性不大于 2%；正弦波失真系数不大于 3%。

（2）设计电路。如图 3-22 所示，集成运放 μA741 及其外围电路构成方波—三角波产生电路，改变 R_{P1}、R_{P2} 可改变输出波形的频率，S 为频段选择开关。VT1、VT2 组成差分放大

器，在 VT3、VT4 的作用下，将输入的三角波变成正弦波输出。调节 R_{P3} 可改变输入三角波的幅度，调节 R_{P4} 可调节电路的对称性。

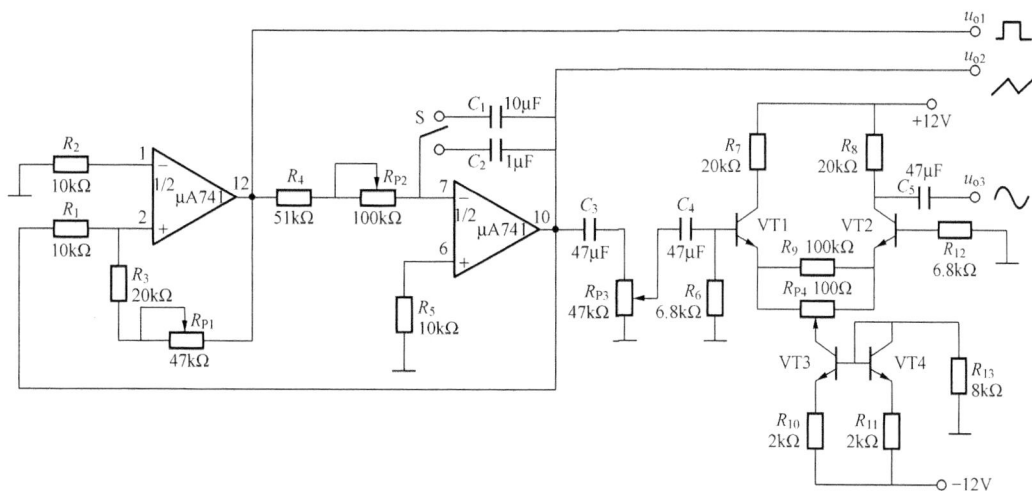

图 3-22　由差分放大电路构成的方波—三角波—正弦波产生电路

电路参数选择如下：耦合电容 C_3、C_4、C_5 的容量可选择较大的容量（一般选择 47μF），这是由于输出波形频率不高；为减小输出波形的高次谐波分量，可以在 C_5 的前面对地并一个几十至几百皮法的电容。

（四）单片集成函数信号发生器 5G8038 的设计

单片函数信号发生器 5G8038，可以产生精度较高的正弦波、方波、矩形波、三角波等多种信号。产品的各种信号频率可以通过调节外接电阻和电容的参数值进行调节，为实现函数信号发生器的各项功能提供了极大的方便。由运算放大器 LM318 和 5G8038、电位器等组成的多功能函数信号发生器，能够产生正弦波信号、三角波信号、频率与占空比可调节的矩形波信号，其输出频率能在 20Hz~5kHz 范围内连续调整。该信号发生器具有调试简单、性能稳定、使用方便等优点。

（1）单片集成函数信号发生器 5G8038 性能特点：

1）输出各类波形的频率漂移小于 $50×10^{-6}$Hz/℃。

2）通过调节外接阻容元件值，很容易改变振荡频率，使工作频率在 0.001Hz~300kHz 可调节。

3）输出的波形失真小。

4）三角波输出线性度可优于 0.1%。

5）矩形脉冲输出占空比调节范围可达 1%~99%，可获得窄脉冲、方波、宽脉冲输出。

6）输出脉冲（或方波）电平可为 4.2~28V。

7）外围电路简单（外接元件较少），引出线比较灵活、适用性强。

（2）5G8038 引脚图及原理框图如图 3-23 所示。图中，各引脚的功能如下：

1 脚：正弦波失真调节端。

2 脚：正弦波输出端。

3 脚：三角波/锯齿波输出端。

4 脚：恒流源调节（4 脚和 5 脚外接电阻，以实现占空比的调节）。

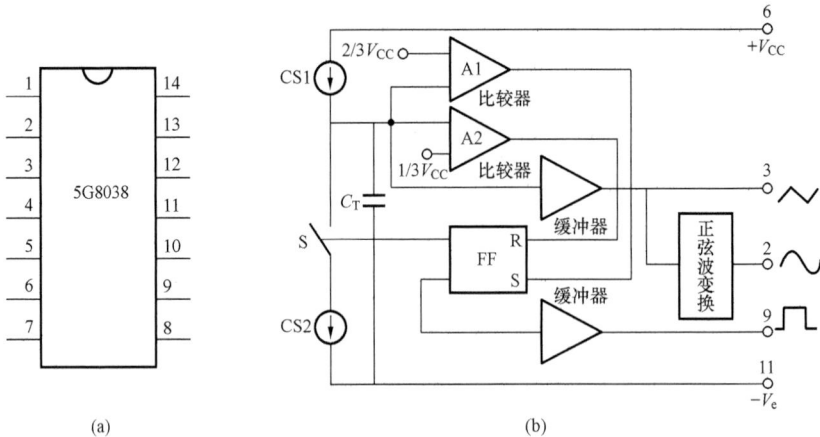

图 3-23　5G8038 引脚图及原理框图
（a）引脚图；（b）原理框图

5 脚：恒流源调节（外接电阻端）。

6 脚：正电源。

7 脚：基准源输出。

8 脚：调频控制输入端。

9 脚：方波/矩形波输出端（集电极开路输出）。

10 脚：外接电容 C。

11 脚：负电源或接地端。

12 脚：正弦波失真调节。

13、14 脚：空置端。

由图 3-23（b）可知，集成电路 5G8038 由一个恒流充放电振荡电路和一个正弦波变换器组成，恒流充放电振荡电路产生方波和三角波，三角波经正弦波变换器输出正弦波。图中两个比较器 A1、A2 组成一个参考电压分别设置在 $2/3V_{CC}$ 和 $1/3V_{CC}$ 上的窗口比较器。两个比较器的输出分别控制 RS 触发器的置位端和复位端。两个恒流源 CS1、CS2 担任对定时电容 C_T 的充放电，而充电和放电的转换则为 RS 触发器的输出通过电子开关 S 的通或断来进行控制。当电子开关 S 断开时，电路对外接电容 C_T 充电，当电子开关 S 接通时，电容 C_T 放电，所以，若电路参数设计恰当，可在电容 C_T 上产生良好的三角波，经缓冲器由 3 脚输出。为了实现在比较宽的频率范围内三角波到正弦波的转换，可用一个由电阻和晶体管二极管组成的二极管网络变换电路产生正弦波，并由 2 脚输出。而用于控制开关 S 的信号，即 RS 触发器的方波输出，经缓冲器由 9 脚输出。

（3）应用电路。图 3-24 是由 LM318 和 5G8038 组成的多功能函数信号发生器。为了提高带负载能力，可使方波、三角波、正弦波信号经输出选择开关 S2 由高速运算放大器 LM318 放大后输出。通过调节电位器 R_{P1} 的位置，既可调节函数发生器的输出振荡频率的大小，又可用来调节输出矩形脉冲波的占空比。调节电位器 R_{P3}、R_{P4}，可调节输出正弦波信号失真度。S1 为频段选择开关。调节 R_{P5}、R_{P6}，可调节信号输出幅度。

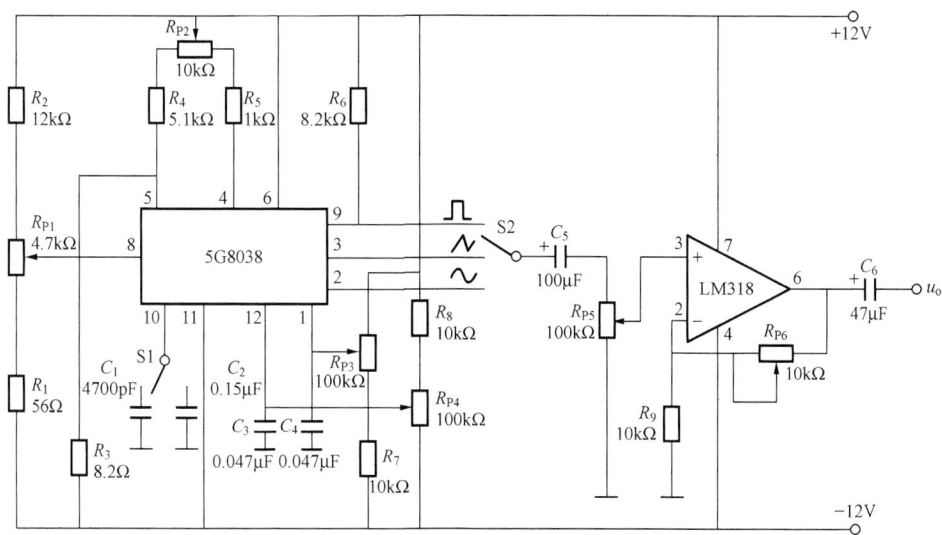

图 3-24　多功能函数信号发生器

为了使振荡信号获得最佳的特性，流过 5G8038 4 脚、5 脚的电流不能过大或过小。若电流过大，将使三角波的线性变坏，从而导致正弦波失真度增大；若过小，则电容的漏电流影响变大。流过 5G8038 集成电路 4 脚和 5 脚的最佳电流范围为 $1\mu A \sim 1mA$。若 4、5 脚的外接电阻相等且为 R，10 脚 S1 接的电容为 C，则此时输出频率为

$$f = \frac{0.3}{RC} \tag{3-10}$$

式（3-10）中，C 通过 S1 可取 C_1、C_2 两个值。

五、安装调试过程

对于图 3-22 所示差放电路实现的方波、三角波、正弦波产生电路，通常按电子线路一般调试方法进行，即先按单元电路的先后顺序进行分级安装调试，然后联调。具体方法这里就不再赘述。

下面介绍由集成电路 5G8038 组成的函数信号发生器的一般安装调试方法。按照图 3-24 分别安装电路，检查安装无误后通电观察波形的输出情况进行调试。先调试 5G8038 构成的函数信号产生电路，再调试 LM318 构成的运放电路。具体调试步骤如下：

（1）输出频率调节。先将频段选择开关 S1 左边接 C_1，选择低频段范围。改变 R_{P1} 中心滑动端位置，输出波形的频率应发生改变，若不满足输出频段频率的要求，可改变 R_1、R_2、C_1 等元件的参数；再将频段选择开关 S1 置于右边接 C_2，选择另一频段范围。改变 R_{P1} 中心滑动端位置，输出波形的频率应发生改变。

（2）占空比（矩形波）或斜率（锯齿波）的调节。改变 R_{P2} 的位置，输出波形的占空比（矩形波）或斜率（锯齿波）将随之发生变化；若不变化，可改变 R_4、R_5、R_{P2} 等元件的参数。

（3）正弦波失真度的调节。调节 R_{P2} 使输出的波形为正三角波（上升、下降时间相等）；然后调节 R_{P3}、R_{P4} 观察输出正弦波的波形失真程度，使之正负峰值相等且接近正弦波；最后用失真度测试仪测量失真度，细调节 R_{P3}、R_{P4}，直至满足指标要求。

（4）输出信号幅度调节。调节 R_{P5}、R_{P6} 使输出波形的电压幅度达到指标要求。

如图 3-25 所示为使用 ICL8038 为制作的正弦波、三角波和方波信号发生器，图 3-26 为正弦波、三角波和方波信号发生器 PCB 板。

图 3-25　使用 ICL8038 为制作的正弦波、三角波和方波信号发生器

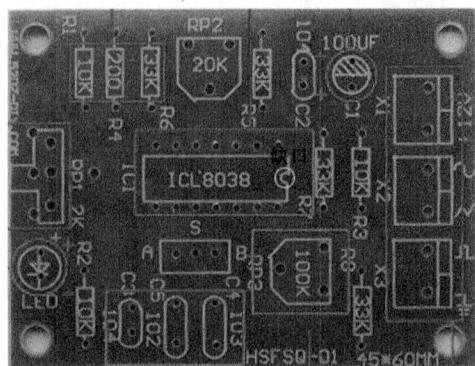

图 3-26　正弦波、三角波和方波信号发生器 PCB 板

3.3　模拟电路设计题选

3.3.1　集成直流稳压电源

一、设计任务和要求

（1）设计一个集成直流稳压电源，满足：同时输出 ±12V 电压，输出电流最大为 1A；输出 ±5V 电压，输出电流为 100mA。

（2）电源输出纹波电压小于 5mV，稳压系数小于 0.005，电源输出内阻小于 0.1Ω。

（3）电源变压器只做理论设计。

（4）画出系统组成框图和电路原理图。

（5）完成全电路的理论设计、安装调试。

（6）撰写课题设计报告。

二、设计原理和框图

（一）系统组成框图

集成直流稳压电源的组成框图如图 3-27 所示。该系统主要由电源变压器、整流电路、滤波电路、集成稳压电路等几部分组成。电源变压器将 200V、50Hz 交流市电进行降压，经整流、滤波后得到直流电压，然后再经稳压电路稳压得到恒定的直流电压输出。

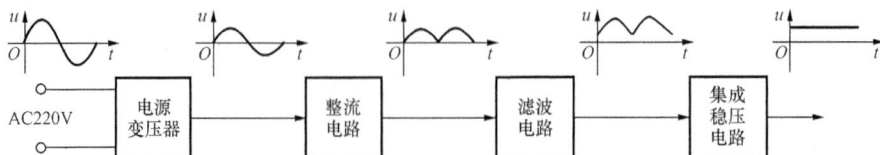

图 3-27　集成直流稳压电源组成框图

（二）设计原理分析

（1）电源变压器。电源变压器的作用是将 220V、50Hz 的交流市电降压或升压，变换成整流滤波电路所需的交流电压。变压器由铁芯和绕组构成，绕组又分为一次侧和二次侧两部分。变压器的效率为

$$\eta = \frac{P_2}{P_1} \times 100\% \tag{3-11}$$

式中：P_1 为变压器一次侧的功率；P_2 为变压器二次侧的功率。

（2）整流滤波电路。整流电路将变压器输出的交流电变成脉动的直流电，再经滤波电路滤出交流纹波，输出直流电压。整流电路常见的有全波整流和桥式整流等形式。如图 3-28 所示为全波整流滤波电路及其波形变换图。图中滤波电容 C 应满足

$$R_{\mathrm{L}}C = (3 \sim 5)\frac{T}{2} \tag{3-12}$$

式中：R_{L} 为滤波电路的等效负载电阻；T 为交流电压的周期。

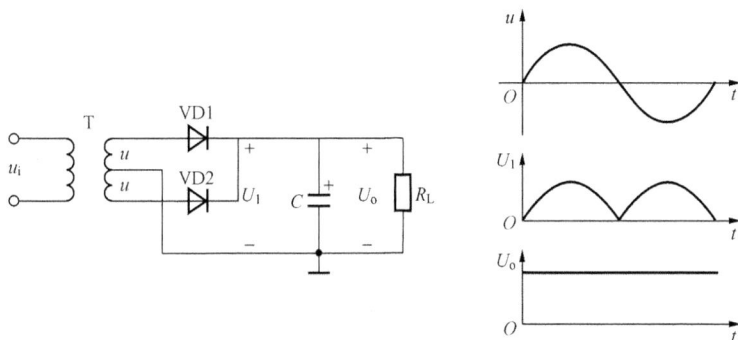

图 3-28　全波整流滤波电路及其波形变换图

此时输出电压 U_{o} 为

$$U_{\mathrm{o}} = 1.2U \tag{3-13}$$

式中：U 为变压器输出交流电压的有效值。

（3）三端集成稳压器。集成稳压器具有输出电流大、输出电压高、体积小、成本低的优点，而且它所需外接元件少、便于安装调试、工作可靠、维护方便，因此在实际电路中得到了广泛的应用。

三端集成稳压器将取样电路、基准电路、比较放大、电源调整及保护环节集成于一个芯片上。其按工作方式可分为串联型和并联型；按输出方式可分为固定式和可调式。三端稳压器有三个引脚，即输入端、输出端和公共端（接地端），其外形及引脚如图 3-29 所示。

1）三端固定集成稳压器。常用的三端固定集成稳压器有 78×× 系列、79×× 系列。其中 "78" 表示输出为正电压值，"79" 表示输出为负电压值，"××" 表示输出电压的稳定值。根据输出电流的大小不同，它又分为 CW78×× 系列（最大输出电流为 1～1.5A），CW78M×× 系列（最大输出电流为 0.5A），CW78L×× 系列（最大输出电流为 100mA）。78×× 系列输出电压等级有 5、8、12、15、18V 和 24V；79×× 系列输出电压等级有 -5、-8、-12、-15、-18、-24V。例如 CW79M12 标明输出 -12V 电压，输出最大电流为 0.5A。

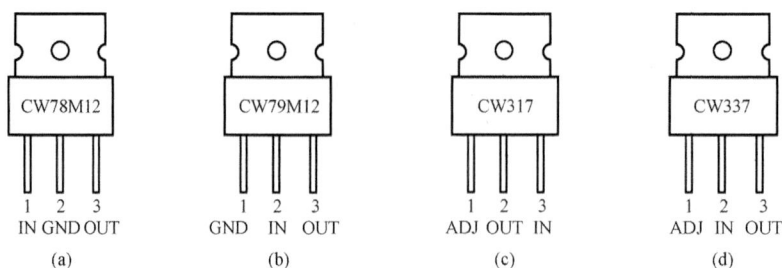

图 3-29　三端固定集成稳压器外形及引脚图

（a）78××系列；（b）79××系列；（c）CW317 系列；（d）CW337 系列

三端固定集成稳压器 78×× 系列、79×× 系列的典型电路如图 3-30 所示。图中 C_i 用以抵消输入端因接线较长而产生的电感效应，为防止自激振荡，其取值范围为 $0.1\sim1\mu F$；C_o 用以降低电路的高频噪声，一般取 $0.1\mu F$ 左右。

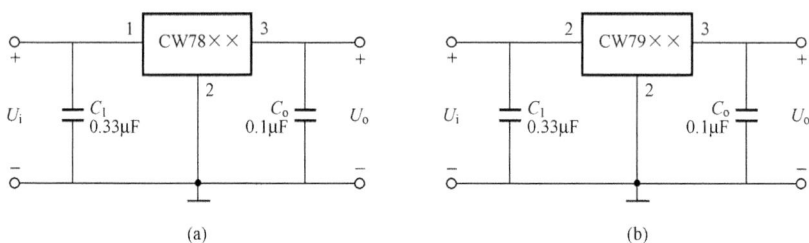

图 3-30　固定输出的稳压电路

（a）输出固定正电压；（b）输出固定负电压

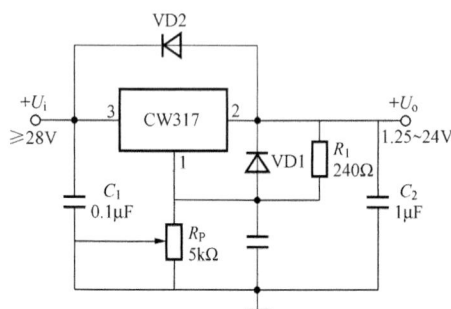

图 3-31　可调输出稳压电源

2）三端可调集成稳压器。三端固定集成稳压器只能输出固定电压值，在实际应用中不太方便。CW117、CW217、CW317、CW337 和 CW337L 系列为可调输出稳压器。CW317 是三端可调式正电压输出稳压器，而 CW337 是三端可调式负电压输出稳压器，它们外形及引脚如图 3-29 所示。三端可调式集成稳压器输出电压为 $1.25\sim37V$，输出电流可达 $1.5A$。

CW317 的基本应用电路如图 3-31 所示。图中电阻 R_1 和 R_P 组成输出电压调节电路，输出电压 U_o 的表达式为

$$U_o \approx 1.25\left(1 + \frac{R_P}{R_1}\right) \tag{3-14}$$

三、可选器件

（1）YB4324 型双踪示波器一台。

（2）LM2193 型晶体管毫伏表一台。

（3）MF47 型万用表一台。

（4）交流双路 16V 输出电源变压器一只。

（5）三端集成稳压器 CW7812、CW7812、CW7805、CW7905 各一片。

（6）整流二极管 1N4007 四只，保护二极管 1N4004 八只，2200μF/25V 电解电容两只，1000μF/16V 电解电容两只，470μF/16V 电解电容两只，0.33μF 电容四只，0.1μF 电容四只。

四、设计方案提示

直流稳压电源在设计时，可由输出电压、输出电流来确定稳压电路的形式，通过计算其电压、电流、功耗等极限参数来选择器件；由稳压电路所要求输入的电压、电流值来确定整流滤波电路的形式，选择整流二极管、滤波电容的参数并确定电源变压器的输出电压、电流值，再根据输出电压、电流的大小确定变压器的功率。

图 3-32 为集成稳压电源的典型电路。其主要器件有电源变压器 T，桥式整流二极管 VD1 ~ VD4，电容 C_1，三端稳压集成电路 IC，测试用的负载电阻 R_L，用于防止自激振荡的 C_2，以改善输出电压波形的 C_3。

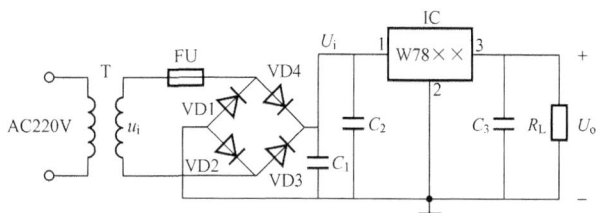

图 3-32　集成稳压电源的典型电路

下面介绍器件选择的一般原则。

（一）集成稳压器

如图 3-32 所示，为保证稳压器的正常工作，要求一方面稳压电路输入电压 U_i 满足

$$U_i \geq U_{omax} + 3 \tag{3-15}$$

即应保证稳压器的输入、最大输出电压差在 3V 以上。对一般稳压电源指标，要求在输入交流电压 220V 变化±10% 时，电源应稳压不变。所以稳压电路的最低输入电压为

$$U_{imin} \approx \frac{U_{omax} + 3}{0.9} \tag{3-16}$$

另一方面，为保证稳压器安全工作，要求

$$U_i \leq U_{omin} + \Delta U_{max} \tag{3-17}$$

$$\Delta U_{max} = (U_i - U_o)_{max}$$

式中：ΔU_{max} 为稳压器允许的最大输入输出压差，典型值为 35V。

（二）电源变压器

在确定出整流滤波电路的形式后，根据稳压器要求的最低输入电压 U_{imin} 计算出变压器的二次侧输出电压 u_i 及二次侧电流值，然后再确定变压器的输出功率。

五、调试要点

（一）整流滤波电路调试

整流滤波电路调试时，先在变压器的二次侧接入一个 0.5A 的交流熔断器，以防电源输出端短路而损坏变压器。检查元器件的安装情况，重点检查二极管、电解电容有无接反，检查无误后，在整流输出端接上一个滑线变阻器做等效负载。接上 220V 交流电源，用万用表测量整流滤波输出电压的大小，用示波器观测输出电压的波形。

（二）集成稳压电路的调试

集成稳压电路在安装时，应带上相应的散热片，电路板设计时电容应离散热片远一些。调试时，在输入端加入直流电压 U_i，用滑线变阻器做等效负载，测量稳压输出值。调节滑线变阻器的电阻值，使输出电流达到要求值，看稳压集成电路能否正常工作，散热是否良好。

（三）稳压性能调试

在输入端接入调压器，使供电电压在 190~240V 变化，观察稳压输出有无变化。

3.3.2　水温控制器

一、设计任务和要求

（1）设计一个水温控制器。

（2）能对水温进行测量并指示读数。

（3）能对水温进行控制，控制范围为 0~100℃。

二、设计原理与框图

水温控制器的组成原理框图如图 3-33 所示。本电路由温度传感器、放大电路、指示器、比较器、发热元件、控制温度设置等部分组成。温度传感器的作用是把温度信号转化为电压信号输出，经放大电路放大，送往电压表构成的指示器进行温度指示。同时，由温度传感器输出的电压信号送往比较器，与设置的温度进行比较，控制发热元件的工作，从而控制水温，使其保持在某一范围。

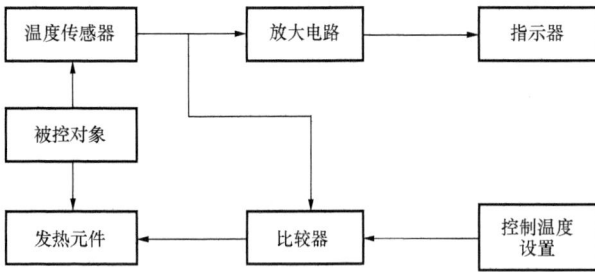

图 3-33　水温控制器组成原理框图

（一）温度传感器简介

LM35 是电压输出型集成温度传感器，其特点如下：

（1）可直接校正摄氏温度。

（2）线性温度系数：+10.0mV/℃。

（3）温度范围：-55~+150℃。

（4）非线性度低于±1/4℃。

（5）输出阻抗（在 1mA 负载时）：0.1Ω。

（6）工作电压范围：4~30V。

（7）成本低。

LM35 传感器采用了 TO-46 和 TO-92 封装，其等效电路及封装形式如图 2-34 所示。LM35 的最大额定参数范围：电源电压为 +35~-0.2V；输出电压为 +6~-1.0V；输出电流为 10mA；存放温度对于 TO-46 封装为 -60~+180℃，TO-92 封装为 -60~+150℃；工作温度范围对于 LM35 和 LM35A 为 -55~+150℃，LM35C 和 LM35CA 为 -40~+110℃，LM35D 为 0~+100℃。

（二）LM35 的基本应用电路

图 3-35 为 LM35 的基本应用电路。图 3-35（a）为采用 LM35 构成的单电源温度传感器

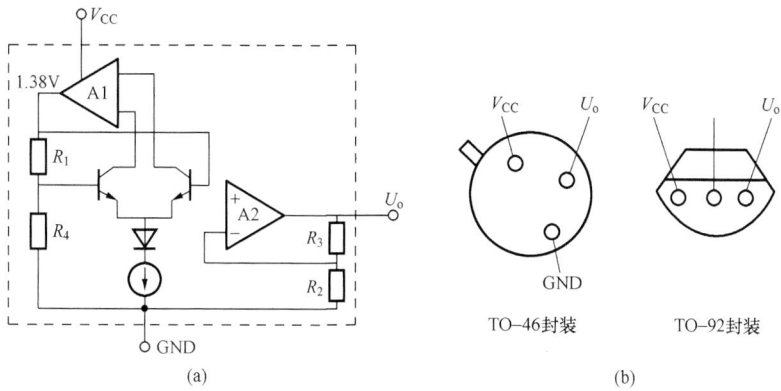

图 3-34　LM35 的等效电路及封装形式

（a）LM35 内部电路；（b）LM35 的封装形式

电路，其中 U_o 为相应温度的输出电压。图 3-35（b）为采用 LM35 构成+2~+150℃温度传感器电路。图 3-35（c）是采用 LM35 构成的满程摄氏温度计，输出 $U_o=+1500\text{mV}$，相当于+150℃；$U_o=+250\text{mV}$，相当于+25℃；$U_o=-550\text{mV}$，相当于-55℃。

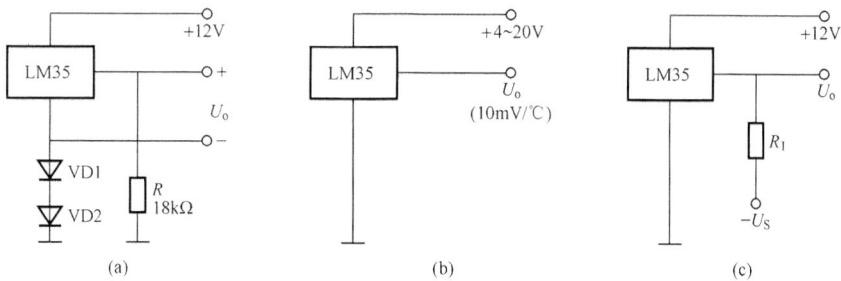

图 3-35　LM35 的基本应用电路

（a）单电源温度传感器；（b）+2~+150℃传感器；（c）满程摄氏温度计

（三）放大电路

由于 LM35 输出的电压信号较小，须经运算放大器放大后才能推动电压表进行温度指示。如图 3-36 所示，0~100℃相应输出电压为 0~10V。

（四）比较器

图 3-37 中，U_{REF} 为控制温度设定电压（对应控制温度），R_{f2} 用于改善比较器的迟滞特性，决定控温精度。

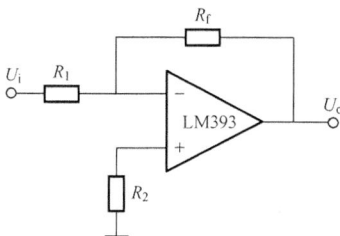

图 3-36　运算放大器

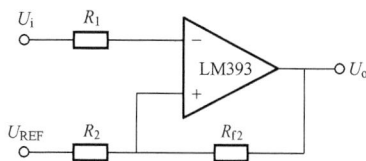

图 3-37　电压比较器

（五）温度控制电路

图 3-38 所示为采用 LM35 构成的水温控制电路。电路中的 R_P 用于设定基准电压 U_r，而 U_x 为温度传感器 LM35 检测温度后对应的输出电压。当加热元件 R_H 加热时，水温升高，经过一定时间，当超过预先设定值（如 100℃），即 $U_x>U_r$ 时，则 A 输出高电平，VT1 截止，功率晶体管 VT2 也截止，R_H 停止加热，此后温度慢慢下降；当降到低于预先设定值时，即 $U_x<U_r$，则 A 输出低电平，VT1 导通，功率晶体管 VT2 也导通，R_H 又开始加热。这样周而复始，使水温保持恒定值，从而达到控制温度的目的。发光二极管 LED 用于显示 R_H 的加热情况，加热时，LED 发光；恒温时，LED 熄灭。

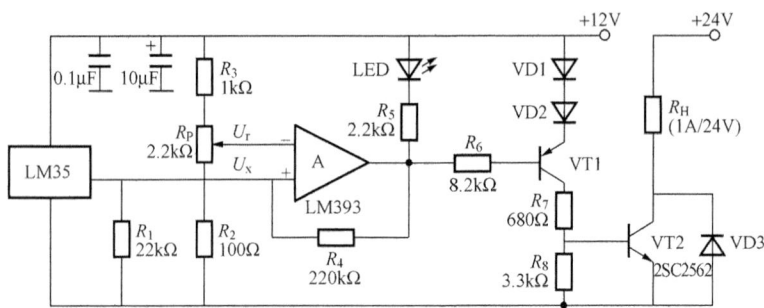

图 3-38　LM35 构成的水温控制电路

三、可选器件

（1）LM1702 型直流稳压电源一台。

（2）LM2193 型晶体管毫伏表一台。

（3）万用表一台。

（4）集成运放 LM35 一片，LM393 两片，功率三极管 2SC2562 一只，小功率 PNP 型三极管一只，发光二极管一只，2.2kΩ 电位器一个，1A/24V 加热丝一个。

（5）电路相关的电阻、电容、二极管和导线若干。

四、调试要点

电路安装好以后，该水温控制器要经过调试方可组成使用。调试前，先准备 0℃ 的冰水和 100℃ 的沸水各 1000mL。具体调试步骤如下：

（1）准备一只高精度的电压表。

（2）把传感器探头置于 0℃ 的冰水中，调节放大电路的参数，使 0℃ 时电压表指示 0V 位置（对应 0℃ 刻度）。

（3）把传感器探头置于 100℃ 的沸水中，调节放大电路的参数，使 100℃ 时电压表指示 10V 位置（对应 100℃ 刻度）。

（4）调节电位器 R_P 的阻值，使 100℃ 时 R_H 不加热、LED 熄灭，水温低于 100℃ 时 R_H 加热，LED 点亮。

经上述步骤反复调试后，该水温控制器既可指示水温，又可控制温度范围。

3.3.3　语音放大器

一、设计任务和要求

（1）设计一个语音放大器。

（2）语音放大电路的性能指标如下：

1）前置放大器：输入信号 $U_i \leqslant 5mV$；输入阻抗 $R_i \geqslant 100k\Omega$；共模抑制比 $K_{CMR} \geqslant 60dB$。

2）有源带通滤波器的频率范围：300Hz～3kHz。

3）功率放大器：最大不失真输出功率 $P_{omax} \geqslant 5W$；负载阻抗 $R_L = 4\Omega$。

二、设计原理与框图

语音放大器的组成原理框图如图 3-39 所示。该电路主要由前置放大器、有源带通滤波器和功率放大器组成。信号源由低阻 20Ω、输出电压 5mV 的话筒提供。

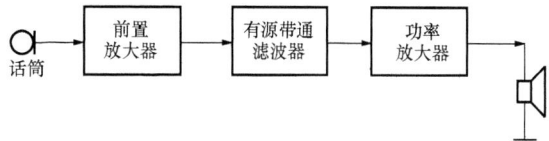

图 3-39　语音放大器的组成原理框图

（一）前置放大器

前置放大器又称为小信号放大器，其性能指标是整个语音放大器的关键，要求其具有输入阻抗高、共模抑制比大、低温漂的特点。集成块 LM324 是高性能四运算放大电路，内有四个运算放大器，并有相位补偿电路。该电路耗电小，电源电压范围宽，可在正电源 3～30V，或在正负双电源（±1.5～±15）V 下工作。它的输入电压可低到地电位，而输出电压范围为 0～V_{CC}。LM324 的内部框图及引脚如图 3-12 所示，其主要参数为：

电压增益：100dB。

单位增益带宽：1MHz。

单电源工作范围：3～30V。

每个运放功耗：$V_+ = 5V$ 时，1mV/op. Amp。

输入失调电压：2mV（最大值 7mV）。

输入偏置电流：50～150nA。

输入失调电流：5～50nA。

输入共模电压范围：0～-1.5V（单电源时）。

共模抑制比：$K_{CMR} = 70dB$。

由 LM324 构成的同相前置放大器原理电路图如图 3-40 所示。放大器可代替晶体管进行交流放大，电路无须调试，输入阻抗高。放大器采用单电源供电，由 R_1、R_2 组成 $1/2V_{CC}$ 偏置电路，C_i、C_o 为输入输出耦合电容，C_2 是消振电容。该前置放大器电压增益 A_u 由外接电阻 R_4、R_f 决定，即

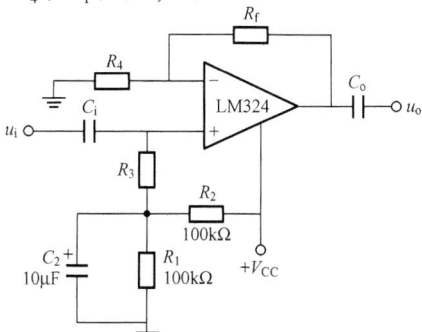

图 3-40　LM324 构成的前置
放大器原理电路图

$$A_u = 1 + \frac{R_f}{R_4} \qquad (3-18)$$

（二）有源滤波电路

有源滤波电路是由有源器件与 RC 网络组成的滤波电路。按其频率可分为低通滤波器（LPF）、高通滤波器（HPF）、带通滤波器（BPF）和带阻滤波器（BEF）。

（1）二阶有源低通滤波器（LPF）。图 3-41（a）为二阶有源低通滤波器（LPF）原理电路图。

在该电路中，电压增益 A_{uf}、频率 f_0 为

$$A_{uf} = 1 + \frac{R_4}{R_3} \tag{3-19}$$

$$f_0 = \frac{1}{2\pi\sqrt{R_1 R_2 C_1 C_2}} \tag{3-20}$$

设 $R_1 = R_2 = R$，$C_1 = C_2 = C$，则品质因数 Q、频率 f_0 为

$$Q = \frac{1}{3 - A_{uf}} \tag{3-21}$$

$$f_0 = \frac{1}{2\pi RC} \tag{3-22}$$

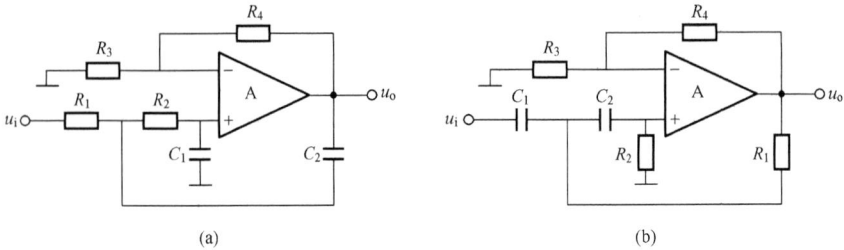

图 3-41　二阶有源滤波器原理电路图

（a）LPF；（b）HPF

（2）二阶有源高通滤波器（HPF）。将图 3-41（a）中的 R_1、R_2 和 C_1、C_2 位置互换就构成图 3-41（b）所示的二阶有源高通滤波器（HPF）。在该电路中，电压增益 A_{uf}、频率 f_0 为

$$A_{uf} = 1 + \frac{R_4}{R_3} \tag{3-23}$$

$$f_0 = \frac{1}{2\pi\sqrt{R_1 R_2 C_1 C_2}} \tag{3-24}$$

设 $R_1 = R_2 = R$，$C_1 = C_2 = C$，则品质因数 Q、频率 f_0 即为

$$Q = \frac{1}{3 - A_{uf}} \tag{3-25}$$

$$f_0 = \frac{1}{2\pi RC} \tag{3-26}$$

（3）宽带带通滤波器。在满足二阶有源低通滤波器的截止频率高于二阶有源高通滤波器的截止频率的条件下，将以上的二阶有源低通滤波器和二阶有源高通滤波器串联起来就可实现带通滤波器的功能。用该方法构成的带通滤波器通频带较宽，通带截止频率易于调整。图 3-42 所示为宽带带通滤波器原理电路。其带通频率范围为

$$f_L = \frac{1}{2\pi R_1 C_1} = 286（\text{Hz}） \tag{3-27}$$

$$f_H = \frac{1}{2\pi R_1 C_1} = 2860（\text{Hz}） \tag{3-28}$$

（三）功率放大电路

功率放大器的主要作用是向负载提供功率，要求输出功率大、效率高、非线性失真小。

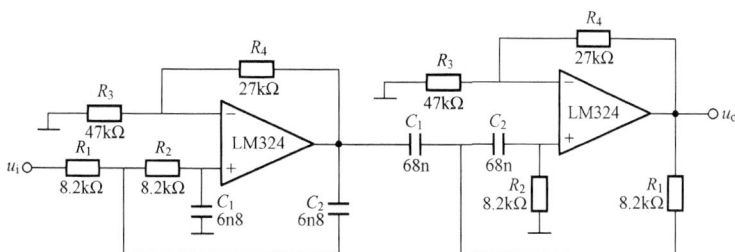

图 3-42　宽带带通滤波器原理电路图

功率放大器的电路形式有很多，有双电源互补对称 OCL 功放，单电源互补对称 OTL 功放，桥式推挽 BTL 功放等。下面介绍由功率集成电路 TDA1514A 构成的音频功率放大电路。

（1）TDA1514A 电路特点。TDA1514A 是荷兰飞利浦公司专为数字音频系统而设计的功放电路，该功放 IC 具有频响宽、失真小、动态范围和输出功率大等优点，广泛用于高品质功率放大器电路中。该集成电路具有以下特点：

1）单列式九脚封装，外围元件少，输出功率高。

2）其内部保护电路齐全，除了一般的过热、输出短路保护外，还具有安全工作区域保护。

3）电路还设置了无声开关，用来抑制开机噪声的出现。

4）电路设计中也考虑了较好的纹波抑制和较低的失调，同时还具有很低的热阻。

（2）TDA1514A 参数如下：

1）工作电压：±9～±30V。

2）输出功率：在 $V_{CC} = \pm 25V$、$R_L = 8\Omega$ 时，输出功率达到 50W。总谐波失真为 0.08%。

3）输入阻抗 20kΩ，输入灵敏度 600mV，信噪比达到 85dB。

（3）TDA1514A 的引脚功能。如图 3-43 所示为 TDA1514A 内部结构图和外形图。1 脚为信号同相输入端；2 脚接地；3 脚为开机延时调整端；4 脚为正电源；5 脚为输出端；6 脚为负电源；7 脚为静噪端；8 脚为过热、过流保护端；9 脚为反相输入端。

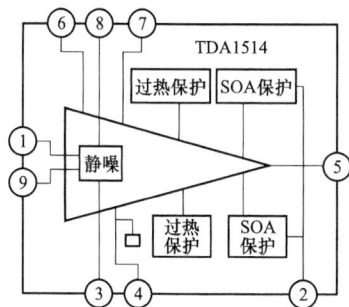

(a)　　　　　　　　　　　　(b)

图 3-43　TDA1514A 内部结构图和外形图

(a) 内部结构图；(b) 外形图

（4）TDA1514A 典型应用电路。TDA1514A 典型应用电路如图 3-44 所示。

该电路为典型的 OTL 双电源供电电路，在电源电压为 $V_{CC} \pm 25V$、$R_L = 8\Omega$ 时，输出功率

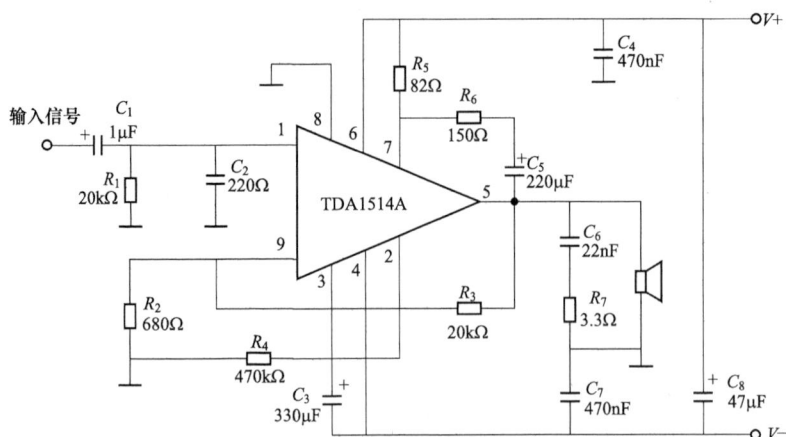

图 3-44　TDA1514A 典型应用电路

达到 50W，总谐波失真仅为 0.08%。

　　输入信号由隔直耦合电容 C_1 输入，R_1 为输入端偏置电阻，既有稳定输电端中点电位作用，还决定了电路输入阻抗。C_2 为高频旁路电容，可以滤除前级电路高频干扰。在 2 脚和地之间接入 R_2 可以扩展电路的动态范围，C_4、C_8 和 C_3、C_7 分别为正负电源低频和高频退耦电容。C_3、R_5 组成延时电路，改变 C_3 电解电容的大小就可调整延时时间的长短，C_5 和 C_6 是自举电路，可以提高放大器输出功率，C_6 和 C_7 组成相位补偿电路，防止电路低频自激，提升音质。

　　放大电路的增益由 R_3、R_2 决定，即

$$A_{uf} \approx 20\lg\frac{R_3}{R_2} \approx 29.3\text{dB}(\text{约}33.3\text{倍})$$

　　由于该集成块散热板是与负电源 4 脚相通的，所以装制时应填云母片与散热器绝缘。

　　如图 3-45 所示为 TDA1514A 放大电路 PCB 板，图 3-46 是 TDA1514A 放大电路实物图。

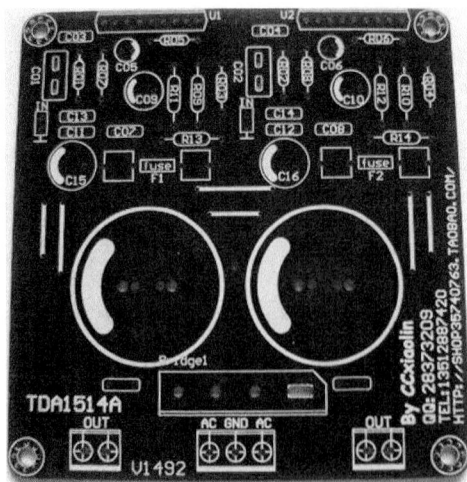

图 3-45　TDA1514A 放大电路 PCB 板

图 3-46　TDA1514A 放大电路实物图

三、可选器件

（1）WYK-302B2 型直流稳压电源一台。

（2）DF4321C 型双踪示波器一台。

（3）DA-16 型晶体管毫伏表一台。

（4）EM1643 型低频信号发生器一台。

（5）MF47 型万用表一台。

（6）低阻话筒（20Ω）一只。

（7）集成运放 LM324 一片，集成功放 TDA2030A 一只，4.7kΩ 音量电位器一只，二极管 1N4001 两只，4Ω/10W 扬声器一只。

（8）电路所需的电阻、电容和导线若干。

四、调试要点

功放电路在安装时，要重点考虑 TDA203A 的散热问题，应安装相应的散热片。电路在安装无误后接通电源，进行调试。具体调试步骤如下。

（1）调试时，应先调试单元电路，然后系统联调。

（2）前置放大电路的调试：

1）静态调试。调节电路零点漂移及消除电路自激振荡。

2）动态测试。加入一定幅度、频率的正弦波，测量相应的输出电压，计算出相应的共模抑制比。

（3）有源带通滤波电路的调试：

1）静态调试。调节电路零点漂移及消除电路自激振荡。

2）动态测试。加入一定幅度、频率的正弦波，测量相应的输出电压、输出波形及幅频特性，求出带通滤波器的通频带。

（4）功率放大电路的调试：

1）静态调试。将输入端对地短路，观察输出是否为零，有无自激现象。

2）动态测试。加入一定 1kHz 的正弦波，并逐渐加大输入电压幅值直至输出电压的波形出现临界削波时，测量负载 R_L 两端的输出电压值，计算出相应的输出功率。

（5）系统联调。经过以上对各级电路的调试后，就可以对整个系统进行联调。

1）静态调试。将前置输入端对地短路，观察输出电压是否为零，有无自激现象产生。

2）动态测试。输入 1kHz 在的正弦信号，改变输入信号的幅值，用示波器观察输出电压波形的变化情况，记录输出电压最大不失真幅度所对应的输入电压的变化范围，从而计算出总的电压放大倍数。

3.3.4　电冰箱保护器

一、设计任务和要求

（1）设计一个电冰箱保护器，使其具有过压、欠压保护及上电延迟功能。

（2）市电在 187~240V 范围内，给冰箱正常供电，绿灯点亮指示。

（3）欠、过压保护要求：当电压低于 187V 或高于 240V 时，自动切断给冰箱的供电，红灯点亮指示。

（4）上电，欠压、过压保护或瞬间断电时，延迟 5min 左右才允许接通电源，此时也有红灯点亮指示。

二、设计原理与框图

电冰箱保护器主要由电源取样电路、电源基准电路、过压保护电路、延迟电路和控制电路几部分组成。其原理框图如图 3-47 所示。

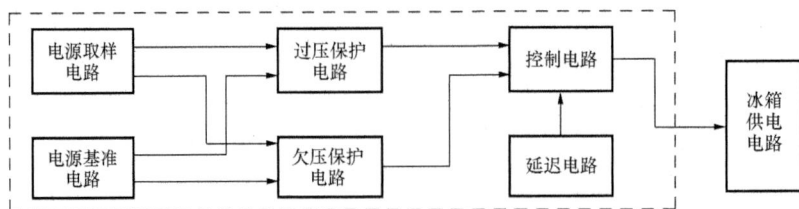

图 3-47 电冰箱保护器原理框图

（一）电源电路及取样电路

图 3-48 所示为电源电路及取样电路。图中，220V 交流市电一路通过继电器开关 K、电冰箱插座 XS，给电冰箱供电，未加电时，继电器开关 K 处于断开状态；一路经熔断器 FU、电源开关 S 送电源变压器 T，经变压得到交流 16V 输出，再经 VD1~VD4 桥式整流，C_1 滤波得到直流电压输出；一路经三端稳压集成电路 IC1 稳压，输出 12V 恒定直流电压，再经 R_3、R_4、R_5 分压，得到 U_A、U_B 两路基准电压输出。同时，经整流滤波后输出的直流电压另一路经 R_1、R_2 分压后得到取样电压 U_C，它要随市电的变化而大小发生变化，起到取样的作用。

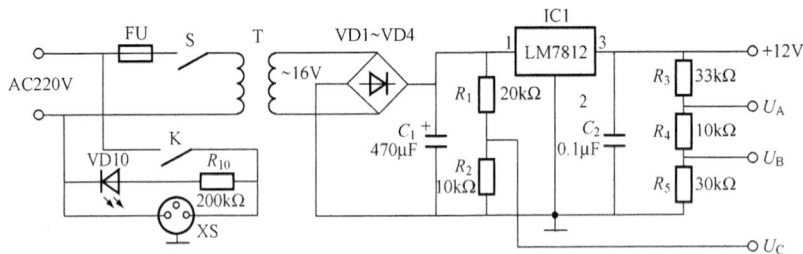

图 3-48 电源电路及取样电路

通过合理选择 $R_1 \sim R_5$ 的电阻值，在市电为 187~240V 的范围时，$U_B < U_C < U_A$；在市电小于 187V（欠压状态）时，$U_B > U_C$；在市电大于 240V（过压状态）时，$U_C > U_A$。

（二）过压、欠压保护

图 3-49 所示为电冰箱过压、欠压保护电路。该电路由运放 IC2（LM324）内的两个独立运放构成双限比较器，能够取出设定值以下、设定值范围内及设定值以上三种方式的输出，来检测电网电压波动是否在允许范围内。

接通电源后，若市电电压正常时（在 187~240V 的范围），则 $U_B < U_C < U_A$ 则输出 U_D 为高电平；若市电电压高于 240V（过压状态）时，$U_C > U_A$，则 IC1 输出 U_D 为低电平；若市电电压低于 187V（欠压状态）时，$U_B > U_C$，则 IC2 输出 U_D 为低电平。调

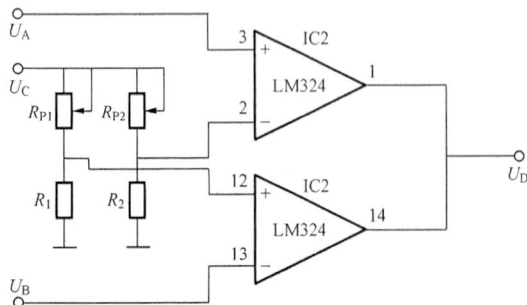

图 3-49 电冰箱过压、欠压保护电路

节 R_{P1} 和 R_{P2} 的阻值，可改变冰箱保护电压的范围。

（三）控制及延迟电路

在市电出现过压、欠压时由控制电路自动切断电冰箱的供电，达到保护作用。而延迟电路是对冰箱在上电、欠过压保护或瞬间断电时，自动延迟 5min 才允许接通电源。

（1）NE555 时基电路简介。NE555 是一种应用特别广泛的小规模集成电路，在很多电子产品中都有应用。NE555 的作用是用内部的定时器来构成时基电路，给其他的电路提供时序脉冲。

如图 3-50（a）所示，NE555 时基电路有两种封装形式：一是 8-DIP封装，即 DIP 双列直插 8 脚封装；另一种是 8-SOP 封装，即 SOP-8 小型（SMD）封装。

NE555 的内部框图如图 3-50（b）所示。其内部含有两个电压比较器，一个分压器，一个 RS 触发器，一个放电晶体管和一个功率输出级。特别是由三只精度较高的 5kΩ 电阻构成了一个电阻分压器，为上、下比较器提供基准电压，所以称之为 "555"。

（2）控制及延迟电路。图 3-51 为电冰箱的欠压、过压保护控制及延迟电路。

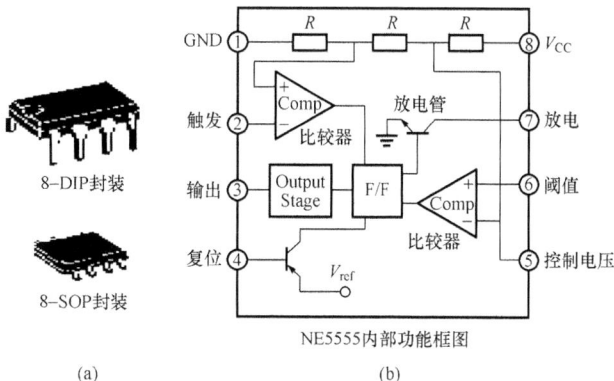

图 3-50　NE555 封装图和内部框图
（a）封装图；（b）NE555 内部功能框图

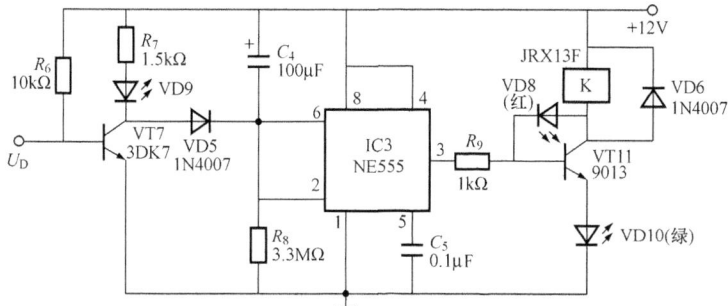

图 3-51　电冰箱的欠压、过压保护控制及延迟电路

延迟电路的工作原理：冰箱加电时（市电在正常范围内），由前面分析可知，U_D 为高电平，使 VD7 导通，发光二极管 VD9 发光，VD5 截止，IC3 的 2 脚、6 脚为高电平，C_4 开始充电，使 IC3 的 2 脚、6 脚电压逐渐下降。此时 IC3 的 3 脚输出低电平，VD8 发光（发红光），进行延迟指示。同时，K 不吸合，电源输出插座 XS 上无电压输出，发光二极管 VD10不工作。当 C_4 充满电（约 5min）、使 IC3 的 2 脚、6 脚电压降至 4V 以下时，IC3 翻转，其 3脚输出高电平，VD8 熄灭，同时 K 吸合，其常开触点接通，XS 上有电压输出，电冰箱通电工作。同时发光二极管 VD10 发光（发绿光），进行正常工作指示。

欠过压保护控制的工作原理：由前面分析可知，当市电低于 187V（欠压状态）或市电电压高于 240V（过压状态）时，则 U_D 均为低电平，使 VD7 截止，发光二极管 VD9 熄灭，+12V 电压经 R_7、VD9 和 VD5 加至 IC3 的 2 脚和 6 脚，使 IC3 内电路翻转，3 脚变为低电平，使 K 释放，XS 上的电压消失，同时 VD8 发光（发红光）指示。

三、可选器件

（1）调压器一台。

（2）MF47 型万用表一台。

（3）3~5W、二次电压为 14~16V 的电源变压器一个。

（4）三端稳压集成电路 LM7812 一片，运算放大集成电路 LM324 一片，时基集成电路 NE555 一片。

（5）JRX-13F 型 12V 直流继电器一个。

（6）1N4007 硅整流二极管 6 只、3DK7 或 C8050 硅 NPN 晶体管一只。

（7）红、绿、黄 ϕ5mm 的普通发光二极管各一只。

（8）20kΩ 电位器两只。

（9）电路所需的电阻、电容和导线若干。

四、调试要点

检查电路连接无误后接通电源，可按以下步骤的调试：

（1）检测直流电源供电是否正常，观察三端稳压集成电路 LM7812 的散热是否良好。

（2）将图 3-48 电源电路中的 R_1、R_2 换成如图 3-49 所示由 R_{P1}、R_1、R_{P2}、R_2 组成的电路。

（3）用调压器模拟市电的波动情况，调至上限电压 240V 时，调整电位器 R_{P2}，使上限比较器的反相输入端与上限参考电位相同。同理，再将电压调至下限电压 187V，调整电位器 R_{P1}，使下限比较器的同相输入端与下限参考电位相同。

（4）在实际调试过程中，可以通过反复微调电位器 R_{P1}、R_{P2} 来进一步减小保护动作电压的偏差。

（5）分别观察在设定值以下、设定值范围内、设定值以上三种情况下继电器是否工作正常；三个发光二极管是否对相应状态进行发光指示。

（6）检查延迟时间是否满足设计要求，不满足时可通过改变 R_8 的值来加以调整。

3.3.5　调幅广播接收机

一、设计任务和要求

（1）设计一个点频调幅接收机。

（2）调幅接收机满足下列技术指标：

1）频率范围：530~1605kHz，中频频率 465kHz。

2）灵敏度：≤1.5mV/m（S/N：26Db）。

3）选择性：≥20dB±9kHz。

4）工作电压：3V。

5）输电功率：≥180mW（10%失真度）。

二、设计原理与框图

（一）工作原理

根据设计要求，该调幅接收机工作于中频段，调幅波信号经过接收机放大后，通过检波器完成解调，工作原理框图如图 3-52 所示。

图 3-52 中 LC 谐振回路是收音机输入回路，改变电容 C 使谐振回路固有频率与无线电发射频率相同，从而引起电磁共振，谐振回路两端电压 V_{AB} 最大，将该电波接收下来。经高频放大电路放大后，通过由二极管 V 和滤波电容 C_1 构成的检波电路，将调幅信号包络解调下来，得到调制前的音频信号，再将音频信号进行低频放大，送到扬声器，就完全还原成声波信号。

由于高放式收音机中高频放大器只能适应较窄频率范围的放大，要想在整个中波频段 535~1605kHz 获得一致放大是很困难的。因此用超外差接收方式来代替高放式收音机。

超外差式，就是通过输入回路先将电台高频调制波接收下来，和本机振荡回路产生的本振信号一并送入混频器，再经中频回路进行频率选择，得到一固定的中频载波（例如：调幅中频国际上统一为 465kHz 或 455kHz）调制波。超外差式收音机工作原理如图 3-53 所示。

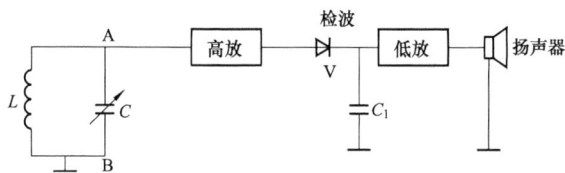

图 3-52 接收机工作原理框图

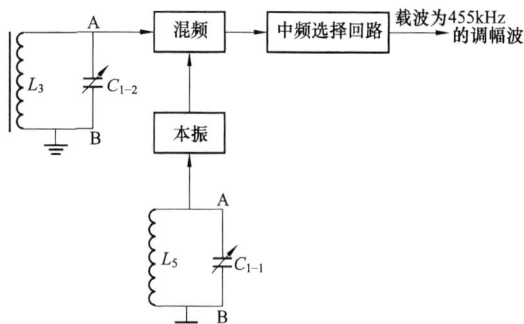

图 3-53 超外差式收音机工作原理

在超外差的设计中，本振频率高于输入频率。用同轴双联可变电容器，使输入回路电容 C_{1-2} 和本振回路电容 C_{1-1} 同步变化，从而使频率差值始终保持近似一致，其差值即为中频，即如接收信号频率是 600kHz，则本振频率是 1055kHz；如是 1000kHz，则本振频率是 1455kHz；如是 1500kHz，则本振频率是 1955kHz。

由于谐振回路谐振频率，f 与 C 不成线性变化，因此必须有补偿电容对其特性进行修正，以获得在收听范围内 f 与 C 近似成线性变化，保证频差（$f_{本振} - f_{信号} = f_{中频}$）为一固定中频信号。超外差方式使接收的调制信号变为统一的中频调制信号，在作高频放大时，就可以得到稳定且倍数较高的放大，从而大大提高收音机的品质。

根据调幅接收机工作原理和设计要求，点频调幅接收机组成框图如图 3-54 所示。

各部分电路功能如下：

（1）输入回路：选择信号，此时应将输入回路调谐于接收机工作频率。

图 3-54 点频调幅接收机组成框图

（2）混频电路：将输入信号和本机振荡信号送入混频电路得到中频 455kHz 为载波的调幅波。

（3）中放电路：放大和选择中频信号。它对收音机的灵敏度、选择性和音质有直接

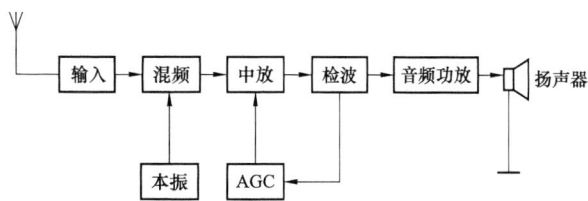

影响。

（4）检波电路：中频信号中分离出低频信号。

（5）音频功放：对低频信号进行放大，推动扬声器产生声音。

（6）AGC 电路：自动增益控制电路，本机在中放和检波级之间接有作为 AGC 控制电路，保证收音机在强或弱信号下音量保持基本不变。

（二）各级增益分配

输入回路为-3dB，中频放大电路为不小于 60dB，音频功放不小于 40dB。

（三）单元电路设计

（1）输入回路：输入电路主要作用是信号接收，一般可以由带磁棒的磁性天线和带微调的空气可变电容器组成，磁性天线初级不小于 100 匝，次级不小于 10 匝。空气可变电容器为 220pF，如图 3-55 所示为磁性天线（含磁棒）和空气可变电容器电路和实物。

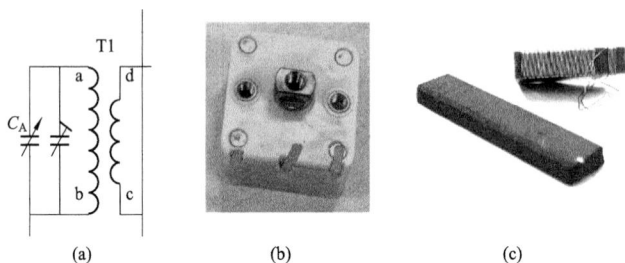

图 3-55　磁性天线（含磁棒）和空气可变电容器电路和实物
(a) 输入回路电路图；(b) 双联可变电容器；(c) 磁性天线和磁棒

（2）混频电路：主要功能是将输入信号和本机振荡信号进行混频后，通过中频变压器选出 465kHz 中频信号送电中放电路。

图 3-56 中 VT1（3DG201）、R_1、R_2、C_1、C_2、T2 和 T3 组成混频电路，R_1 为混频电路基极配置电阻，R_2 为发射极负反馈电阻，可以稳定放大电路工作点。T1 为磁性天线线圈，T2 为本机振荡线圈，T3 为中频变压器。输入回路接收的调幅信号通过 T1 次级输入到 VT1 基极，同时本机振荡信号输入到 VT1 发射极，VT1 集电极输出信号经过中频变压器 T3 选择后得到 465kHz 中频信号。

（3）中放、检波电路：图 3-57 中 VT2（3DG201）、VT3（3DG201）、T4 和外围电阻、电容构成中放、检波电路。R_3 为构成 AGC 电路可以稳定放大器增益，C_8 可以电源退耦电容，可以寄生振荡，调节 R_4 可以改变 VT3 增益，C_5 可以有效滤出中频；从 T3 输出的 465kHz 中频信号通过 VT2 放大后，再经过 T4 再次选择输出稳定 465kHz 中频信号经 VT3 检波，从 VT3 发射极输出低频信号，送入音量电位器 RP。

（4）音频功放电路：如图 3-58 所示，VT4 组成前置低放电路，作用是将检波级输出的低频信号进行电压放大。VT5、VT6 构成 OTL 电路，由 VT5、VT6（9013）构成互补对称甲乙类功率放大电路，其输出功率完全可以满足驱动 0.5W/8Ω 扬声器。

低频信号经音量开关电位器衰减后，通过隔直电容 C_6 输入到 VT4 放大后经过输入变压器 T5 阻抗变换后，输入到 VT6 和 VT7 构成 OTL 电路放大后经输出耦合电容到扬声器 BL，推动扬声器工作。

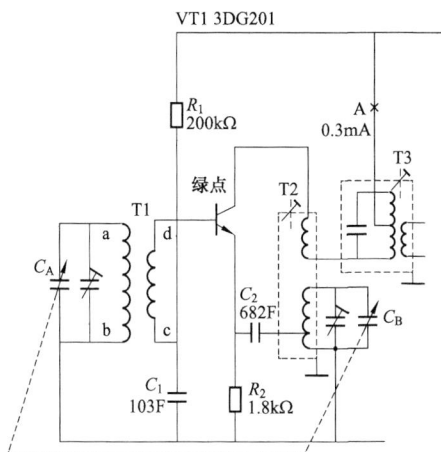

图 3-56 混频电路   图 3-57 中放电路

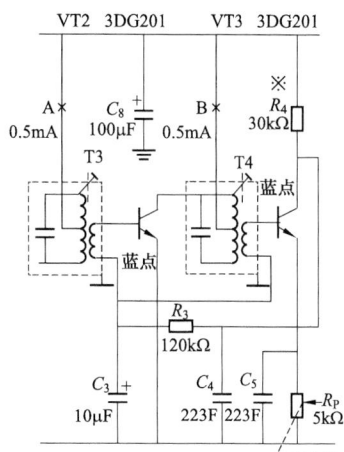

R_{11} 为发光二极管偏置电阻，GB 为 3V 直流电源。

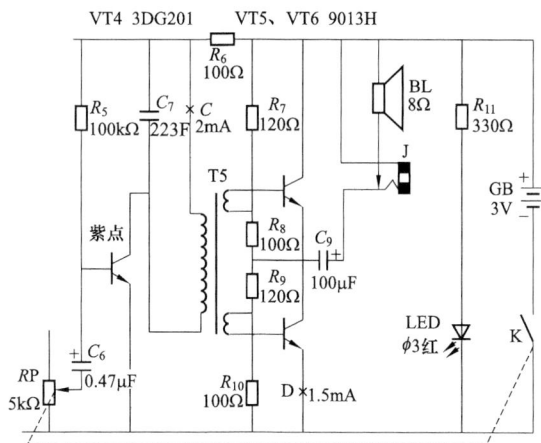

图 3-58 音频功放电路

三、可选器件

（1）6 管超外差式收音机散件 1 套。

（2）MF47 型万用表一台。

（3）25W 内热式电烙铁一把。

（4）镊子一只、斜口钳一只、焊锡丝一筒。

（5）高频信号发生器一台。

四、调试要点

（一）电路安装

1. 电路安装方式

（1）按器件大小和位置安装。其顺序是，电阻—电容—二极管—中周—输入变压器—电位器—双联可变电容器—耳塞—磁性天线—发光二极管。

（2）按电路组成结构安装。顺序是，功放电路—前置低放—中频放大电路—变频电路—输入电路—电源电路。该中安装方式可以边装边调整，但装配速度慢。

电路安装前必须检测各种元件是否正常，安装时必须位置正确无误。

2. 电路调试

（1）通电前的准备工作。

1）自检，互检。使得焊接及印制板质量达到要求，特别注意各电阻阻值是否与图纸相同，各三极管、二极管是否有极性焊错，位置装错以及电路板铜箔线条断线或短路，焊接时有无焊锡造成电路短路现象。

2）接入电源前必须检查电源有无输出电压（3V）和引出线正负极是否正确。

（2）测量电流。将电位器开关关掉，装上电池（注意正负极）用万用表的 50mA 挡，表笔跨接在电位器开关两端，（黑表笔接电池负极，红表笔接开关的另一端）若电流指示小于 10mA，用万用表分别测定 D、C、B、A 四个缺口的电流，若被测量的数字在规定（请参考电原理图）的参考值左右，即可用烙铁将这四个缺口依次接通，然后将收音机开关打开，分别测量三极管 VT1 ~ VT6 的 E、B、C 三个电极对地的电压值（即静态工作点）。测量时注意防止表笔将要测量的点与其相邻点短接。

（3）试听。如果元器件完好，安装正确，初测也正确，即可试听。接通电源，慢慢转动调谐盘，应能听到广播声，否则应重复前面要求的各项检查内容，找出故障并改正，注意在此过程不要调中周及微调电容。

（二）电路调试

（1）调中频频率（调中周）。其目的是将中周的谐振频率都调整到固定的中频频率"465kHz"这一点上。

1）将信号发生器（XGD-A）的频率选择在 MW（中波）位置，频率指针放在 465kHz 位置上。

2）打开收音机开关，频率盘放在最低位置（530kHz），将收音机靠近信号发生器。

3）用改锥按顺序微微调整 T4、T3，使收音机信号最强，这样反复调 T4、T3（2 ~ 3 次），使信号最强，使扬声器发出的声音（1kHz 达到最响为止，此时可把音量调到最小），后面两项调整同样可使用此法。

（2）调整频率范围（调频率覆盖或对刻度）。其目的是使双联电容全部旋入到全部旋出，所接收的频率范围恰好是整个中波波段，即 525 ~ 1605kHz。

1）低端调整。信号发生器调至 525kHz，收音机调至 530kHz 位置上，此时调整 T2 使收音机信号声出现并最强。

2）高端调整。再将信号发生器调到 1600kHz，收音机调到高端 1600kHz，调 C1b 使信号声出现并最强。

3）反复上述前二项调整 2 ~ 3 次，使信号最强。

（3）统调（调灵敏度，跟踪调整）其目的是使本机振荡频率始终比输入回路的谐振频率高出一个固定的中频频率"465kHz"。

1）低端调整。信号发生器调至 600kHz，收音机低端调至 600kHz，调整线圈 T1 在磁棒上的位置使信号最强（一般线圈位置应靠近磁棒的右端）。

2）高端调整。信号发生器调至 1500kHz，收音机高端调至 1500kHz，调 CA′，使高端信号最强。在高低端反复调 2~3 次，调完后即可用蜡将线圈固定在磁棒上。

3）上述调试过程应通过耳机监听。如果信号过强，调整作用不明显时，可逐渐增加收音机与信号发生器之间的距离，使调整作用更敏感。

图 3-59 为 6 管调幅收音机整机电路图，图 3-60 为收音机 PCB 板图。

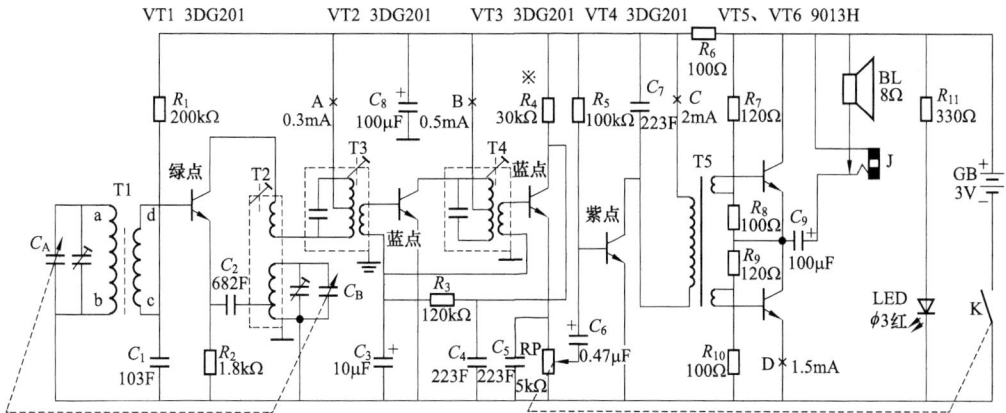

图 3-59 6 管调幅收音机整机电路图

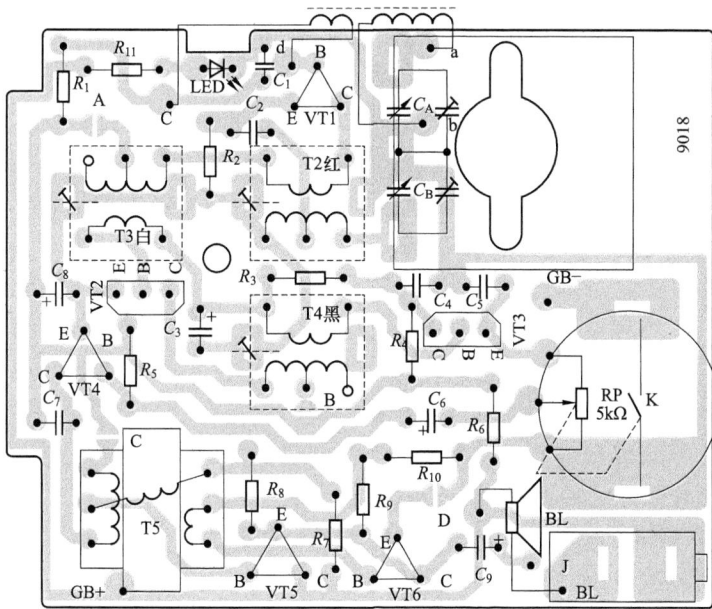

图 3-60 收音机 PCB 图

第 4 章　数字电子技术课程设计

4.1　数字电路设计的基本方法

4.1.1　数字电路设计的基本方法

一、数字电路组成分析

数字电路系统一般由输入电路、控制电路、输出电路、时钟电路、脉冲产生电路和电源等部分组成。

输入电路主要作用是将被加工信号变换成数字信号，其形式包括各输入接口电路。比如用正弦波振荡器产生信号，要经过放大器对微弱信号进行放大与整形后，才能得到数字信号；有些模拟信号要经过模数转换电路转换成数字信号后再进行处理。在设计输入电路时，必须首先了解输入信号的性质及接口条件，以满足设计要求。

控制电路的功能是将信息进行加工处理，并为系统各部分提供所需的各种控制。例如常见的彩灯显示控制器，其定时器为一控制电路，正是在它的作用下，计数脉冲才能按一定的时间周期，一组一组地送给地址计数，形成时间控制。数字电路系统中，各种逻辑运算、判别电路等都是控制电路，它们是整个系统的核心。设计控制电路是数字系统设计的最重要的内容，必须充分注意不同信号之间的逻辑关系与时序关系。

输出电路是系统最后逻辑功能的重要部分。数字电路系统中存在各种各样的输出接口电路，其功能可能是发送一组经系统处理后的数据；或显示一组数字；或将数字信号进行转换，变成模拟信号等。比如数字频率计的显示译码与数码管电路就属于系统的输出电路。设计输出电路时，必须注意电路与负载在电平、信号极性、驱动能力等方面要相匹配的问题。

时钟电路是数字系统各级电路的灵魂，它属于一种控制电路，整个系统都在它的控制下按一定的规律工作。时钟电路包括主时钟振荡电路及经分频后形成各种时钟脉冲的电路。设计时钟电路时，应根据系统的要求首先确定主时钟的频率，再由它与其他控制信号结合产生系统所需要的各种时钟脉冲。

电源为整个系统工作提供所需的能源，为各端口提供所直流电平。在数字电路系统中，TTL 电路对电源电压要求比较严格，电压值必须是在一定范围内；CMOS 电路对电源电压的要求相对比较宽松。设计电源时，必须注意电源的负载能力、电压、稳定度及纹波系数等。

二、数字电路方案设计

任何复杂的数字电路系统都由不同层次、相对独立、具有特定功能的子系统（单元电路）组成，为此在设计时，先将系统分解成若干个单元电路；然后，对单元电路的功能及性能，以及单元电路之间的逻辑关系、时序关系进行分析，选用合适的单元数字电路来实现各子系统；最后，将各子系统组合起来，便完成了整个完整系统的设计。按照这种由大到小，由整体到局部，再由小到大，由局部到整体的设计方法便可实现数字电路的系统设计。

设计数字电路的具体方法如下。

（一）总体方案设计

在进行数字电路设计时，首先要对设计任务进行认真的分析，明确任务，了解设计电路的性能指标。根据给定的技术指标、条件，以及功能要求，设计出组成电路的若干单元功能模块，这个过程称总体方案设计。这里的单元功能模块是指能实现特定功能的最小单元电路（或称为子系统）。在总体方案设计过程中，还要确定各单元电路之间的逻辑关系和时序关系，分析单元电路之间信号的流向，用原理方框图表示出总体设计的结果。

因为设计途径不是唯一的，满足要求的方案也不是唯一的，所以为得到一个满意的设计方案往往要针对要求，大量查阅资料、手册等工作，通过设计→验证→再设计的多次反复过程，才能确定出最好的设计方案。

总体设计方案用方框图表示时，主要部分和难点可画详细一些，一般部分只需要反映设计思想、基本原理及信号的流向就可以了。方框图应力求简洁、清晰。例如，数字电压表的结构框图如图 4-1 所示。

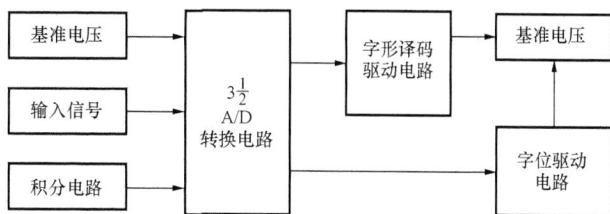

图 4-1　数字电压表的结构框图（用 MC14433）

（二）单元电路的设计

单元电路的设计是整个电路设计的实质部分。将每一部分按照总体框图的要求设计好，才能保证整体电路的质量。单元电路的设计步骤如下：

（1）根据总体方案对单元电路的要求，明确单元电路的功能、性能指标。注意：各单元电路之间的输入、输出信号的逻辑关系和时序关系，尽量避免使用电平转换电路。

（2）选择设计单元电路的结构形式。通常选择学过的熟悉的电路，或者通过查阅资料选择更合适的、更先进的电路，并在此基础上高度改进，使电路的结构形式最佳。

在选择电路时充分考虑以下几个问题：

1）电路的功能满足要求。

2）电路的结构简单、成本低。

3）电路的性能稳定、通用性强。

（3）计算单元电路的主要参数，从而确定元器件的类型。比如：振荡电路中，无论正弦波振荡电路还是多谐振荡电路都是通过电容的充放电实现振荡的，为此要根据特定的信号频率，计算出电路中电阻、电容的大小。

（4）画出单元电路电路图。

（三）元器件的选择

数字电路设计时，元器件的选择是很重要的，因为元器件的选择是否合理直接影响着电路的稳定性，以及成本和成品体积大小等问题。选择元器件的原则是：在实现题目要求的前提下所选的，元器件体积最小，成本最低。最好采用同一种类型的集成电路，这样不用考虑不同类型，元器件之间的连接匹配问题。不同种类的元器件其电特性也不一样，常用的器件有 TTL 型和 CMOS 型。TTL 电路的速度高，超高速 TTL 电路的平均传输时间约为 10ns，中速 TTL 电路的传输时间也有 50ns。CMOS 电路的速度慢于 TTL 电路，但是 CMOS 电路的功耗低，输出电压幅度可调范围大，抗干扰能力强。如果要求一定的输出电流，TTL 电路要强于CMOS 电路。一般情况下，当要求高速时，多选用 TTL 器件；当要求低功耗时，多选用

CMOS 器件。

（四）绘制总电路图

单元电路设计、参数计算、元器件选择完毕后，则需画出总电路图。总体电路图是电路实验、调试及生产组装的重要依据，所以电路图画好之后要进行审图，检查设计过程遗漏的问题，及时发现错误，进行修改，保证电路的正确性。

绘制电路图要注意以下几个问题：

（1）绘制电路图时应注意信号的流向，通常是从信号源或输入端画起，从左至右、从上至下按信号的流向依次画出各单元电路。电路图的大小位置要适中，不要把电路画成窄长型。

（2）连线要画成水平线或竖直线。连线要尽量短、少拐弯，电源一般用标值的方法，地线可用地线符号代替。三、四端互相连接的交叉处用线应该用圆点画出，否则表示跨越。

（3）对于复杂的电路，应先画出草画，待调整好布局和连线后，再画出正式电路图。

三、数字电路的调试

数字电路调试方法，一般采取分单元电路调试，最后统调。这样做的好处之一是便于缩小查找故障源的范围。通过调试，实验者可以对各单元电路的功能加深理解；更熟悉检测仪器的使用方法，如万用表，数字逻辑实验仪上的逻辑电平开关、连续脉冲（方波）、单脉冲、发光二极管电平指示、LED 数码管指示等；进一步掌握 TTL 电路中小规模集成器件的使用方法，包括其逻辑功能和电气性能（负载能力、工作速度、脉冲边沿、正常工作电源电压、高低电平等）。调试过程中要充分利用实验仪提供的测试功能及万用表等工具。

数字电路调试的一般步骤如下：

（1）单元电路安装好后，应该先认真进行通电前的检查。检查电路中元器件是否接错，电源对地是否短路，电解电容极性是否正确，连线是否正确。确认无误后方可通电。

（2）通电后，不要急于测量，先要观察有无冒烟、发热、异常响声、气味等现象；若无异常，再进一步检查每片集成电路的工作电压是否正常（TTL 电路电源电压为 $5V \pm 0.25V$），这是电路有效工作的基本保证。

（3）调试该单元电路直至正常工作。调试可分为静态调试和动态调试两种。调试可按电路实现的功能进行，一般先调试主电路，然后调试控制电路。

（4）统调主电路的方法是：将已调试好的若干单元电路连接起来，然后跟踪信号流向，由输入到输出，由简单到复杂，依次测试，直至正常工作。因此时控制电路尚未安装，应根据电路工作原理，将受控电路的控制输入端暂时接适当的高电平或低电平，使主电路能正常工作。

（5）调试控制电路常分为两步：第一步单独调试控制电路本身，施加于控制电路的各信号可以人为设定为某种状态，直至正常工作；第二步将控制电路与系统主电路的各单元电路连接起来，进行电路统调。

（6）整体统调。主要观察动态结果，同时将调试结果与设计指标逐一进行比较，发现问题，排除故障，直至完全符合设计指标。要求分清楚各单元电路之间信号的流向和控制原理，特别要注意观察电路能否自启动，以保证开机后能顺利进入正常的工作状态。

四、数字电路的检测

数字电路的安装与调试是检验、修正设计方案的实践过程，是应用理论知识来解决实践中各类问题的关键环节，是数字电路设计者必须掌握的基本技能，而有效的测试方法则是电路正确运行的基本保证。

数字电路常要检测的内容包括集成块好坏的检测和系统功能的检测。

（一）数字集成块的功能测试

在安装电路之前，对所选用的数字集成电路，应进行逻辑功能检测，以避免因器件功能不正常增加调试的困难。

（1）检测器件功能的方法有如下几种：

1）仪器检测法，用一些简单而实用的数字集成电路测试仪进行检测；

2）功能实验检查法，用自行设计实验电路，对集成块进行逻辑功能测试；

3）替代法，用被测器件替代正常工作的数字电路中的相同器件，若功能保持不变，则说明被测器件是好的。

（2）几种基本电路功能的实验检查法：

1）集成逻辑门电路。静态时，在各输入端分别接入不同的电平值，即逻辑"1"接高电平（输入端通过 1kΩ 电阻接电源正极）、逻辑"0"接低电平（输入端接地）。用数字万用表测量各输出端的逻辑电平，并分析各逻辑电平值是否符合电路的逻辑关系。动态测试是指各输入端分别接入规定的脉冲信号，用示波器观测各输出端的信号，并画出这些信号的时序波形图，分析它们之间是否符合电路的逻辑关系。

2）集成触发器。静态时，主要测试触发器分析的、置位和翻转功能。动态时，在时钟脉冲的作用下测试触发器的计数功能，用示波器观测电路各处波形的变化情况。据此可以测定输出、输入信号之间的分频关系、输出脉冲的上升和下降时间、触发灵敏度和抗干扰能力，以及接入不同负载时对输出波形参数的影响。测试时，触发脉冲的宽度一般要大于数微秒，且脉冲的上升沿或下降沿要陡。

3）计数器电路。计数器电路的静态测试主要测试电路的复位、置位功能。动态测试是指在给定时钟脉冲输入情况下，测试计数器的输出端的状态是否满足计数功能表的要求。测试方法：用示波器观测各输出端的波形（频率较高时用此方法）；或用发光二极管测试输出端的信号（频率低于 50Hz 时用此方法）；还可根据万用表测试输出点（频率低于 50Hz 时用此方法），通过指针偏摆的频率来测试。同时，画出输出端的波形与时钟脉冲波形的关系。

4）译码显示电路。首先测试数码管各笔段工作是否正常，如共阴极的发光二极管显示器，可以将阴极接地，再将各笔段通过 1kΩ 电阻接电源正极，各笔段应亮；再将译码器的数据输入端依次输入 0000~1001，则显示器对应显示出 1~9 数字。译码显示电路常见故障包括：数码显示器上某字段总是"亮"而不"灭"，可能是译码器的输出幅度不正常或译码器的工作不正常；数码显示器上某字段总是不"亮"，可能是数码管或译码器的连接不正确或接触不良；数码管字符显示模糊，而且不随输入信号变化，可能是译码器的电源电压不正常或连线不正确，或者接触不良。

（二）系统功能的检测

（1）观察法。观察电路导线有无断线或短路，插件有无松动，集成块有无插反，电源电压是否稳定，元件有无异味和发热。

（2）信号住入代替法。可在某些部分电路中利用信号设备的信号（可以是单步脉冲或者是连续脉冲）取代自身信号输入，若电路能正常工作说明电路的信号源有故障；若无法正常工作，则说明此电路有故障。这样可以缩小故障范围。

（3）信号寻迹法。检测时，可随着信号流经的路线进行跟踪检查，用示波器或发光二极显示各信号的情况。检查的依据：对于组合逻辑电路，以真值表为依据；对于时序逻辑电路，则以状态转换图为依据；对于综合逻辑电路，可通过设计前所分析的各信号的波形图来进行验证，观测信号是否正常，从而分析故障的原因。

五、样机制作、调试和总结鉴定

样机制作及调试包括组装、焊接、调试、可靠性测试等。对现场使用的系统，为保证可靠性，还应测试以下几个内容：抗干扰能力，电网电压及环境温度变化到最大值时的系统可靠性、长期运行的稳定性、抗机械振动的能力。

总结鉴定主要是考核样机是否全面达到规定的技术指标，能否长期可靠地工作，同时写出设计总结报告。

4.1.2　数字电路设计文件的标准格式

在整个课程设计的过程中，应完成课程预设计、课程设计方案及课程设计总结报告三个文件。

一、课程预设计

应按下述原则画出框图和逻辑图交指导教师审阅。

（一）画框图的原则

（1）比较简单的逻辑电路的框图一般由几个方框构成，复杂一些的电路由十几个方框构成，所画的框图不必太详细，也不能过于含糊，关键是反映出逻辑电路的主要单元电路、信号通路、输入、输出以及控制点的设计思路。

（2）框图要能清晰地表示出控制信息和数据信息的流向。

（3）每个方框不必指出功能块中所包含的具体器件，但应标明各方框的功能名称。

（4）所有连线必须清晰整齐。

（二）画逻辑图的原则

（1）所有小规模器件应使用标准逻辑符号。

（2）中、大规模集成电路的符号，规定画成一个方框，框内应标明器件的型号或名称，引出脚的符号应标注清楚。必要时还可以标注出引出脚的顺序号。各引出脚不要求按顺序排列，可按设计者要求排列。

（3）电阻、电容、电感类元件应计算出具体值。

（4）若作为正式图纸还应列出元器件清单，放在图纸的右下角。

（三）课程设计步骤及调试方法

制订一个合理有效的课程设计步骤及调试方法，有利于课程设计的顺利进行。一般在课程设计前还应描绘出电路各观察点的输出波形图，并考虑好所应观察到的课程设计现象（波形、电压等）以及课程设计的结论，并设计各种可能用到的调试方法。

二、课程设计方案

内容包括：调试和指标测试内容、方法及步骤，测试线路图，所用仪器设备，记录测试结果的表格等。

三、设计总结报告

总结报告是课程设计过程的全面总结。通过对实验现象的整理，从理论上加以分析、总结，可以加深对所学理论知识的理解，增加感性认识。书写实验报告的过程既是总结提高的过程，也是锻炼书写报告的好机会，为今后工作中写作论文或科研报告打下基础。实验报告应规范化，通常应包含如下几项内容：

（1）列出实验编号、名称及实验目的和内容。实验内容的叙述要简明扼要，一目了然。

（2）给出设计方法、原理，并画出实验的逻辑图。设计方法是指本实验设计的原理概述，特别要说明本设计中的特点及实验所用的技巧。根据操作的时序要求，给出逻辑电路各输入、输出及控制信号的时序波形图，并标明主要关系及参数。

（3）列出主要的实验步骤及操作方法，包括信号加载的先后顺序等，并指出实验中应注意的一些问题及可能产生的结果。

（4）实验现象的分析和讨论。这是实验报告中的一项重要内容，它包括对实验中发现的情况或实验的结果进行分析讨论，并简述实验中解决问题的方法，最后对实验的改进方案进行探讨；也可以对实验内容本身提出讨论，发表见解，提出改进意见等。

4.2　数字电路设计实例

4.2.1　用集成触发器设计 1 位 5121BCD 码十进制加法计数器

一、任务和要求

（1）根据 5121BCD 码真值表，运用逻辑函数化简的方法，得出其由触发器和门电路构成的该十进制加法计数器逻辑电路图。

（2）选用中规模集成电路实现计数器的设计。

（3）计数器的时钟信号由数字实验箱提供，用数码管显示其计数过程。

（4）在手动输入单次脉冲或自动输入连续脉冲情况下，均能完成计数功能。

（5）计数器为同步计数器，采用 5121BCD 码，所有的电路均在 ES-1 型数字实验箱上安装和调试。

二、设计原理与框图

根据设计任务，可以把系统分为三大部分：计数器电路、译码显示电路、信号产生电路，其原理框图如图 4-2 所示。

图 4-2　5121BCD 十进制加法计数器原理框图

三、可选器材

（1）ES-1 型数字电路实验箱。

（2）双 JK 触发器芯片（74LS112）两片，四 2 输入端与门电路（74LS08）一片，三 3 输入端与门电路（74LS11）一片，四 2 输入端与非门电路（74LS00）两片，三 3 输入端与非门（74LS10）一片、六反相器电路（74LS04）一片，七段显示译码器（74LS48）一片，共阴型半导体数码管（LC5011-11）一片。

（3）连接导线（0.6mm 绝缘线）若干。

四、设计原理分析

（一）课题概述

在数字系统中，计数器是应用最为广泛的时序电路，它不仅用于对时钟脉冲基线计数，以实现数字测量、运算和控制，还可以用于定时、分频等，是一种基本的数字部件。

触发器是构成计数器电路的核心单元，要实现计数器功能，可采用两种方式：一是由触发器芯片和门电路组合完成，其数字编码选用灵活，但电路较复杂；二是由计数器芯片完成，电路简单，但数字编码选用较少。这里主要介绍前一种方式，其编码选用 5121BCD 码。

十进制计数器是用四个触发器按不同的 BCD 码组成十个状态来表示十个不同的数码 0~9。由于四个触发器有十六个不同状态，因此要设法除去其中六个状态，以保证在记录第十个脉冲之后，输出进位脉冲。除去其中六个状态的方法很多，无非是设计一套组合逻辑电路，用反馈的方法使四个触发器只能按所选的 BCD 码来翻转，使其中六个状态不可能出现。

（二）计数器设计

（1）列出 5121BCD 码真值表和 JK 触发器状态表。根据上面分析，该计数器至少要选用四个触发器，因此可选用四个 JK 触发器来构成计数器。JK 触发器逻辑状态与 J、K 输入信号的关系（在 CP 脉冲作用下）见表 4-1。

表 4-1　　　　　　　　　　JK 触 发 器 状 态 表

J	K	Q^n（初态）	Q^{n+1}（初态）
0	×	0	0
×	0	1	1
1	×	0	1
×	1	1	0

注　"×"代表任意状态，可以为 1 态，也可以为 0 态。

根据 5121BCD 码和 JK 触发器逻辑特性可列出其真值表，见表 4-2。

表 4-2　　　　　　　　　5121BCD 码十进制加法计数器真值表

CP	Q_3^n	Q_2^n	Q_1^n	Q_0^n	Q_3^{n+1}	Q_2^{n+1}	Q_1^{n+1}	Q_0^{n+1}	J_3	J_2	J_1	J_0	K_3	K_2	K_1	K_0
0	0	0	0	0	0	0	0	1	0	0	0	1	×	×	×	×
1	0	0	0	1	0	0	1	0	0	0	1	×	×	×	×	1
2	0	0	1	0	0	0	1	1	0	0	×	1	×	×	0	×
3	0	0	1	1	0	1	1	1	0	1	×	×	×	×	0	0
4	0	1	1	1	1	0	0	0	1	×	×	×	×	1	1	1
5	1	0	0	0	1	0	0	1	×	0	0	1	0	×	×	×
6	1	0	0	1	1	0	1	0	×	0	1	×	0	×	×	1
7	1	0	1	0	1	0	1	1	×	0	×	1	0	×	0	×
8	1	0	1	1	1	1	1	1	×	1	×	×	0	×	0	0
9	1	1	1	1	0	0	0	0	×	×	×	×	1	1	1	1

（2）用卡诺图化简真值表，得出 JK 触发器驱动方程。对于 JK 触发器，只要知道 J、K 与初态值的关系的值即可得到相关逻辑图。一般可以用卡诺图来化简真值表，由于每个 JK

触发器有一对 J、K 的值，构成计数器的四个 JK 触发器需要四组值，因此需要化简八个卡诺图，如图 4-3 所示。

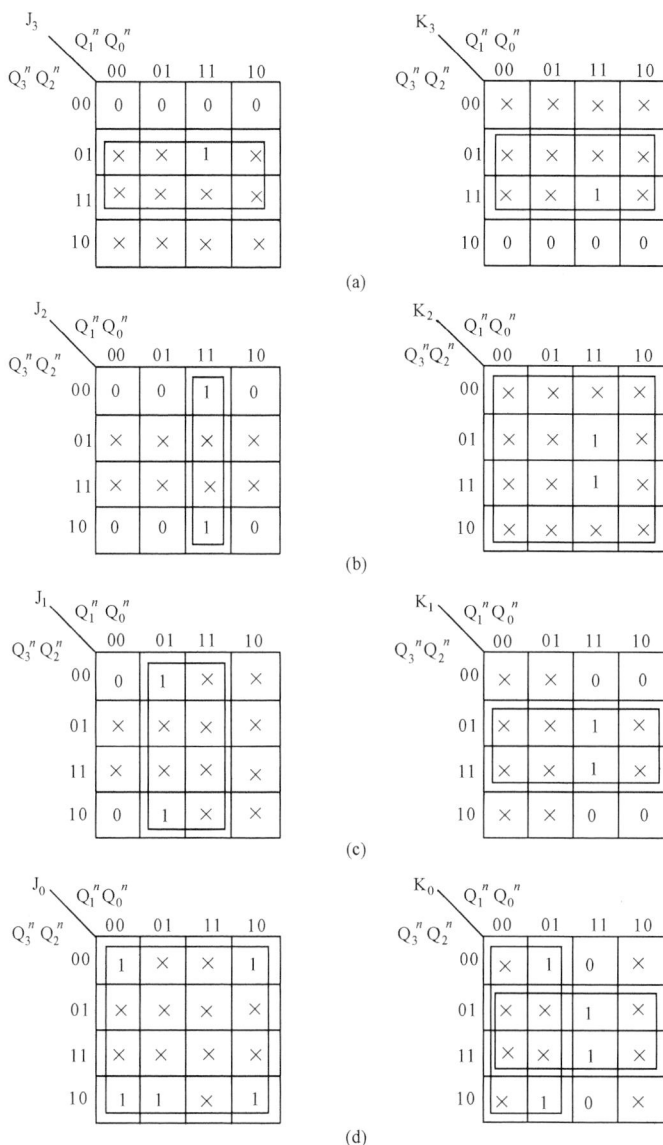

图 4-3 四个触发器对应的卡诺图

由图 4-3 可得

$$J_3 = Q_2^n, \quad K_3 = Q_2^n$$
$$J_2 = Q_1^n Q_0^n, \quad K_2 = 1$$
$$J_1 = Q_0^n, \quad K_1 = Q_2^n$$
$$J_0 = 1, \quad K_0 = Q_2^n + \overline{Q_1^n}$$

（3）根据 JK 触发器驱动方程画出逻辑电路图。根据由卡诺图化简得到的 JK 触发器驱动方程（$J_0 \sim J_3$，$K_0 \sim K_3$），根据驱动方程画出该计数器的逻辑图，如图 4-4 所示。

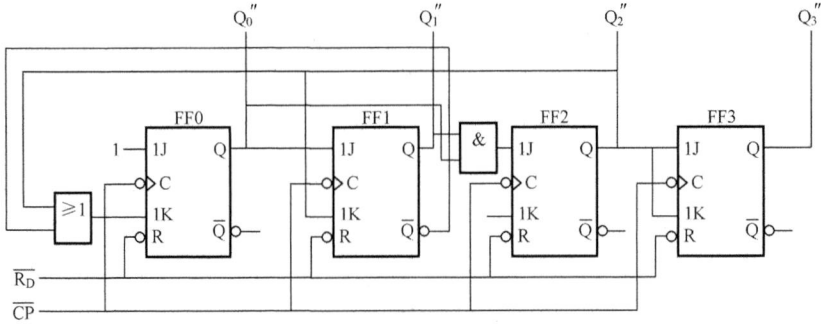

图 4-4 5121BCD 码加法计数器逻辑电路图

（4）用集成触发器芯片构成实际电路。从图 4-4 中可知，要构成计数器电路需要集成 JK 触发器芯片，集成或门、与门芯片，这里选择 74LS112（双 JK 触发器）、74LS32（四 2 或门电路）、74LS08（四 2 输入端与门电路）。所需芯片引脚图如图 4-5 所示。

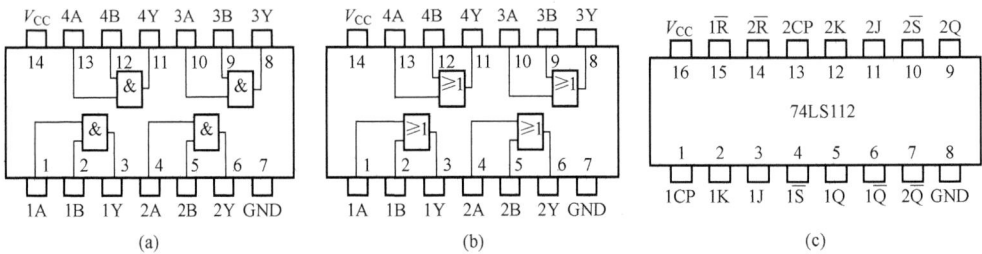

图 4-5 构成计数器所选择数字集成电路引脚图

(a) 74LS08；(b) 74LS32；(c) 74LS112

74LS112 是 TTL 型集成边沿双 JK 触发器，其内部集成了两个触发器单元，且这两个触发器单元都是在时钟脉冲 CP 下降沿触发的边沿 JK 触发器。74LS112 共有 16 个引脚，其中 8 脚和 16 脚分别为公共地和电源，14、15 脚为清零端，4、10 脚为置位端，CP 脉冲从 1、13 脚输入。该计数器电路需要两片 74LS112。74LS32 是四 2 输入端或门电路，内置 4 组或门电路，本计数器电路只选用其中一组。该集成电路 7 脚、14 脚为接地和电源端。74LS08/09 为四 2 输入端与门电路，内置四个二输入端与门电路，本计数器电路只选用其中一组。该集成电路 7 脚、14 脚为接地和电源端。

由于该计数器电路在 ES-1 型数字电路实验箱中连接，且该实验箱已内置时钟信号输出端和电源，故这两部分电路不需要另外设计。此外，在电路图中，74LS112 芯片置数端子和输入的高电平完全接 +5V 的电源电压，以保证电路可靠工作，根据以上分析可画出 5121BCD 码加法计数器实际电路如图 4-6 所示。

（三）码制转换电路

由于一般的集成译码显示驱动器均采用 8421BCD 码，因此需要设计一个码制转换电路将 5121BCD 码变换为 8421BCD 码。

由于要将 5121BCD 码转换为 8421BCD 码，故输设入为 5121 码，用 $Q_3'' Q_2'' Q_1'' Q_0''$ 表示；输出为 8421BCD 码，表示为 $Y_3 Y_2 Y_1 Y_0$。此时可列出 5121 码与 8421 码真值转换表，见表4-3。由该表可以看出：5121 码有六个状态不用，可以作任意项处理，便于逻辑表达式的化简。

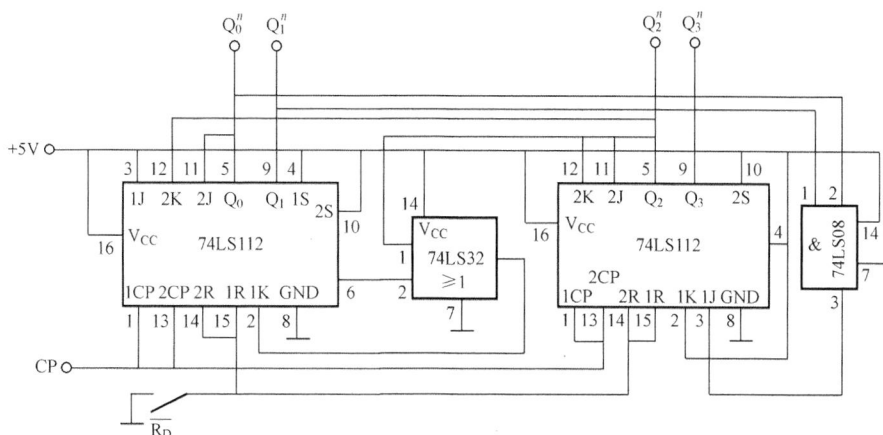

图 4-6　5121BCD 码加法计数器实际电路图

表 4-3　　　　　　　　　　　　5121 码转换为 8421 码的真值表

CP	Q_3^n	Q_2^n	Q_1^n	Q_0^n（5121 码）	Y_3	Y_2	Y_1	Y_0（8421 码）
0	0	0	0	0	0	0	0	0
1	0	0	0	1	0	0	0	1
2	0	0	1	0	0	0	1	0
3	0	0	1	1	0	0	1	1
4	0	1	1	1	0	1	0	0
5	1	0	0	0	0	1	0	1
6	1	0	0	1	0	1	1	0
7	1	0	1	0	0	1	1	1
8	1	1	1	0	1	0	0	0
9	1	1	1	1	1	0	0	1

根据表 4-3 有

$$Y_3 = Q_3^n\,Q_2^n\,Q_1^n\,\overline{Q_0^n} + Q_3^n\,Q_2^n\,Q_1^n\,Q_0^n$$

$$Y_2 = \overline{Q_3^n}\,Q_2^n\,Q_1^n\,Q_0^n + Q_3^n\,\overline{Q_2^n}\,\overline{Q_1^n}\,\overline{Q_0^n} + Q_3^n\,\overline{Q_2^n}\,\overline{Q_1^n}\,Q_0^n + Q_3^n\,\overline{Q_2^n}\,Q_1^n\,\overline{Q_0^n}$$

$$Y_1 = \overline{Q_3^n}\,Q_2^n\,Q_1^n\,\overline{Q_0^n} + \overline{Q_3^n}\,Q_2^n\,Q_1^n\,Q_0^n + Q_3^n\,\overline{Q_2^n}\,Q_1^n\,Q_0^n + Q_3^n\,\overline{Q_2^n}\,Q_1^n\,\overline{Q_0^n}$$

$$Y_0 = \overline{Q_3^n}\,\overline{Q_2^n}\,\overline{Q_1^n}\,Q_0^n + \overline{Q_3^n}\,\overline{Q_2^n}\,Q_1^n\,Q_0^n + Q_3^n\,\overline{Q_2^n}\,\overline{Q_1^n}\,Q_0^n + Q_3^n\,\overline{Q_2^n}\,Q_1^n\,\overline{Q_0^n} + Q_3^n\,Q_2^n\,Q_1^n\,Q_0^n$$

由此可得图 4-7 所示卡诺图。

利用图 4-7 化简 Y_3、Y_2、Y_1、Y_0，得到其最简表达式为

$$Y_3 = Q_3^n Q_2^n = \overline{\overline{Q_3^n Q_2^n}}$$

$$Y_2 = \overline{Q_3^n} Q_2^n + Q_3^n\,\overline{Q_2^n} = \overline{\overline{\overline{Q_3^n} Q_2^n} \cdot \overline{Q_3^n\,\overline{Q_2^n}}}$$

$$Y_1 = \overline{Q_2^n} Q_1^n + Q_3^n\,\overline{Q_2^n} Q_0^n = \overline{\overline{\overline{Q_2^n} Q_1^n} \cdot \overline{Q_3^n\,\overline{Q_2^n} Q_0^n}}$$

$$Y_0 = Q_3^n \overline{Q_1^n} \overline{Q_0^n} + \overline{Q_3^n} \overline{Q_2^n} Q_0^n + Q_3^n Q_2^n Q_0^n + Q_3^n \overline{Q_2^n} Q_1^n = \overline{\overline{Q_3^n \overline{Q_1^n} \overline{Q_0^n}} \cdot \overline{\overline{Q_3^n} \overline{Q_2^n} Q_0^n} \cdot \overline{Q_3^n Q_2^n Q_0^n} \cdot \overline{Q_3^n \overline{Q_2^n} Q_1^n}}$$

根据最简表达式可画出对应逻辑电路图，如图4-8所示。

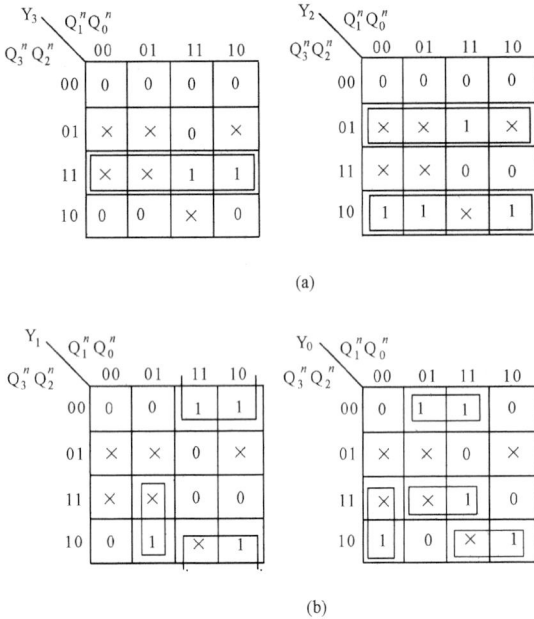

图 4-7　表 4-3 对应的卡诺图

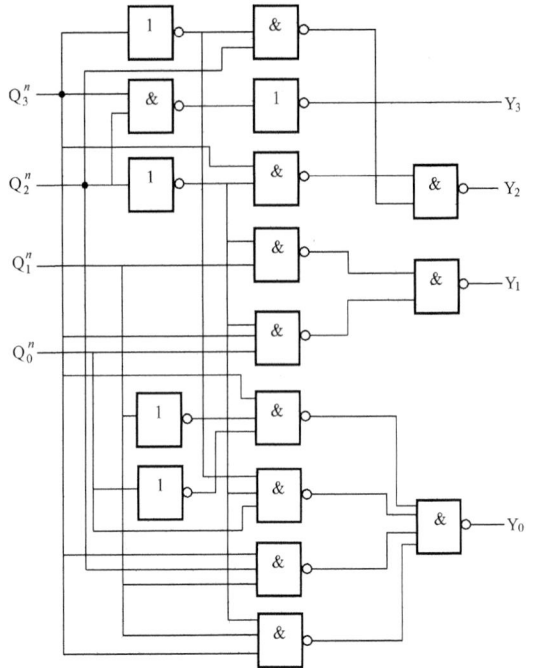

图 4-8　5121 码转换为 8421 码的逻辑电路图

根据图 4-8，选择 74LS00（四 2 输入端与非门电路）、74LS10（三 3 输入端与非门电路）、74LS04（非门电路）组成实际电路。上述芯片引脚图如图 4-9 所示。

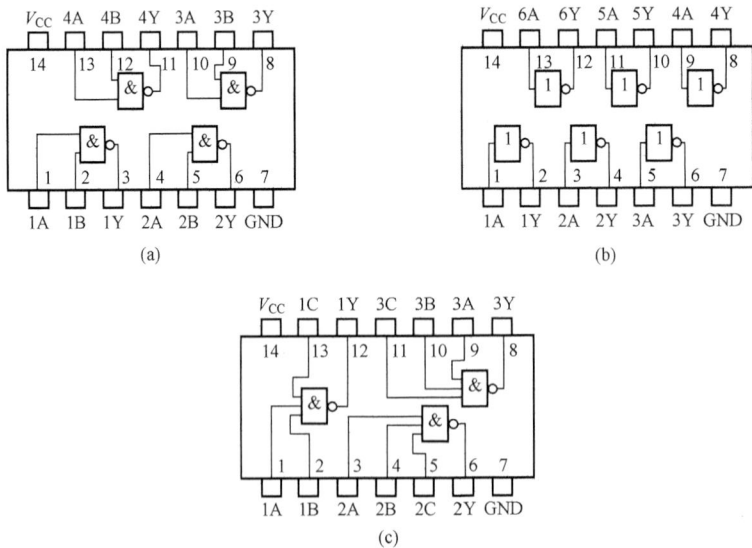

图 4-9　构成码制转换电路所选择数字集成电路引脚图

（a）74LS00；（b）74LS04；（c）74LS10

（四）显示电路设计

（1）显示电路概述。在数字测量仪表和各种数字系统中，都需要将数字量直观地显示出来，一方面供人们直接读取测量和运算的结果，另一方面用于监视数字系统的工作情况，因此，数字显示电路是许多数字设备不可缺少的部分。数字显示电路通常由译码器、驱动器和显示器等部分组成，其组成框图如图 4-10 所示。

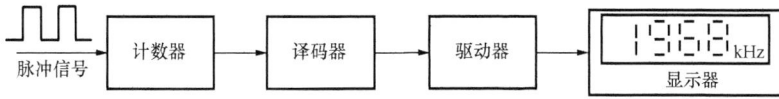

图 4-10　数字显示电路组成框图

（2）显示器件。常见的显示器件有数码管、半导体发光二极管、液晶显示器等。七段 LED 数码管是一种常用的显示器件，其外观如图 4-11 所示。它使用七个笔画显示 0~9 共十个数字，加上一个小数点共八个显示段。字高小于 25mm 的 LED 数码管每一个笔画均由一只发光二极管组成，而字高大于 25mm 的 LED 数码管每一个笔画则由多只发光二极管组成，但小数点均为一只发光二极管。七段 LED 数码管通过不同的笔画的亮、灭显示 0~9 这十个数字。

常见的 12.5mm LED 数码管分为共阴极和共阳极两类，其笔画名称及内部连接方法如图 4-12 所示。本计数器选用共阴型数码管，型号是 LC5011-11，其引脚图如图 4-13 所示。

图 4-11　7 段 LDE 数码管外形图

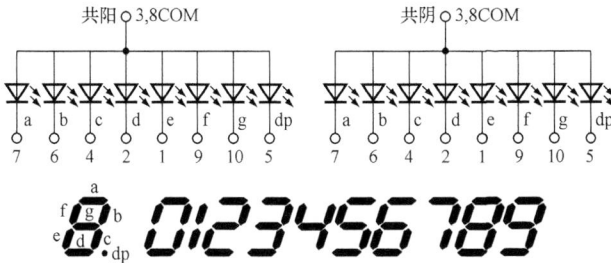

图 4-12　12.5mm LED 数码管笔画名称和内部连接方法

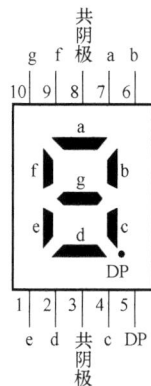

图 4-13　共阴型数码管 LC5011-11 引脚图

（3）显示译码电路。在数字系统中，1 位十进制数通常是用 4 位二进制数码组成的 BCD 码来表示，要实现 4 位二进制代码去控制七段 LED 显示器显示出 0~9 十个数字，就必须采用七段译码器来完成。七段显示译码器可选择 74LS48（或 74SL48），其逻辑功能见表 4-4。

74LS48 七段显示译码器输出高电平（H）有效，用以驱动共阴极显示器。该七段显示译码器设有多个辅助控制端，以增强器件的功能。其中 BI/RBO 为灭灯输入端，当 BI=0

表 4-4　　　　　　　　　　74LS48（74SL48）逻辑功能表

十进制式功能	输入						BI/RBO	输出							字形
	LT	RBI	D	C	B	A		a	b	c	d	e	f	g	
0	H	H	L	L	L	L	H	H	H	H	H	H	H	L	0
1	H	×	L	L	L	H	H	L	H	H	L	L	L	L	1
2	H	×	L	L	H	L	H	H	H	L	H	H	L	H	2
3	H	×	L	L	H	H	H	H	H	H	H	L	L	H	3
4	H	×	L	H	L	L	H	L	H	H	L	L	H	H	4
5	H	×	L	H	L	H	H	H	L	H	H	L	H	H	5
6	H	×	L	H	H	L	H	L	L	H	H	H	H	H	6
7	H	×	L	H	H	H	H	H	H	H	L	L	L	L	7
8	H	×	H	L	L	L	H	H	H	H	H	H	H	H	8
9	H	×	H	L	L	H	H	H	H	H	L	L	H	H	9
10	H	×	H	L	H	L	H	L	L	L	H	H	L	H	
11	H	×	H	L	H	H	H	L	L	H	H	L	L	H	
12	H	×	H	H	L	L	H	L	H	L	L	L	H	H	
13	H	×	H	H	L	H	H	H	L	L	H	L	H	H	
14	H	×	H	H	H	L	H	L	L	L	H	H	H	H	
15	H	×	H	H	H	H	H	L	L	L	L	L	L	L	
消隐	×	×	×	×	×	×	L	L	L	L	L	L	L	L	
脉冲消隐	H	L	L	L	L	L	L	L	L	L	L	L	L	L	
灯测试	L	×	×	×	×	×	H	H	H	H	H	H	H	H	8

时，无论输入什么电平，所有字段均不显示；LT 是试灯输入端，当 LT＝0 时，BI/RBO 是输出端，且 BI/RBO＝1 所有各段输出 a～g 均为 1，显示字形 8。RBI 为动态灭零输入，当 LT＝1，RBI＝0 且输入代码 DCBA＝0000 时，各段输出 a～g 均为低电平，与 BCD 码相应的字形 0 熄灭，故称"灭零"；RBO 为动态灭零输出，BI/RBO 作为输出使用时，受控于 LT 和 RBI。当 LT＝1 且 RBI＝0，输入代码 DCBA＝0000 时，RBO＝0；若 LT＝0（或 LT＝1）且 RBI＝1，则 RBO＝1。该端主要用于显示多位数字时，多个译码器之间的连接。

从表 4-4 还可看出，对输入代码 0000，译码条件是：LT 和 RBI 同时等于 1。而对其他输入代码则仅要求 LT＝1，这时，译码器各段 a～g 输出的电平是由输入 BCD 码决定的，并且满足显示字形的要求。

74LS248（74LS48）引脚图如图 4-14（a）所示。译码显示器 74LS248 与数码管 LC50-5011 的连接电路如图 4-14（b）所示。

五、安装调试过程

本例中电路的安装和调试选用 ES-1 型数字电路实验箱。由于电路较为复杂，整个电路可以分为计数器部分、码制转换部分、译码显示部分，采用分别安装方式；各单元电路安装调试好后再与其他单元电路连接起来通调。建议按下列步骤进行安装和调试。

（1）计数器电路。具体步骤如下：

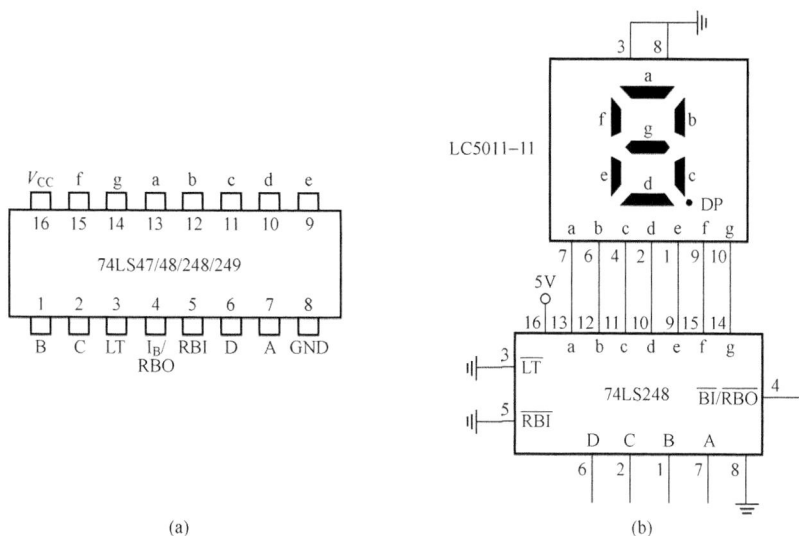

图 4-14　显示译码器 74LS248 引脚图及 LC5011-11 连接电路图
(a) 显示译码器引脚图；(b) 连接电路图

1）该计数器电路实际上就是由 JK 触发器和门电路构成的 5121BCD 码十进制加法计数器，在安装数字电路芯片时要保证引脚插接正确，并与集成电路插座接触良好。

2）由于 JK 触发器（74LS112）的清零端和置数端均是低电平有效，因此必须接入高电平，最好接+5V 电源，一般不要悬空，以保证该芯片工作可靠。

3）用 0.6mm 的单芯硬导线按图 4-6 接好电路，并进行检查，保证芯片之间连线正确。

4）电路装调好后，先给计数器清零，然后计数器 CP 端接入手动单次脉冲信号，每输入一个脉冲后，均用逻辑笔检查计数器输出端 $Q_3^n Q_2^n Q_1^n Q_0^n$ 的状态，使之按 5121BCD 码规律依次递加。

（2）码制转换电路。按图 4-6 选择相应数字集成电路芯片，装调好码制转换电路，该部分电路连接线较多，应仔细安装，不要接掉和接错线。然后，将计数器输出端 $Q_3^n Q_2^n Q_1^n Q_0^n$ 同码制转换电路相连接，按调试计数器的方法，测试输出端 $Y_3 Y_2 Y_1 Y_0$ 状态，使之按 8421BCD 码规律依次递加。

（3）译码显示电路。按图 4-14（b）连接好电路，对 74LS248 试灯端 LT 接入低电平，RBO 接入高电平，观察数码管各段笔画是否灯亮，若能够显示完整的 8 字，表示显示电路工作正常，若缺笔画，一般是译码器（a～e）端与数码管连接不好，需要重新检查连接。

（4）整机的调试：

1）译码显示电路安装调试好后，可将码制转换电路联入译码显示电路，连接时注意 Y_3、Y_2、Y_1、Y_0 分别与 74LS248 的 D、C、B、A 相连，在计数器 CP 端输入单次脉冲，数码管应分别显示 0～9 的数字。

2）在计数器 CP 输入连续脉冲，数码管应连续显示 0～9 的数字。

4.2.2　智力竞赛抢答器的设计

一、任务和要求

（1）抢答器同时供八名选手或八个代表队比赛，分别用八个按钮 S0 ~ S7 表示。

（2）设置一个系统清除和抢答控制开关 S，该开关由主持人控制。

（3）抢答器具有锁存与显示功能，即选手按动按钮，锁存相应的编号，并在 LED 数码管上显示，同时扬声器发出报警声响提示。选手抢答实行优先锁存，优先抢答选手的编号一直保持到主持人将系统清除为止。

（4）抢答器具有定时抢答功能，且一次抢答的时间由主持人设定（如 30s）。当主持人启动"开始"键后，定时器进行减计时，同时扬声器发出短暂的声响，声响持续的时间 0.5s 左右。

（5）参赛选手在设定的时间内进行抢答。抢答有效，定时器停止工作，显示器上显示选手的编号和抢答的时间，并保持到主持人将系统清除为止。

（6）如果定时时间已到，无人抢答，本次抢答无效，系统音响报警并禁止抢答，定时显示器上显示"00"。

（7）所有电路均在 ES-1 型数字电路实验箱中完成。

二、设计原理与框图

抢答器的总体框图如图 4-15 所示，它由主体电路和扩展电路两部分组成。主体电路完成基本的抢答功能，即开始抢答后，当选手按动抢答键时，能显示选手的编号，同时能封锁输入电路，禁止其他选手抢答。扩展电路完成定时抢答的功能。

如图 4-15 所示的抢答器的工作过程是：接通电源时，节目主持人将开关置于"清除"位置，抢答器处于禁止工作状态，编号显示器灭灯，定时显示器显示设定的时间；当节目主持人宣布抢答题目后，在提示抢答开始的同时将控制开关拨到"开始"位置，扬声器给出声响提示，抢答器处于工作状态，定时器倒计时；当定时时间到，却没有选手抢答时，系统报警，并封锁输入电路，禁止

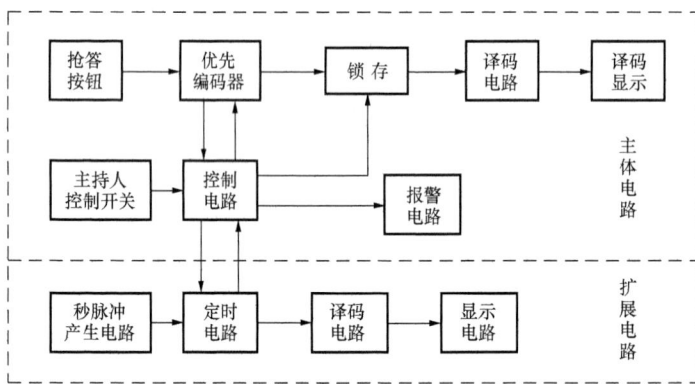

图 4-15　抢答器原理框图

选手超时后抢答。

当选手在定时时间内按动抢答键时，抢答器要完成以下四项工作：①优先编码电路立即分辨出抢答者的编号，并由锁存器进行锁存，然后由译码显示电路显示编号；②扬声器发出短暂声响，提醒节目主持人注意；③控制电路要对输入编码电路进行封锁，避免其他选手再次进行抢答；④控制电路要使定时器停止工作，时间显示器上显示剩余的抢答时间，并保持到主持人将系统清零为止。

当选手将问题回答完毕，主持人操作控制开关，使系统回复到禁止工作状态，以便进行下一轮抢答。

三、可选器材

（1）ES-1 型数字电路实验箱。

（2）74LS148（8 线—3 线编码器），74LS48（7 段显示译码器）三片，74LS192（同步可逆十进制计数器）两片，555（集成定时器）两片，74LS04（六反相器）一片，74LS00（四 2 输入端与非门）一片，74LS11（三 3 输入端与门）一片，74LS279（四 R-S 锁存器）一片，74LS112（单稳态触发器）一片，10kΩ/0.25W 电阻九只，510Ω 电阻一只，共阴型半导体数码管（LC5011-11）三片。

（3）连接导线（0.6mm 绝缘线）若干。

四、设计原理分析

（一）抢答器电路

抢答器主体电路如图 4-16 所示。该电路完成两个功能：一是分辨出选手按键的先后，并锁存优先抢答者的编号，同时译码显示电路显示编号；二是禁止其他选手按键操作无效。该电路工作过程：开关 S 置于"清除"端时，RS 触发器的 $\overline{R}$ 端均为 0，4 个触发器输出置 0，使 74LS148 的 $\overline{ST}$=0，使之处于工作状态；当开关 S 置于"开始"时，抢答器处于等待工作状态，当有选手将键按下时（如按下 S5），74LS148 的输出经 RS 锁存后，1Q = 1，74LS48 处于工作状态，4Q3Q2Q = 101，经译码显示为"5"。此外，1Q = 1，使 74LS148 $\overline{ST}$ = 1，处于禁止状态，封锁其他按键的输入；当按键松开即按下时，74LS148 的 $\overline{Y}_{EX}$ 为高电平，此时由于仍为 1Q = 1，使 $\overline{ST}$ = 1，所以 74LS148 仍处于禁止状态，确保不会出二次按键时输入信号，保证了抢答者的优先性；如有再次抢答需由主持人将 S 开关重新置"清除"，然后再进行下一轮抢答。74LS148 为 8 线—3 线优先编码器，其功能表见表 4-5。

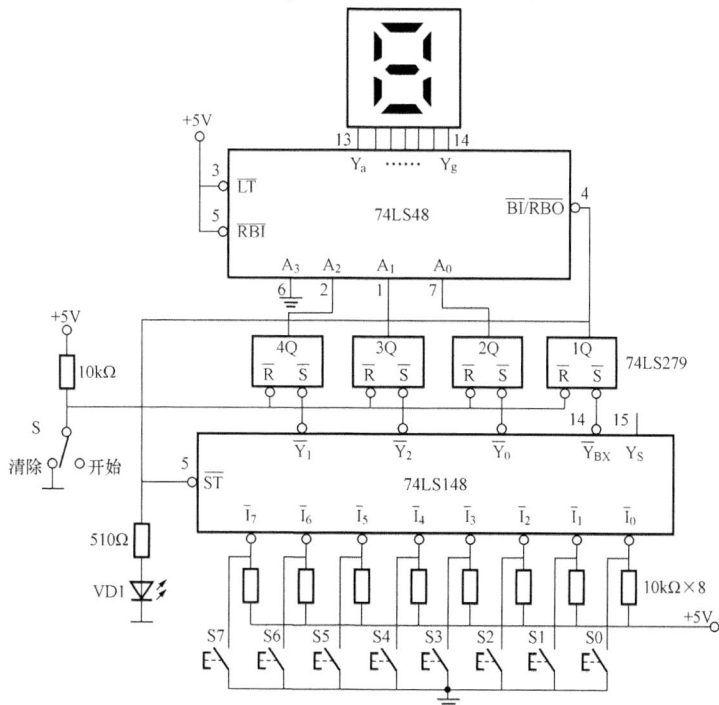

图 4-16 抢答器主体电路图

表 4-5　　　　　　　　　　　　　　　74LS148 功能真值表

输　入									输　出				
$\overline{ST}$	$\overline{IN_0}$	$\overline{IN_1}$	$\overline{IN_2}$	$\overline{IN_3}$	$\overline{IN_4}$	$\overline{IN_5}$	$\overline{IN_6}$	$\overline{IN_7}$	$\overline{Y_2}$	$\overline{Y_1}$	$\overline{Y_0}$	$\overline{Y_{EX}}$	Y_S
1	×	×	×	×	×	×	×	×	1	1	1	1	1
0	1	1	1	1	1	1	1	1	1	1	1	1	0
0	×	×	×	×	×	×	×	0	0	0	0	0	1
0	×	×	×	×	×	×	0	1	0	0	1	0	1
0	×	×	×	×	×	0	1	1	0	1	0	0	1
0	×	×	×	×	0	1	1	1	0	1	1	0	1
0	×	×	×	0	1	1	1	1	1	0	0	0	1
0	×	×	0	1	1	1	1	1	1	0	1	0	1
0	×	0	1	1	1	1	1	1	1	1	0	0	1
0	0	1	1	1	1	1	1	1	1	1	1	0	1

（二）定时器电路

由节目主持人根据抢答题的难易程度，设定一次抢答的时间，通过预置时间电路对计数器进行预置，计数器的时钟脉冲由秒脉冲电路提供。可预置时间的电路选用十进制同步加减计数器 74LS192 进行设计，计数器预置时间通过 74LS192 置数端输入，其是否置数由控制开关 S1 控制。计数器的脉冲由 555 定时器电路组成多谐振荡器提供。计数器计数结果由 7 段译码显示器驱动数码管来显示。定时器电路如图 4-17 所示。

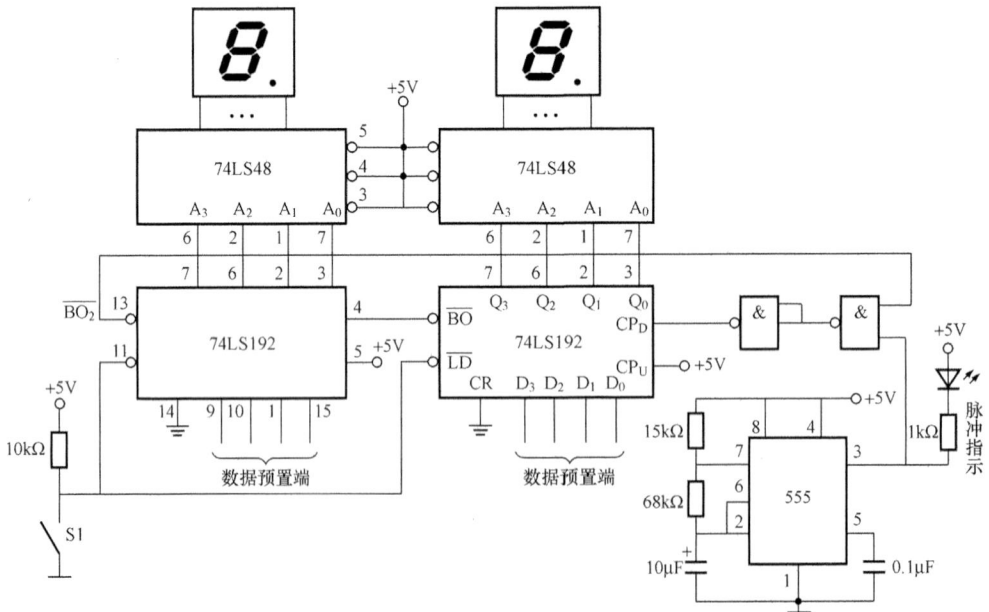

图 4-17　可预置时间的定时器电路

（三）音响电路

由 555 定时器电路和三极管构成的音响电路如图 4-18 所示。其中 555 电路构成多谐振荡器，振荡频率为

$$f_0 = \frac{1}{(R_1 + 2R_2)C\ln 2} \approx \frac{1.43}{(R_1 + 2R_2)C}$$

定时器输出信号经三极管推动扬声器发声。PR 为控制信号，当 PR 为高电平时多谐振荡器工作；反之，电路停振。

（四）时序控制电路

时序控制电路是抢答器设计的关键，它主要完成下面功能：

（1）主持人将控制开关拨到"开始"位置时，扬声器发声，抢答电路和定时电路进入正常抢答工作状态。

图 4-18　音响电路

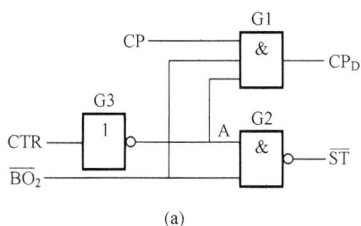

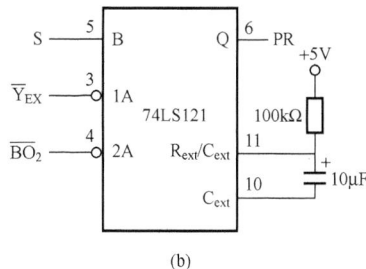

（2）当参赛选手按动抢答键时，扬声器发声，抢答电路和定时电路停止工作。

（3）当设定的抢答时间到，而无人抢答时，扬声器发声，同时抢答电路和定时电路停止工作。

根据上面的功能要求以及图 4-16 和图 4-17，所设计的时序控制电路如图 4-19 所示。

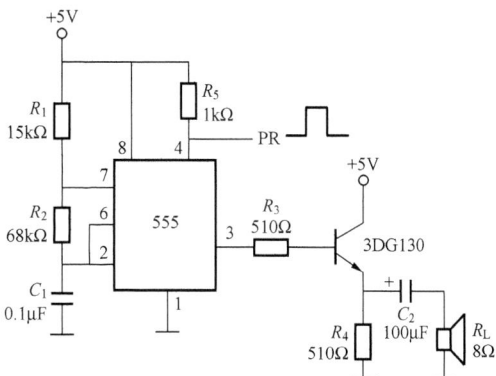

图 4-19　时序控制电路

(a) 抢答器定时电路单时序控制电路；(b) 音响电路单时序控制电路

图 4-19（a）中，门 G1 的作用是控制时钟信号 CP 的放行与禁止，门 G2 的作用是控制 74LS148 的输入使能端$\overline{ST}$。下面介绍图 4-19（a）的工作原理。主持人控制开关从"清除"位置拨到"开始"位置时，来自于图 4-15 中的 74LS279 的输出 1Q = 0（CTR = 0），经 G3 反相，A = 1，则时钟信号 CP 能够加到 74LS192 的 CP_D 时钟输入端，定时电路进行递减计时。在定时时间未到时，则$\overline{BO_2}$ = 1，门 G2 的输出$\overline{ST}$ = 1，使 74LS148 处于正常工作状态，实现功能（1）的要求。当选手在定时时间内按动抢答键时，1Q = 1，经 G3 反相，A = 0，封锁 CP 信号，定时器处于保持工作状态；同时，门 G2 的输出$\overline{ST}$ = 1，74LS148 处于禁止工作状态，从而实现功能（2）的要求。当定时时间到时，则$\overline{BO_2}$ = 0，$\overline{ST}$ = 1，74LS148 处于禁止工作状态，禁止选手进行抢答。同时，门 G1 处于关门状态，封锁 CP 信号，使定时电路保持"00"状态不变，从而实现功能（3）的要求。集成单稳触发器 74LS121 用于控制报警电路及发声的时间，由其组成的时序控制电路如图 4-19（b）所示。

五、抢答器所用数字集成电路

（一）74LS279

74SL279 是内置四个 RS 触发器的四 R 锁存器，包含有两个置位端 $\overline{S}_A$、$\overline{S}_B$。当 $\overline{S}$ 为低电平、$\overline{R}$ 为高电平时，输出端 Q 为高电平。当 $\overline{S}$ 为高电平、$\overline{R}$ 为低电平时，Q 为低电平。当 S 和 $\overline{R}$ 均为高电平时，Q 被锁在已建立的电平。当 $\overline{S}$ 和 $\overline{R}$ 均为低电平时，Q 为稳定的高电平状态。当 $\overline{S}_A$ 和 $\overline{S}_B$ 中只要有一个为低电平时，$\overline{S}$ 表示低电平；当 $\overline{S}_A$ 和 $\overline{S}_B$ 均为高电平时，$\overline{S}$ 表示高电平。采用 DIP-16 封装。其引脚图如图 4-20 所示。

（二）74LS148

74LS148 为 8 线—3 线优先编码器，其功能表见表 4-5。从功能表不难看出，输入优先级别的次为 7，6，……，0。输入有效信号为低电平，当某一输入端有低电平输入，且比它优先级别高的输入端无低电平输入时，输出端才输出相对应的输入端的代码。例如 5 为 0，且优先级别比它高的输入 6 和输入 7 均为 1 时，输出代码为 010。采用 DIP-16 封装，其片引脚如图 4-21 所示。

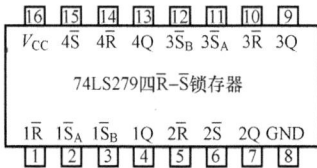

图 4-20　四 R 锁存器 74LS279

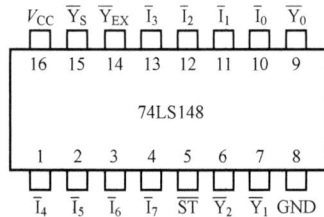

图 4-21　8 线—3 线优先编码器 74LS148

（三）NE555

NE555 是一种模拟和数字相混合的集成电路。其结构简单，外接少量阻容元件可组成多种波形发生器、多谐振荡器、定时延迟等电路。图 4-22 是其芯片外形图。图 4-23 是其引脚排列图。

图 4-22　NE555 芯片外形图

(a) 8-DIP 封装；(b) 8-SOP 封装

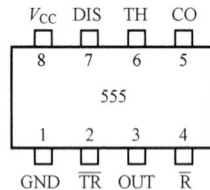

图 4-23　NE555 引脚排列图

NE555 各引脚功能如下：

1 脚：地（GND）。

2 脚：（$\overline{TR}$）低电平触发（$< V_{CC}/3$）。

3 脚：输出端（OUT）。

4 脚：（$\overline{R}$）复位端。

5 脚：（CO）控制端，可改变上、下触发电位，不用时接 $0.01\mu F$ 到地。

6 脚：（TH）高电平触发（$>2V_{CC}/3$）。

7 脚：（DIS）放电端。

8 脚：电源电压（V_{CC}）（$V_{CC}=5\sim18\text{V}$）。

本课程设计主要利用由 NE555 构成的多谐振荡器组成定时电路和音响电路。

（四）74LS121

74LS121 是一种常用的非重触发单稳态触发器，常用在各种数字电路和单片机系统的显示系统之中。它的引脚图和逻辑符号分别如图 4-24（a）、（b）所示。其功能表见表 4-6。

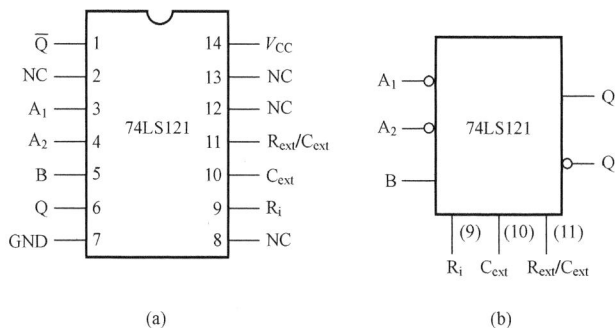

表 4-6　74LS121 功　能　表

A_1	A_2	B	Q	$\overline{Q}$
L	×	H	L	H
×	L	H	L	H
×	×	L	L	H
H	H	×	L	H
H	↓	H	⊓	⊔
↓	H	H	⊓	⊔
↓	↓	H	⊓	⊔
L	×	↑	⊓	⊔
×	L	↑	⊓	⊔

图 4-24　集成触发器 74LS121

（a）引脚图；（b）逻辑符号

该集成电路内部采用了施密特触发输入结构，因此对于边沿较差的输入信号也能输出一个宽度和幅度恒定的矩形脉冲。输出脉宽为

$$T_W \approx 0.7 R_T C_T$$

式中：$R_T(R_{ext})$ 和 $C_T(C_{ext})$ 是外接定时元件，R_T 范围为 $2\sim40\text{k}\Omega$，C_T 为 $10\text{pF}\sim1000\mu\text{F}$。$C_T$ 接在 10、11 脚之间，R_T 接在 11、14 脚之间。如果不外接 R_T，也可以直接使用阻值为 $2\text{k}\Omega$ 的内部定时电阻 R_i，则将 R_i 接 V_{CC}，即 9、14 脚相接。外接 R_T 时 9 脚开路。

74LS121 的主要性能如下：

（1）电路在输入信号 A_1、A_2、B 的所有静态组合下均处于稳态 $\overline{Q}=1$，Q=0。

（2）有两种边沿触发方式。输入 A_1 或 A_2 是下降沿触发，输入 B 是上升沿触发。从表 4-6 可见，当 A_1、A_2 或 B 中的任一端输入相应的触发脉冲，则在 Q 端可以输出一个正向定时脉冲，$\overline{Q}$ 端输出一个负向脉冲。

此外，该抢答器还用到的门电路、译码显示电路、共阴显示器由于前面已有说明，这里不再一一介绍。

六、安装调试过程

该抢答器电路的安装和调试选用 ES-1 型数字电路实验箱。整个电路可以分为抢答器主体电路和扩展电路两大部分分别安装和调试，待各部分电路调试好后，再将两部分电路连接起来通调。建议按下列步骤安装和调试。

（1）主体电路。主体电路包括数据采集电路，锁存器电路，译码显示电路。

1）译码显示电路。参考本书 4.2.1 中译码显示部分调试方法相关内容。

2）数据采集电路。该电路由 74LS148（8 线—3 线优先编码器）和外围电路组成。可以利用实验箱上的 LED 逻辑电平指示器，观察输出端 $\overline{Y}_2$ $\overline{Y}_1$ $\overline{Y}_0$，选通输出使能端 $\overline{ST}$、$\overline{Y}_{EX}$、Y_S

在不同情况下是否正确，可以按 74LS148 功能表测试。无人抢答时，应有 $\overline{Y}_1$、$\overline{Y}_2$、$\overline{Y}_3 = 111$、$\overline{Y}_{EX} = Y_S = 1$；4 号选手抢答时，应有 $\overline{Y}_{EX} = 0$、$Y_S = 1$、$\overline{Y}_1\,\overline{Y}_2\,\overline{Y}_3 = 100$。

3）四 R 锁存器电路。该电路由 74LS279 构成。首先验证两个置位端（$\overline{S}_A$、$\overline{S}_B$）逻辑功能，再利用实验箱内的 LED 逻辑电平指示器对 74LS279 逻辑功能进行测试。重点验证当控制开关 S 闭合后，锁存器输出端 4Q、3Q、2Q、1Q 是否清零。当 S 置于"开始"后，按 S6 后，1Q = 1，锁存器输出 4Q、3Q、2Q 输出数据是否被锁存情况。

（2）扩展电路。扩展电路包括预置时间的定时器电路、音响电路和时序控制电路。

1）定时器电路。该电路由两片十进制可逆计数器 74LS192、译码显示电路和由 555 电路构成的脉冲产生电路组成。显示译码器调试同前面一致。三十进制计数器调整可以利用实验箱上的逻辑电平开关产生暂时的置数信号，观察是否可靠置数"30"秒。再将置数信号置于无效状态，利用实验箱上的低频连续脉冲（方波）直接加到计数器的时钟输入端，观察计数器上实现三十进制减法计数。当计数器减到"00"秒时，利用实验箱上的 LED 逻辑电平指示器，观察是否产生了一个负脉冲信号。

555 电路构成的多谐振荡器产生的波形可由示波器进行观察。

2）音响电路。音响电路是由 555 定时器构成多谐振荡器，其工作状态由 PR 信号控制。当控制开关置于"开始"、选手按键、定时时间结束时，74LS112 输出高电平，即 PR 为高电平，555 电路工作，发出响声；当 PR 为低电平时，定时器清零，不能发声。调试时可直接利用实验箱给 PR 端输入高电平进行测试，555 电路发声时间长短可以通过调整外围元器件来实现。

3）时序控制电路。时序控制电路主要由 74LS121 构成，该器件可以按表 4-6 所示逻辑功能进行调试。

（3）整机调试。将图 4-16～图 4-19 接起来，进行整机调试。定时抢答器主体逻辑参考电路如图 4-25 所示。

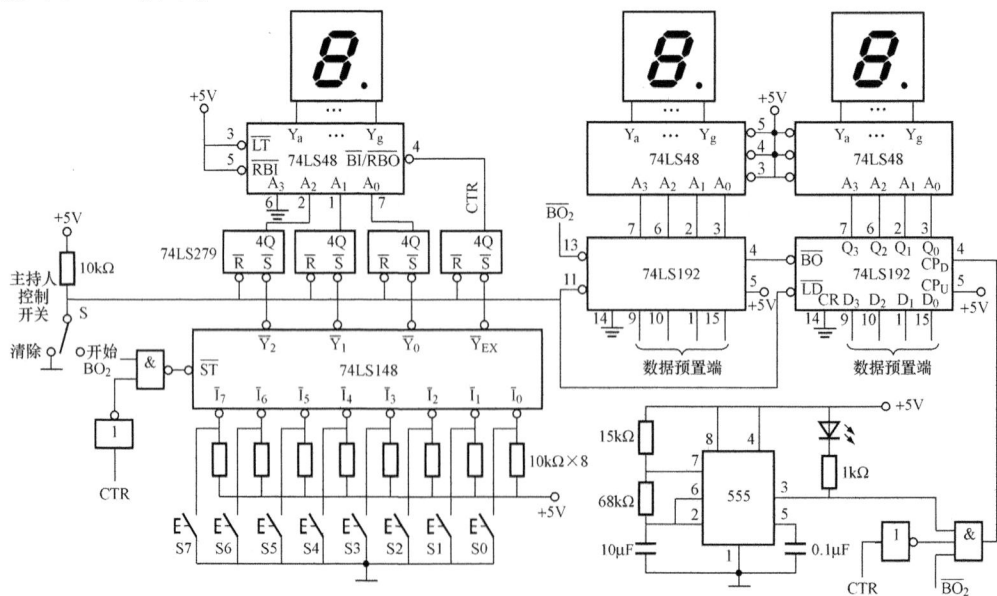

图 4-25　定时抢答器的主体逻辑参考电路图

1）调试控制功能，通过图 4-25 中控制开关控制开关 S 测试音响电路、计时显示电路功能以及系统清除功能。

2）在控制开关 S 置于开始位置时，任意按动一个按钮，调试数据采集、锁存和音响提示功能，以及选手在定时时间到时，音响报警功能和外按键无效性功能。

4.3 数字电路设计题选

4.3.1 数字电子钟

一、设计任务和要求

（1）设计一个有"时""分""秒"（23 小时 59 分 59 秒）显示且有校时功能的电子钟。

（2）数字钟具有闹钟系统和整点报时功能。在 59 分 51 秒、53 秒、55 秒、57 秒输出 750Hz 音频信号，在 59 分 59 秒时输出 1000Hz 信号，音响持续 1 秒，在 1000Hz 音响结束时刻为整点（选做）。

（3）用中小规模集成电路组成电子钟，并在 ES-1 型实验箱上进行组装、调试。

（4）画出框图和逻辑电路图，写出设计、实验总结报告。

二、设计原理

数字电子钟的原理框图如图 4-26 所示。它由石英晶体振荡器、分频器、计数器、译码器、显示器和校时电路组成。石英晶体振荡器产生的信号经过分频器作为秒脉冲，秒脉冲送入计数器计数，计数结果通过"时""分""秒"译码器显示时间。

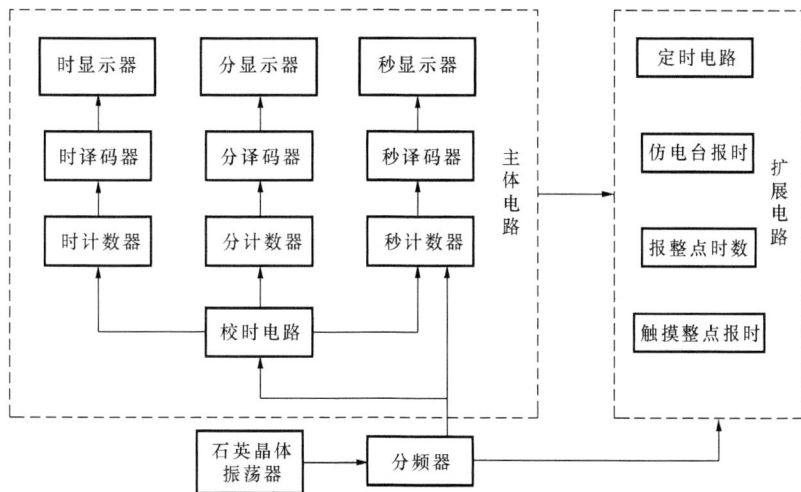

图 4-26 数字电子钟原理框图

三、可选器材

（1）ES-1 型数字电路实验箱。

（2）七段共阴型数码管 6 片，74LS10（三 3 输入端与非门）5 片，74LS00（四 2 输入端与非门）5 片，74LS48（显示译码器）6 片，74LS04（六反相器）1 片，74LS90（异步二—五进制计数器）12 片，74LS74（双 D 触发器）1 片。

（3）4MHz 石英晶体 1 片，电阻、电容、导线若干。

四、设计方案提示

（一）石英晶体振荡器

石英晶体振荡器的特点是振荡频率准确，电路结构简单，频率易调整。它还具有压电效应，在晶体某一方向加一电场，则在与此垂直的方向产生机械振动，有了机械振动，就会在相应的垂直面上产生电场，从而使机械振动和电场互为因果。这种循环过程一直持续到晶体的机械强度限制时，才达到最后稳定，这种压电谐振的频率即为晶体振荡器的固有频率。

用反相器与石英晶体构成的振荡电路如图 4-27 所示。利用两个非门 G1 和 G2 自我反馈，使它们工作在线性状态，然后利用石英晶体 JU 来控制振荡频率，同时用电容 C1 来作为两个非门之间的耦合，两个非门输入和输出之间并接的电阻 R1 和 R2 作为负反馈元件用，由于反馈电阻很小，可以近似认为非门的输出输入压降相等。电容 C2 是为了防止寄生振荡。例如，电路中的石英晶振频率是 4MHz 时，则电路的输出频率为 4MHz。

（二）分频器

由于石英晶体振荡器产生的频率很高，要得到秒脉冲，需要用分频电路。例如，振荡器输出 4MHz 信号。通过 D 触发器（74LS74）进行 4 分频变成 1MHz，然后送到 10 分频计数器（74LS90），经过 10 分频获得 1Hz 方波信号作为秒脉冲信号。

（三）计数器

秒脉冲信号经过 6 级计数器，分别得到"秒"个位、十位，"分"个位、十位及"时"个位、十位的计时。"秒""分"计数器为六十进制，"小时"为二十四进制。

（1）六十进制计数。"秒"计数器电路与"分"计数器电路都是六十进制，它们由一级十进制计数器和一级六进制计数器连接构成，如图 4-28 所示，采用两片中规模集成电路 74LS90 串接起来构成的"秒""分"计数器。

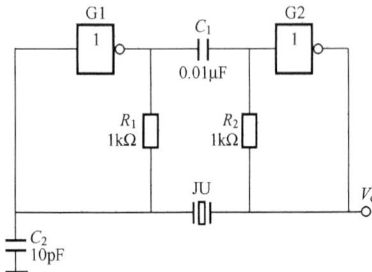

图 4-27 石英晶体振荡器电路图　　　　图 4-28 六十进制计数器

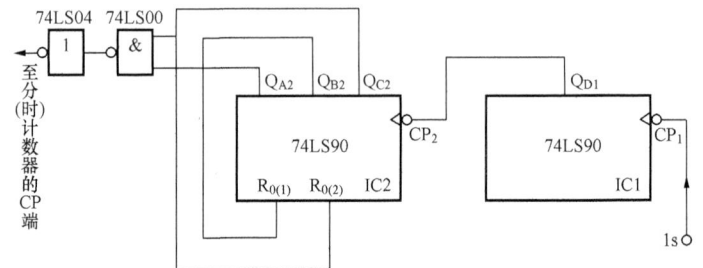

IC1 是十进制计数器，Q_{D1} 作为十进制的进位信号。74LS90 计数器是十进制异步计数器，用反馈归零方法实现十进制计数。IC2 和与非门组成六进制计数。74LS90 是在 CP 号的下降沿翻转计数。Q_{A2} 和 Q_{C2} 与 0101 的下降沿，作为"分"（"时"）计数器的输入信号。Q_{B2} 和 Q_{C2} 0110 的高电平 1 分别送到计数器的清零 $R_{0(1)}$、$R_{0(2)}$，74LS90 的内部的 $R_{0(1)}$、$R_{0(2)}$ 与非后清零而使计数器归零，完成六进制计数。由此可见 IC1 和 IC2 的串联实现了六十进制计数。

（2）二十四进制计数。"小时"计数电路是由 IC5 和 IC6 组成的二十四进制计数电路，如图 4-29 所示。当"时"个位 IC5 计数输入端 CP_5 来到第 10 个触发信号时，IC5 计数器

复零，进位端 Q_{D5} 向 IC6 "时" 十位
计数器输出进位信号。当第二十四
个 "时"（来自 "分" 计数器输出
的进位信号）脉冲到达时，IC6 计
数器的状态为 "0100"，IC5 计数器
的状态为 "0010"，此时 "时" 个
位计数器的 Q_{C5} 和 "时" 十位计数
器的 Q_{B6} 输出为 "1"。把它们分别
送到 IC5 和 IC6 计数器的清零端

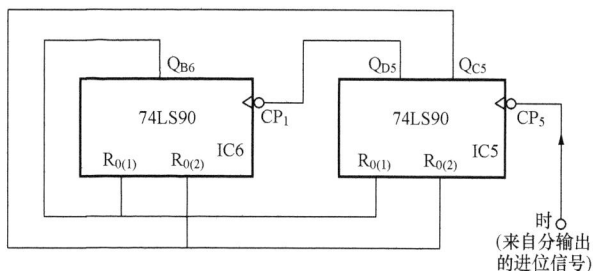

图 4-29　二十四进制计数器

$R_{0(1)}$、$R_{0(2)}$，通过 74LS90 内部的 $R_{0(1)}$、$R_{0(2)}$ 与非后清零，计数器复零，完成二十四进制计数。

（四）译码器

译码是将给定的代码进行翻译。计数器采用的码制不同，译码电路也不同。

74LS74 是与 8421BCD 编码计数器配合用的七段译码驱动器。74LS48 配有灯测试 LT、动态灭灯输入 RBI、灭灯输入/动态灭灯输出 BI/RBO，当 LT = 0 时，74LS48 输出全为 1。74LS48 的使用方法参照前面该器件功能的介绍。74LS48 的输入端和计数器对应的输出端，74LS48 的输出端和七段显示器的对应段相连。

（五）显示器

该系统用七段发光二极管来显示译码器输出的数字。显示器有两种，即共阳极或共阴极显示器。74LS48 译码器对应的显示器是共阴（接地）显示器。

（六）校时电路

校时电路实现对 "时" "分" "秒" 的校准。在电路中设有正常计时和校时位置。"秒" "分" "时" 的校准开关分别通过 RS 触发器控制。

五、调试要点

在实验箱上组装电子钟。注意：器件引脚的连接一定要准确，"悬空端" "清零端" "置 1 端" 要正确处理。调试步骤和方法如下：

（1）用示波器检测石英晶体振荡器的输出信号波形和频率，晶振输出频率应为 4MHz。

（2）将频率为 4MHz 的信号送入分频器，并用示波器检查各级分频器的输出频率是否符合设计要求。

（3）将 "1" 信号分别送入 "时" "分" "秒" 计数器，检查各级计数器的工作情况。

（4）观察校时电路的功能是否满足校时要求。

（5）当分频器和计数器调试正常后，观察电子钟是否正常工作。

4.3.2　数字温度计

一、设计任务和要求

（1）设计数字温度计电路。

（2）测量温度范围：0~100℃；误差 ≤ ±0.5℃。

（3）采用 $3\frac{1}{2}$ 位数字电压表显示温度测量值，分辨率为 0.1℃。

二、设计原理

数字温度计组成原理框图如图4-30所示。

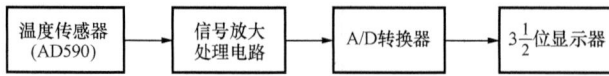

图4-30　数字温度计组成原理框图

（一）温度传感器AD590简介

AD590是美国模拟器件公司生产的单片集成感温电流源，其主要特征如下：

（1）流过器件的电流变化1μA，等于器件所处环境的热力学温度（K，开尔文）变化1K，即1μA/K。

（2）AD590的测温范围为-55～+150℃。

（3）AD590的电源电压范围为4～30V。电源电压可在4～6V范围变化，AD590可以承受44V正向电压和20V反向电压，因而器件反接也不会被损坏。

（4）精度高，AD590共有I、J、K、L、M五挡，其中M挡精度最高；在-55～+150℃范围内，非线性误差为±0.3℃。

如图4-31所示的是AD590的外形、封装及ADS90用于测量热力学温度的基本应用电路。AD590为电流型PN结集成温度传感器，其输出电流正比于绝对温度。0℃温度时输出电流为273.2μA，温度每变化1℃，输出电流变化1μA。由于生产时经过精密校正，AD590的接口电路十分简单，不需要外围温度补偿和线性处理电路，便于安装和调试。AD590的输出电流通过1kΩ电阻变为电压信号，因此0℃时1kΩ电阻上已有273.2mV的电压输出，同时输出电压随温度的变化幅度为1mV/℃。

（二）摄氏温度测试电路

如图4-32所示，R_{P1}用于调整零点，R_{P2}用于调整运放增益。调整方法如下：由于冰水混合物是0℃环境，故在0℃时调整R_{P1}，使输出电压$U_o=0$；然后在100℃时调整R_{P2}使$U_o=1V$为止；最后在室温下进行校验。例如，若室温为25℃，那么U_o应为250mV。电路中，可选择高精度稳压器件作为+5V参考源，以提高测量精度。

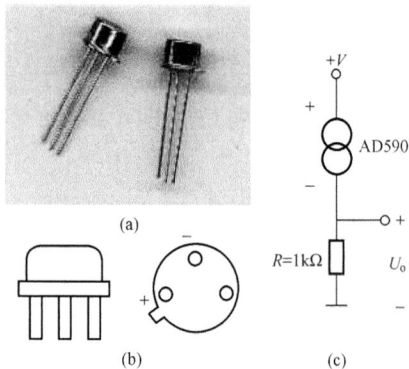

图4-31　AD590外形、封装和应用电路图
（a）AD590外形图；（b）AD590封装图；
（c）应用电路图

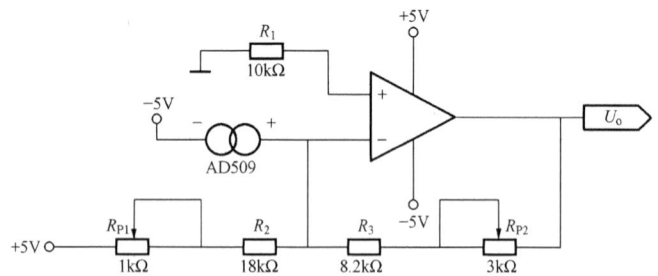

图4-32　温度测量应用电路

（1）调零电路参数选择。AD590的输出电流$I=(273.2+T)$μA（T为摄氏温度），故在$T=$

0℃时，AD590 的输出电流 $I = 273.2\mu A$，则

$$R_{P1} + R_2 = \frac{5(V)}{273.2(\mu A)} = 18.3 \ (k\Omega)$$

选取 $R_2 = 18k\Omega$，$R_{P1} = 1k\Omega$。通过调节 R_{P1} 可以实现调零目的。

（2）线性放大电路参数的选择。要求温度在 0～100℃ 变化时（相当于 AD590 输出电路变化 $\Delta I = 100\mu A$），$U_。$ 输出电压在 0～1V 之间变化，应满足如下线性关系

$$R_{P2} + R_3 = \frac{\Delta U}{\Delta I} = \frac{1(V)}{100(\mu A)} = 10 \ (k\Omega)$$

其中，R_{P2} 用来调节线性放大倍数。所以，选取 $R_3 = 8.2k\Omega$，$R_{P2} = 3k\Omega$。

（三）A/D 转换器 MC14433 芯片的内部结构及工作原理

测量探头把待测温度转换为相应的电压后，因为要实现温度的数字显示，就必须有 A/D 转换装置。A/D 转换器 MC14433、MC1403、MC1413、译码器 CD4511 及其周围元件构成 A/D 转换、数字显示电路。这一部分电路以美国 Motorola 公司生产的 A/D 转换器 MC14433 为核心。

1. MC14433 的性能特点

（1）MC14433 属于 CMOS 大规模 $3\frac{1}{2}$ 位双积分型 A/D 转换集成电路，其转换准确度为 $\pm 0.05\%$；内含时钟振荡器，仅需外接一只振荡电阻。它能获得超量程（OR）、欠量程（UR）信号，且便于实现自动转换量程；也能增加读数保持（HOLD）功能。其电压量程分两挡：200mV、2V。最大显示值分别为 199.9mV、1.999V。量程与基准电压呈 1∶1 的关系，即 $U_m = U_{REF}$。

（2）需配外部的段、位驱动器，采用动态扫描显示方式，通常选用共阴极 LED 数码管。

（3）有多路调制的 BCD 码输出，可直接配微安表构成智能仪表。

（4）工作电压范围是 $\pm 4.5 \sim \pm 8V$，典型值为 $\pm 5V$，功耗约 8mW。

2. MC14433 的工作原理

MC14433 工作原理框图和引脚图如图 4-33 所示。

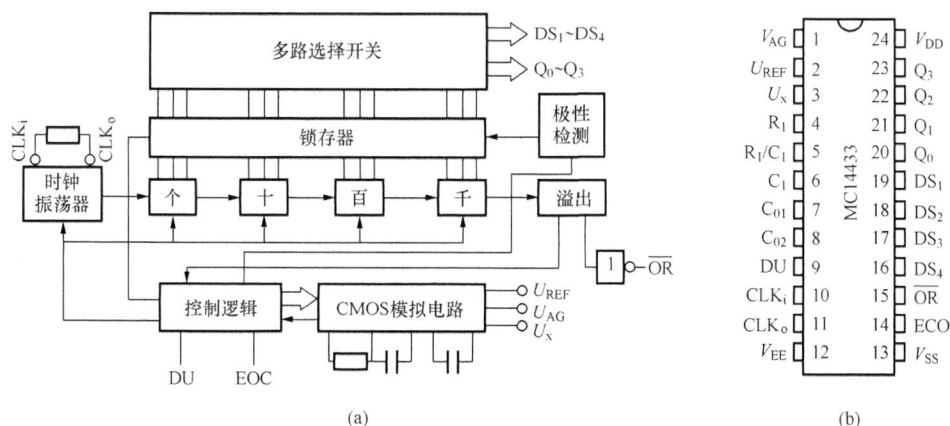

(a)　　　　　　　　　　　　　　(b)

图 4-33　MC14433 工作原理框图和引脚图

(a) 原理框图；(b) 引脚图

图 4-33（a）中，数字电路包括时钟振荡器、$3\frac{1}{2}$ 位计数器、锁存器、多路选择开关、控制逻辑、极性检测器和过载（超量程）指示器。MC14433 内部没有段译码器。时钟振荡器由内部反相器、振荡电容及外部振荡电阻 R_C 构成。当 R_C 分别取 750、470、360kΩ 时，时钟频率 f_0 依次为 50、66、100kHz（近似值）。为提高抗工频干扰的能力，f_0 及正向积分时间 T_1 应为 50Hz 的整数倍。$3\frac{1}{2}$ 位计数器由三级十进制计数器和一个 D 触发器构成，计数范围为 0~1999。锁存器用来存放 A/D 转换结果。控制逻辑能适时发出信号接通相应的模拟开关，按照顺序完成 A/D 转换。DS_1~DS_4 是多路调制位选通信号，当某一选通信号为高电平时，相应的位即被选通，此时该位数据便从 Q_0~Q_3 端输出并按照 DS_1（最高位 MSD，即千位）→DS_2→DS_3→DS_4（最低位 LSD，即个位）的顺序依次选通。MC14433 属于双积型 A/D 转换器，因而被测电压 U_X 与基准电压 U_{REF} 有以下关系

$$输出读数 = \frac{U_X}{U_{REF}} \times 1999$$

因此，满量程时 $U_X = U_{REF}$。当满量程选为 1.999V 时，U_{REF} 可取 2.000V；而当满量程为 199.9mV 时，U_{REF} 取 200.0mV。在实际的应用电路中，根据需要，U_{REF} 值可在 200mV~2.000V 之间选取。

MC14433 构成的 $3\frac{1}{2}$ 位数字电压表电路如图 4-34 所示。图中，七段锁存译码驱动器 CD4511 把 MC14433 输出的 BCD 码译成十进制数显示。因为 MC14433 以扫描方式输出数据，

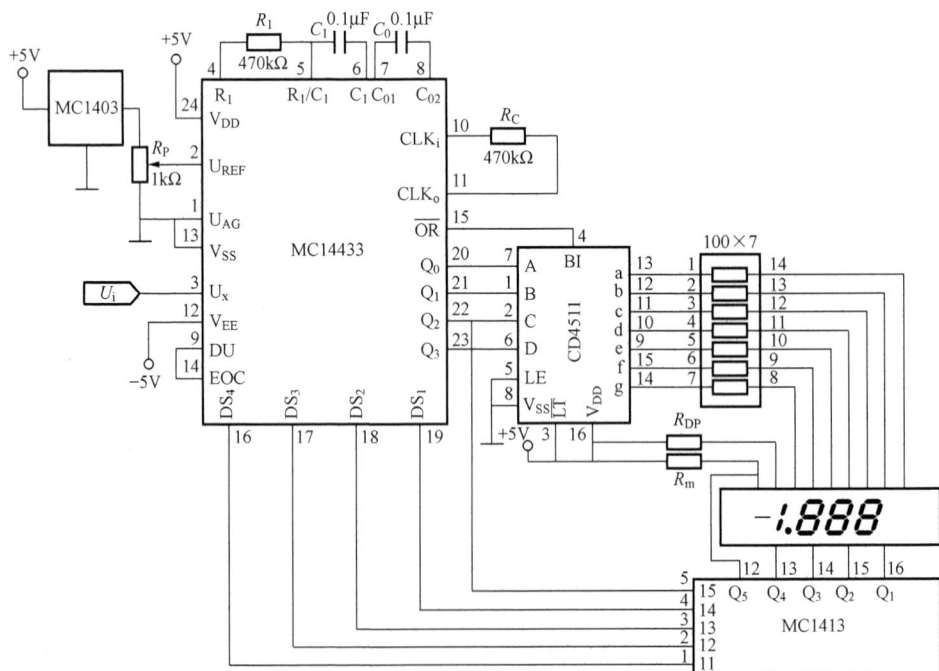

图 4-34　MC14433 构成的 $3\frac{1}{2}$ 位数字电压表电路图

所以只需用一个译码器就能驱动四只共阴极 LED 数码管，其中千位数的数码管（最左边一个 LED 数码管）只接 b、c 两段。四只 LED 数码管的公共阴极分别由 MC14433 中的四个达林顿复合晶体管驱动。负号由千位数的 LED 数码管的"9 段"来显示，显示负号的"9 段"由 MC14433 的 Q_2 端控制。当输入负电压时（对应温度为 0℃ 以下），$Q_2 = 0$，显示负号的"g 段"通过 R_m 点亮；当输入正电压时（对应温度为 0℃ 以上），$Q_2 = 1$，MC14433 的另一个达林顿复合晶体管把流过 R_m 的电流旁路到地，使显示负号的"9 段"熄灭。

小数点固定在十位数的 LED 数码管，通过 R_{DP}，给小数点"DP"段提供电流，使小数点"DP"点亮。

七段锁存译码驱动器 CD4511 用于将二—十进制代码（BCD）转换成七段显示信号，并利用内部设置的 NPN 射极跟随器加强驱动能力，其输出驱动电流可达 20mA。MC1413 采用 NPN 达林顿复合晶体管结构，具有很高的电流增益和很高的输入阻抗，可直接接受 MOS 或 CMOS 集成电路的输出信号。图 4-34 所示电路内含有七个集电极开路反向器（也称 OC 门），可把电压信号转换成足够大的电流信号驱动各种负载。MC1403 为高精度低漂移能隙基准电源，输出电压的温度系数为零，即输出电压与温度无关。

图 4-34 所示电路的特点是：

（1）温度系数小。

（2）噪声小。

（3）输入电压范围大，稳定性能好，当输入电压从 +4.5V 变化到 +15V 时，输出电压值变化量 $\Delta U < 3mV$。

（4）输出电压值准确度高，U_o 值在 2.475~2.525V 以内。

（5）压差小，适用于低压电源。

（6）负载能力小，最大输出电流为 10mA。

三、可选器件

（1）ES-1 型数字电路实验箱。

（2）AD590 温度传感器一只，LM358 双运放一片，1、2kΩ 微调电位器各一只，MC14433A/D 转换器一只，MC1403 高精度稳压电源一片，CD4511 七段译码驱动器一片，MC1413 显示驱动器一片，四位共阴型数码管一片。

（3）电路相关的电阻、电容和导线若干。

四、调试要点

在 ES-1 型实验箱上安装好电路后，该数字温度计需要经过调试方可正常使用。调试前，先准备好 0℃ 的冰水和 100℃ 的沸水各 1000mL。具体调试步骤如下：

（1）准备调试好的 $3\frac{1}{2}$ 位数字电压表。

（2）把测温探头置于 0℃ 的冰水中，调节 R_{P1}，使得四只 LED 数码管显示的读数为"000.0"。

（3）将测温探头置于 100℃ 的沸水中，调节 R_{P2}，使得四只 LED 数码管显示的读数为"100.0"。

经上述反复调试后，该数显温度计就可以正常工作了，其测温范围为 -50~+150℃。该数显温度计的测温范围仅受测温传感器的限制，若改用其他温度传感器，则无须变动图 4-30 所示电路的其他部分，就可获得不同测温范围的数显温度计。

4.3.3　交通岗自动信号控制系统

一、设计任务和要求

（1）用中小规模数字集成电路设计并制作交通信号控制电路。十字路口交通信号控制系统平面布置如图 4-35 所示。

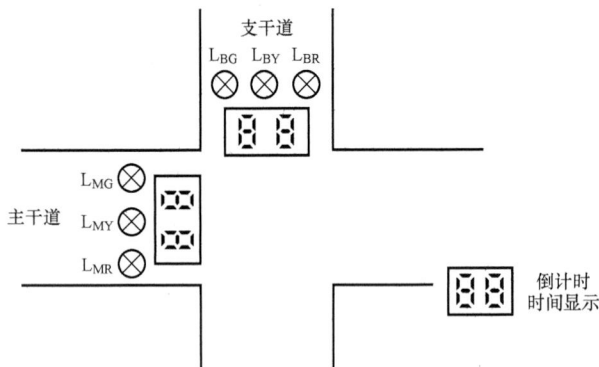

图 4-35　交通信号控制系统平面布置图

L_{MG}—主干道绿灯；L_{MY}—主干道黄灯；L_{MR}—主干道红灯；
L_{BG}—支干道绿灯；L_{BY}—支干道黄灯；L_{BR}—支干道红灯

（2）主干道和支干道各有红、黄、绿三色信号灯。信号灯正常工作时有四种可能状态，且四种状态必须有如图 4-36 所示的工作流程自动转换。

（3）因主干道的车辆多，故放行时间比较长，设计时间为 48s；支干道的车辆少，放行时间比较短，设计放行时间为 24s。每次绿灯变红之前，要求黄灯亮 4s；此时，另一干道的红灯状态不变，黄灯为间歇闪烁。

（4）在主干道和支干道均设有数字显示，作为时间提示，以便让行人和车辆直观掌握通行时间。数字显示变化的情况于信号灯的状态是同步的。

二、设计原理与框图

交通信号控制系统原理框图如图 4-37 所示。该系统电路分析如下。

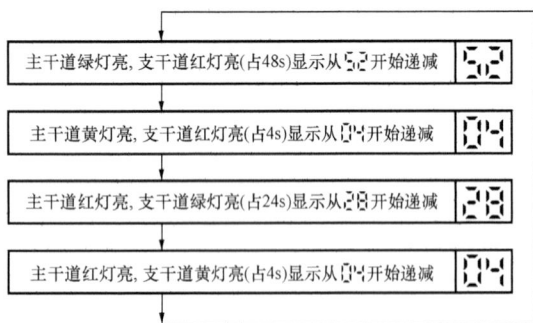

图 4-36　交通信号控制系统工作流程转换图

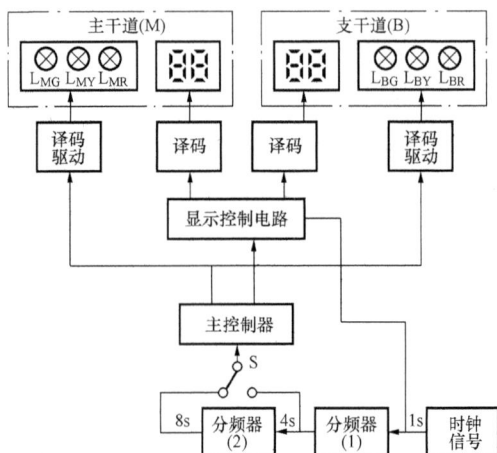

图 4-37　交通信号控制系统原理框图

（一）系统时钟信号源

该系统时钟信号源由 NE555 电路组成，用于产生 1Hz 标准秒信号。

NE555 是一种模拟和数字相混合的教材电路。其结构简单，外接少量阻容元件可组成多种波形发生器、多谐振荡器、定时延迟等电路。该集成电路的相关知识见本书 4.1 节相关部分。

（二）分频器

分频器主要由两片 74LS74（双 D 触发器）构成。第一片 74LS74 对 1Hz 的秒信号进行 4 分频，获得周期为 4s 的信号；另一片 74LS74 对 4s 的信号进行 2 分频，获得周期为 8s 的信号。周期为 4s、8s 的信号分时送到主控制器的时钟输入端，用于控制信号灯处在不同状态的时间，具体情况见图 4-39。

（三）主控制器及信号灯的译码驱动电路

（1）主控制器。主控制器是由一片 74LS164（MSI8 位移位寄存器）构成的十四进制扭环型计数器，是整个电路的核心，用于控制两个方向红、黄、绿灯的亮、灭及持续的时间，同时控制数字显示电路进行有序的工作。

十四进制扭环型计数器的状态转换表见表 4-7。

表 4-7　　　　　　　　　　　　　十四进制扭环型计数器的状态转换表

输入 CP 顺序	计数器的状态						
	Q_0	Q_1	Q_2	Q_3	Q_4	Q_5	Q_6
0	0	0	0	0	0	0	0
1	1	0	0	0	0	0	0
2	1	1	0	0	0	0	0
3	1	1	1	0	0	0	0
4	1	1	1	1	0	0	0
5	1	1	1	1	1	0	0
6	1	1	1	1	1	1	0
7	1	1	1	1	1	1	1
8	0	1	1	1	1	1	1
9	0	0	1	1	1	1	1
10	0	0	0	1	1	1	1
11	0	0	0	0	1	1	1
12	0	0	0	0	0	1	1
13	0	0	0	0	0	0	1
14	0	0	0	0	0	0	0

令扭环型计数器 Q_5Q_6 的四种状态（00、01、11、10）分别代表主干道和支干道交通灯的四种状态，即主干道绿灯亮、支干道红灯亮；主干道黄灯亮、支干道红灯亮；主干道红灯亮、支干道绿灯亮；主干道红灯亮、支干道黄灯亮。

（2）信号灯的译码驱动电路。该电路由若干门电路组成，用于对主控制器中的器 Q_5Q_6 的四种状态进行译码并直接驱动红、黄、绿三色信号灯。

（3）令灯亮为"1"，灯灭为"0"，则信号灯译码驱动电路的真值表见表4-8。

表 4-8　　　　　　　　　　　　信号灯译码驱动电路的真值表

主控制器状态		主　干　道			支　干　道		
Q_5	Q_6	L_{MG}	L_{MY}	L_{MR}	L_{BG}	L_{BY}	L_{BR}
0	0	1	0	0	0	0	1
1	0	0	1	0	0	0	1
1	1	0	0	1	1	0	0
0	1	0	0	1	0	1	0

由真值表可得出各信号灯的逻辑表达式为

$$L_{MG}=\overline{Q_5}\,\overline{Q_6}, \quad L_{MY}=Q_5\,\overline{Q_6}, \quad L_{MR}=Q_6$$

$$L_{BG}=Q_5\,Q_6, \quad L_{BY}=\overline{Q_5}\,Q_6, \quad L_{BR}=\overline{Q_6}$$

由于黄灯要间歇闪烁，所以将 L_{MY}、L_{BY} 与1s的标准秒信号 CP 相"与"，即可得

$$L'_{MY}=L_{MY}CP, \quad L'_{BY}=L_{BY}CP$$

根据主控制器即信号灯译码驱动电路的原理，可得到主干道和支干道信号灯的工作时序图，如图4-38所示。

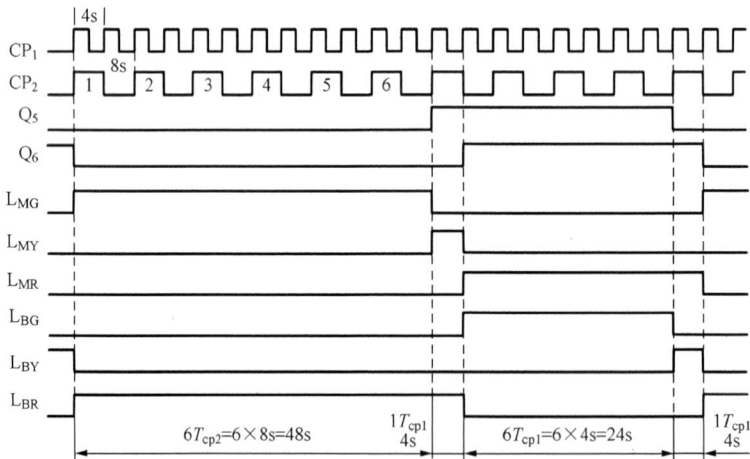

图 4-38　主干道和支干道信号灯的工作时序图

因为主干道要放行48s，所以，当 $Q_5Q_6=00$ 时，将周期为8s的时基信号 CP_2 送入扭环型计数器的 CP 端；又因为支干道要放行24s，黄灯亮4s，所以 Q_5Q_6 处于10、11、01三种状态时，将周期为4s的时基信号 CP_1 送入扭环型计数器的 CP 端。

（4）数字显示电路。数字显示电路由四片 74LS190（二—五—十进制异步计数器）组成的两个减法计数器构成，用于进行倒计时数字显示的控制。

　　当主干道绿灯亮、支干道红灯亮时，对应主干道的两片 74LS190 构成的五十二进制减法计数器开始工作。从数字"52"开始，每来 1 个秒脉冲，显示数字减"1"，当减到"0"时，主干道红灯亮而支干道绿灯亮。同时，主干道的 52 进制减法计数器停止计数，支干道的两片 74LS190 构成的 28 进制减法计数器开始工作，从数字"28"开始，每来 1 个秒脉冲，显示数字减"1"。减法计数前的初值，是利用另一个道路上的黄灯信号对 74LS190 的 LD 端进行控制实现的。从图 4-38 可以看出，当黄灯亮时，减法电路置入初值；当黄灯灭而红灯亮时，减法计数器开始进行减计数。

　　（5）显示电路部分。显示电路部分是由两片 74LS245 和四片 74LS49 集成芯片及四块 LED 七段数码管 LDD580 构成的，用于进行倒计时数字的显示。

　　主干道、支干道的减法计数器是分时工作的，而任何时刻两方向的数字显示均为相同的数字。采用两片 74L5245（8 线—3 线接收/发送器）就可以实现这个功能。当主干道减法计数器计数时，对应于主干道的 74LS245 工作，将主干道计数器的工作状态同时送到两个方向的译码显示电路。反之，当支干道减法计数器开始计数时，对应于支干道的 74LS245 开始工作，将支干道计数器的工作状态同时送到两个方向的译码显示电路。

三、可选器材

　　（1）ES-1 型数字电路实验箱。

　　（2）74LS164（8 位寄存器）一片，74LS190（十进制同步加/减计数器）四片，74LS74（双上升沿 D 触发器），74LS48（4 线七段译码显示驱动器）四片，74LS245（8 总线接收/发送器）一片，74LS125（4 总线缓冲器）一片，NE555（定时器电路）一片，LDD580（七段 LED 显示器）四片，74LS04（6 反相器）两片，74LS08（四 2 输入端与门）二片，74LS11（三 3 输入端与门）一片，4LS32（四 2 输入端或门）一片。

　　（3）电阻、电容和导线若干。

四、调试要点

　　交通信号控制系统电路如图 4-39 所示。

　　当电路接通电源后，信号电路处于图 4-36 所示四种工作状态中的某一状态是随机的。可通过清零开关 S，置信号灯处在"主干道绿灯亮、支干道红灯亮"的工作状态，数字显示为"52"；此时，周期为 8s 的时基信号 CP_2 送到主控制器 74LS164 的 CP 端，经过 6 个 CP 脉冲（即 48s 的时间），信号灯自动转换到"主干道黄灯亮、支干道红灯亮"的工作状态，数字显示经过 48s 后，减到"4"；此时，周期为 4s 的时基信号 CP_1 送到主控制器 74LS164 的 CP 端，经过 1 个 CP 脉冲（即 4s 时间），信号灯自动转换到"主干道红灯亮、支干道绿灯亮"的状态，数字显示预置为"28"；此时，周期为 4s 的时基信号 CP_1，继续送到 74LS164 的 CP 端，经过 6 个 CP 脉冲（即 24s 的时间），信号灯自动转换到"主干道红灯亮、支干道黄灯亮"状态，数字显示经过 24s 后，减到"4"；此时，周期为 4s 的时基信号 CP_1 送到 74LS164 的 CP 端，经过 1 个 CP 脉冲（即 4s 的时间），信号灯自动转换到"主干道绿灯亮、支干道红灯亮"状态，数字显示预置为"52"，下一个周期开始。由此可见，信号灯在四种状态之间是自动转换的，数字显示也随着信号灯状态的变化而自动进行变化。

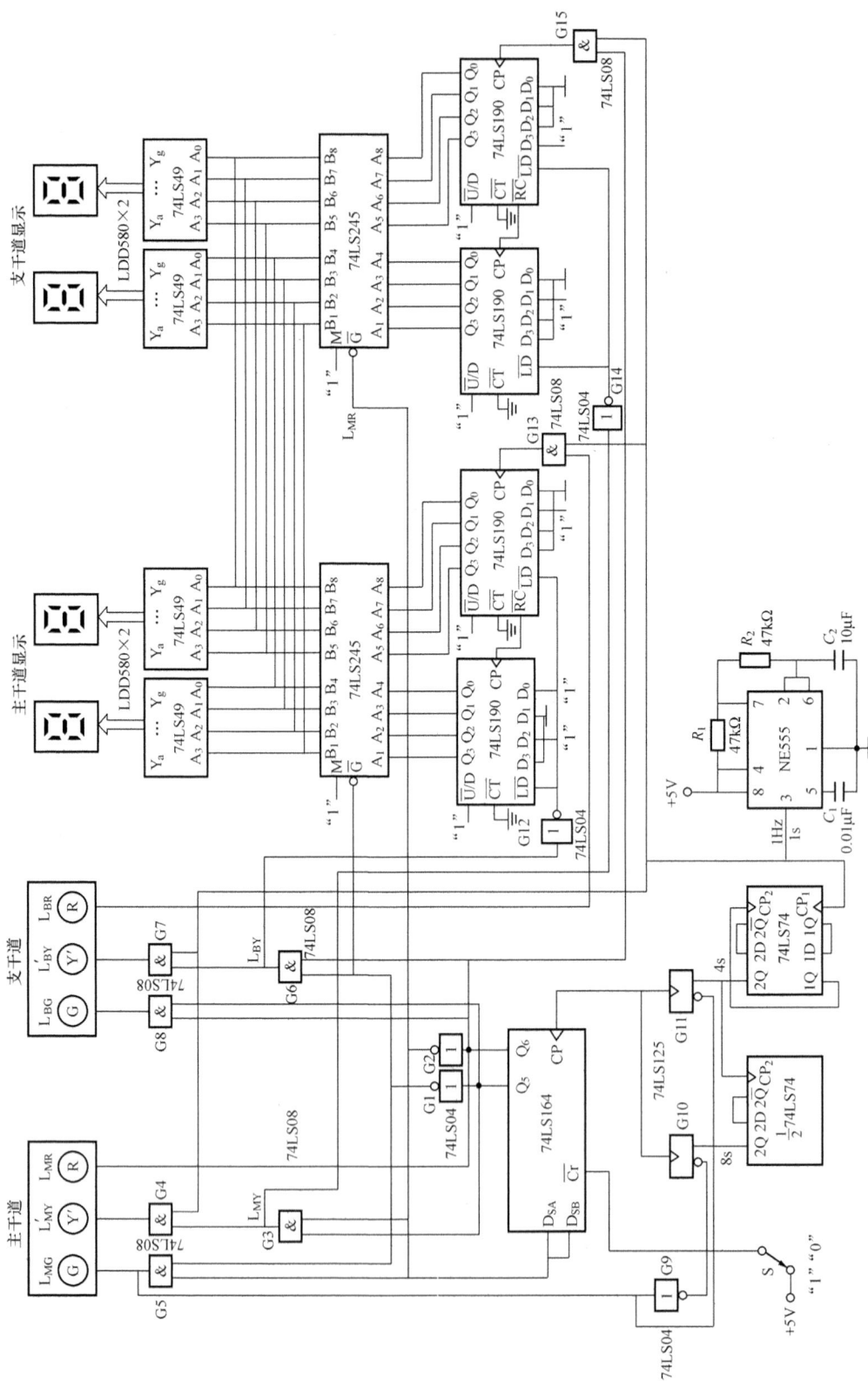

图 4-39　交通信号控制系统电路图

4.3.4 出租车计价器控制系统

一、设计任务和要求

利用 TTL/CMOS 数字集成电路设计出租车计价器控制系统线路，具体要求如下：

（1）进行里程显示。里程显示为 2 或 3 位数，精确到 1km。

（2）能预置起步价。例如设置起价里程为 5km，收起步价费 10 元。

（3）行车能按里程收费，能用数据开关没置每公里单价。

（4）等候按时间收费，如每 10min 增收 1km 的费用。

（5）按复位键，显示装置清 0（里程清 0，计价部分灭 0）。

（6）按下计价键后，汽车运行计费，何时关断；何时计数时，运行计费关断。

二、设计原理与框图

在坐出租车时，汽车后随着行驶里程的增加，就会看到汽车前面的计价器里程数字显示的读数从零逐渐增大，而当行驶到某一值时（如 5km）计费数字显示开始从起步价（如 10 元）增加。当出租车到达某地需要在那里等候时，司机只要按一下"计时"键，每等候一定时间，计费显示就增加一个等候费用。汽车继续行驶时，停止计算等候费，继续增加里程计费。到达目的地后，便可按显示的数字收费。

出租车计价器系统原理框图如图 4-40 所示。

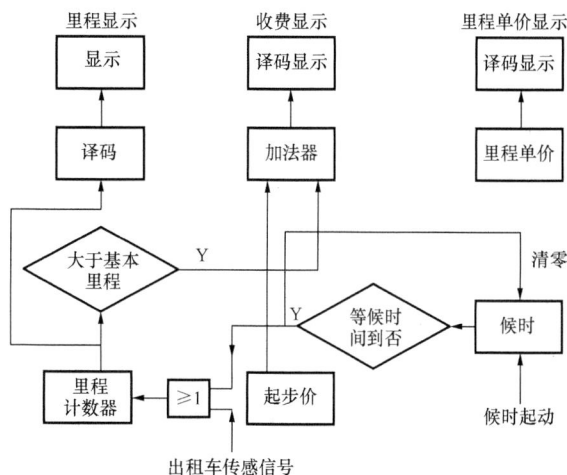

图 4-40　出租车计价器系统原理框图

（一）出租车里程计数及显示

由于出租车转轴上加装有传感器，由此可获得"行驶里程信号"。设汽车每走 10m 计时电路发一个脉冲，则到 1km 时，发 100 个脉冲。所以对里程计数要设计一个模为 100 的计数器，如图 4-41 所示。里程的计数显示，则用十进制计数、译码、显示电路即可，如图 4-42 所示。计数器采用 74LS290，显示可由译码、驱动、显示三合一器件 CL002 或共阴、共阳显示组件（74LS248、LC5011-11 或者 74LS247、LA5011-11）构成。

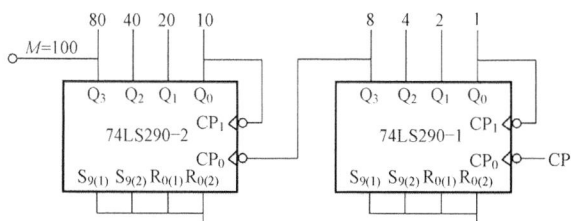

图 4-41　模为 100 的计数器

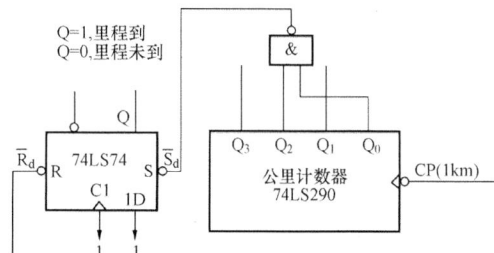

图 4-42　里程计数、译码、显示电路

（二）计价电路

计价电路由两部分组成。一是里程计价。在起价里程以内（如 5km 内），按起步价算；若超过起价里程，则每走 1km 计价器则加上每千米的单价款。二是等候计价。汽车运行时，自动关断计时等待，而当要等候计数时，需要手动按动"等候"计费开关，进行计时，时间到（如 10min），则输出 1km 的脉冲，相当于里程增加了 1km。数字显示均为十进制数，因此，加法也要以 BCD 码相加。

1 位 8421BCD 码相加的电路如图 4-43 所示。当 2 位二进制 8421BCD 码数字相加超过数值 9 时，有进位输出。

里程判别电路如图 4-44 所示。当所设置的起价里程数到时，使触发器翻转。图 4-44 中，里程为 5km 时触发器动作。

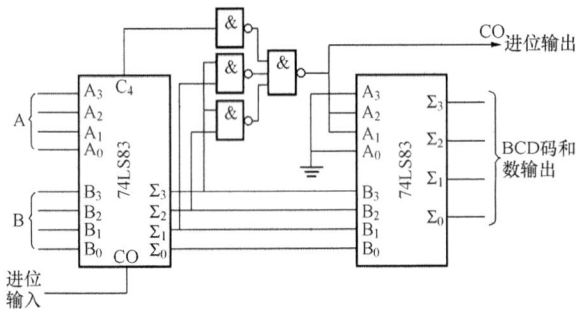

图 4-43　1 位 8421BCD 码加法器

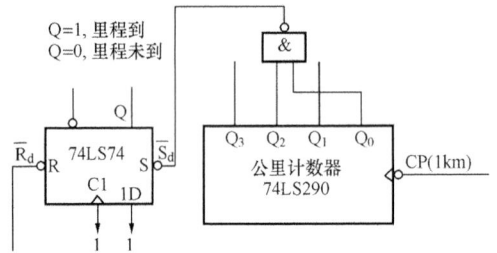

图 4-44　里程判别电路

（三）秒信号发生器及等候计时电路

秒信号可用 32768Hz 石英晶体振荡器经 CD4060 分频后获得。也可用 555 定时器近似获得。

候时计时电路每 10min 输出一个脉冲。个位秒计数器为六十进制，分计数器为十进制，这样就组成了六百进制计数器。

（四）清零复位

清零复位后，要使各计数均清"0"，显示器中仅有单价和起步价显示外，其余均显示为"0"。

汽车起动后，里程显示开始计数。当汽车等候时，等候时间开始显示。运行计数和等候计数二者不同时计数工作。

出租车计价器控制系统电路如图 4-45 所示。

三、可选器件

（1）ES-1 型数字电路实验箱。

（2）74LS74（双 D 触发器）一片，74LS83（4 位二进制加法器）四片，74LS248（七段译码驱动器），74LS290（异步 2—5—10 进制加法计数器）八片，CL002（数码管）七片，555 定时器一片，74LS00（四 2 输入端与非门）一片，74LS32（四 2 输入端或门）一片，74LS08（四 2 输入端与门）一片，74LS273（八 D 触发器）二片，74LS224（三态门）一片。

（3）电阻、电容元件若干。

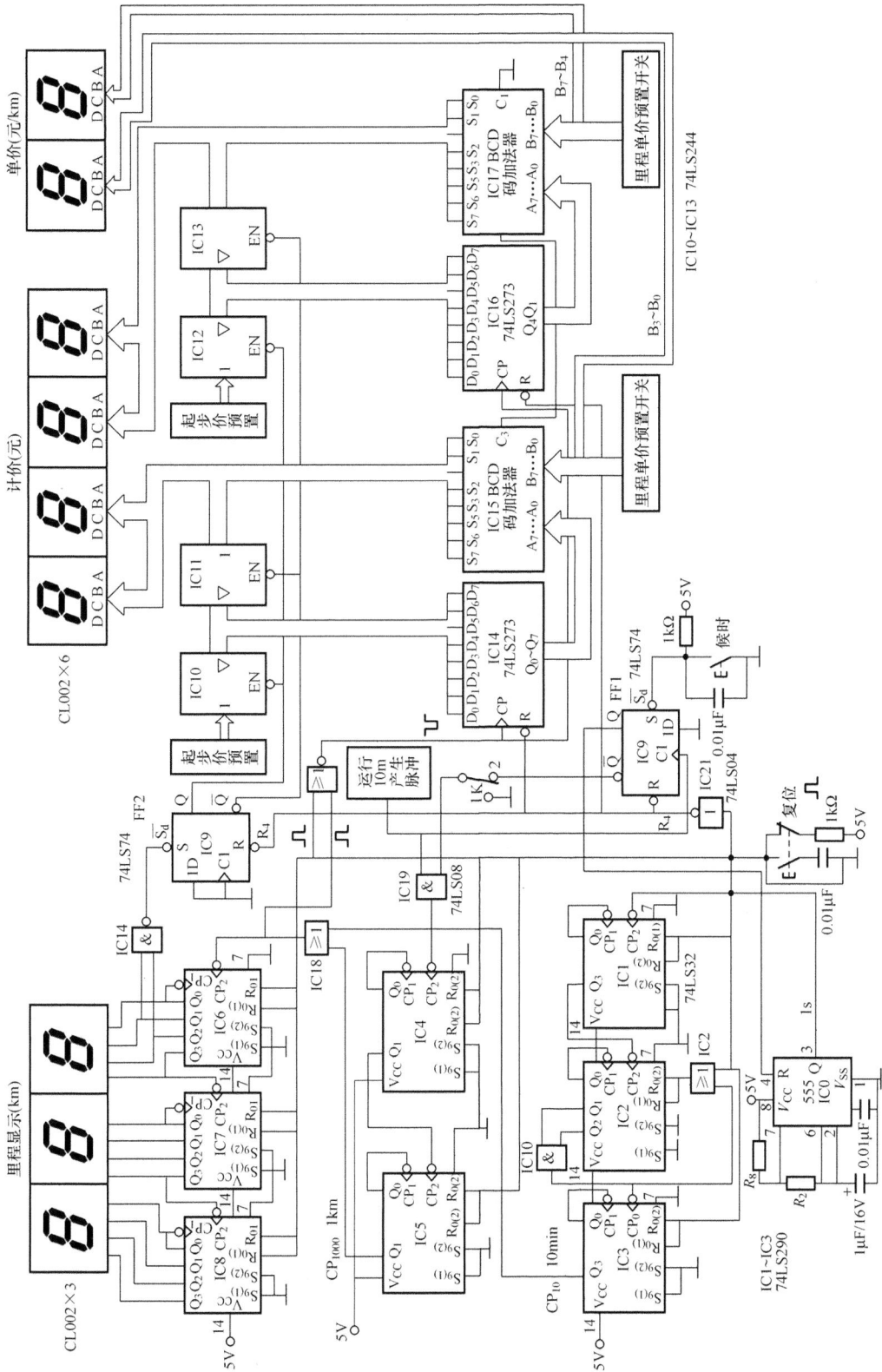

图 4-45　出租车计价器控制系统电路图

四、调试要点

图 4-42 所示的出租车计价器控制系统分别由里程计数单元，候时计数单元，起步价、单价预置开关，加法器，显示及控制触发器等部分组成。

（一）里程计数显示单元

在图 4-45 中，将 K 打在 2 位置（计价状态），对 IC19 输入一个实验箱内置的脉冲信号，用逻辑笔测定 IC4、IC5 是否处于计数状态。当计数器计满 1km(100×10)，IC5 的 Q_3 应输出一个脉冲，使 IC6 计数，观察显示器是否显示 1km。

（二）时间等候计数

图 4-45 中，IC3、IC2、IC1 为时间计数器。按一下"候时"键，IC9 的输出 Q 应为 1，使 555 定时器电路的 R 端为 1，555 电路振荡，输出 1Hz 的脉冲到 IC1、IC2 进行秒计数，IC3 是十进制计数器，用逻辑笔测定 IC1、IC2、IC3 是否处于计数状态。当计时满 10min 时，IC3 应输出一个脉冲（CP_{10}）到 IC18（或门），观察里程计数器计数状态（即等候 10min，相当于行程 1km）。

（三）计价电路部分

起步价由预置开关设置，开关的输出为 BCD 码，4 位并行输入，通过三态门 IC10、IC12（74LS244）显示器显示。起步价所行驶的里程到达后，按每行驶 1km 的单价进行计价。由控制触发器 IC9（FF2）控制起步里程到否，若起步里程（图 4-45 中设为 5km）到达使 IC9（FF2）Q 端为 1，$\overline{Q}=0$，这样，IC11 和 IC13 连通，显示器显示的为起步价、单价之和的值。

实际上，该电路刚开始起动（复位）时，已经将起步价经 IC10、IC14 在 IC15 中与单价相加了一次（即加了 1km 的费用），所以，起步里程的预置值应为 6km，即图 4-45 中 IC6 的计数范围应是 0~6，IC20 的 Q_1Q_2 就是实现到起步里程数的自动置数控制信号。

2 位 BCD 码数值的相加，是通过 4 位二进制全加器 74LS83 进行的。两位相加若超过 9，需进行加 6（即加 0110）运算，使之变为 BCD 码。

（四）复位、秒信号、候时信号

按图 4-45 中复位按钮后，用逻辑笔测定所有计数器、寄存器是否清"0"，里程计价显示是否全为"0"。而当复位按钮抬起后，计价器则显示起步价数值（里程单价显示不受复位信号控制）。

按下"候时"键，IC9（FF1）的 Q=1，此时用示波器测试 555 电路 Q 端是否输出秒脉冲信号。

4.3.5　数字频率计

一、设计任务和要求

设计一个八位的频率计数逻辑控制电路，具体要求如下：

（1）八位十进制数字显示。

（2）测显范围为 1Hz~10MHz。

（3）量程分为四挡，分别为×1000、×100、×10、×1。

二、设计原理与框图

数字频率计的设计实际上就是一个脉冲计数器，即在单位时间里（如 1s）所统计的脉冲个数，如图 4-46 所示的计数时序波形图。频率数是指在 1s 内通过与门的脉冲个数。

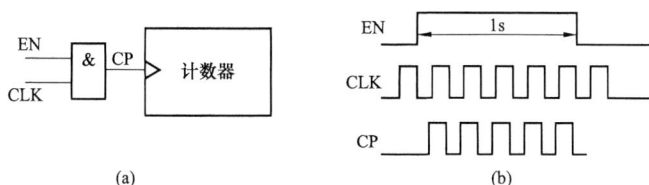

图 4-46　频率计计数时序波形图

(a) 门控计数；(b) 门控波形

通常频率计是由输入整形电路、时钟振荡器、分频器、量程选择开关、计数器、显示器等组成的，其结构如图 4-47 所示。

在图 4-47 中，由于计数信号必须为方波信号，所以要用施密特触发器对输入波形进行整形，分频器输出的信号必须为 1Hz，即脉冲宽度为 1s，这个脉冲加到与门上，就能检测到待测信号在 1s 内通过与门的脉冲个数。脉冲个数由计数器计数，结果由七段显示器显示出来。图中的时钟振荡器由晶振（8MHz）与门电路 74LS04 组成。

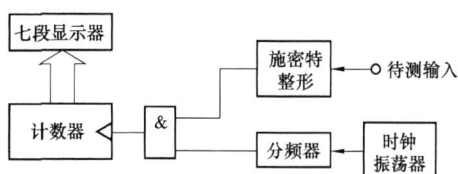

图 4-47　频率计数器框图

如图 4-48 所示为数字频率计逻辑控制电路。

（一）整形电路

由于待测的信号是各种各样的，有三角波、正弦波、方波等，所以要使计数器准确计数必须将输入波形进行整形，通常采用施密特集成触发器。施密特触发器也可以用 555 电路或其他门电路代替。输入待测频率经图 4-48 中 7555 电路整形后，输入给 CL102 进行计数。

（二）分频器

分频器一般由计数器实现，如用十进制计数器分频，获得 1Hz。图 4-48 中时钟振荡器输出的信号经过计数器电路 74LS93 和 74LS390 分频后分别获得 1MHz、10^5、10^4、10^3、10^2、10^1、1Hz。其中 74LS93 为八分频器，74LS390 为双十进制计数器。

1Hz 控制计数器的计数时间，在计数器清零前，将计数器所计的数送到显示器。

（三）量程选择

74LS123 是单稳态触发器，其主要作用：U1 是将 1Hz 脉冲变成窄脉冲，将 CL102 计数器数据寄存显示；U2 产生的窄脉冲是计数器的清零脉冲，相对于送数脉冲延时了 100ns 左右，以保证寄存器的数据正确。其频率由开关 K 分别置于 4、3、2、1 位置，即可实现 ×1、×10、×100、×1000 四种不同量程的转换。

（四）显示电路

CL102 是具有计数、寄存、译码和显示的 CMOS 电路，图 4-48 所示电路中共用了 8 片 CL102 来完成相关功能。

三、可选器件

（1）ES-1 型数字电路实验箱。

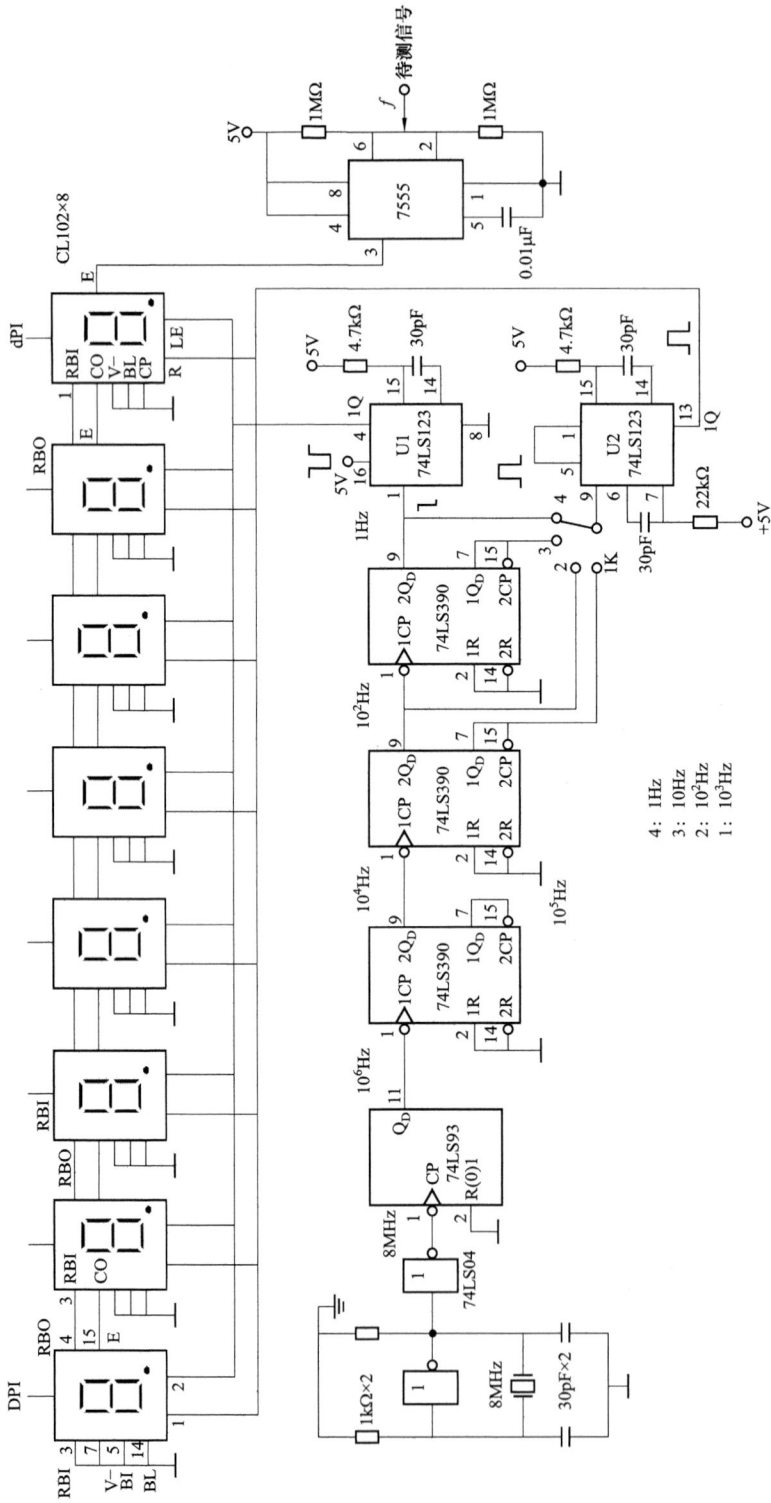

图 4-48 数字频率计逻辑控制电路图

（2）74LS93（异步八—二进制计数器）一片，74LS123（单稳态触发器）两片，74LS390（双 4 位十进制计数器）三片，74LS04（六反向器电路）一片，7555（CMOS 型 555 电路）一片，CL102（CMOS 十进制计数、译码驱动显示器）八片。

（3）1kΩ 电阻两只，30pF 电容五只，0.01μF 电容一只，连接导线（0.6mm）绝缘导线若干。

四、调试要点

（1）在 ES-1 型实验箱上安装电路，应先调试单元电路功能，正常后再与其他单元电路连接起来联调，最后统调。

（2）先调整振荡器输出信号。接通电源后，用双踪示波器观察振荡器输出波形是否正确，否则可以调整 7555 外界的电阻值，使其满足要求。

（3）依次检测 3 个计数器电路 74LS390 时钟脉冲的输入波形。正常时相邻的两个计数器波形频率相差 10 倍。如果频率关系不一致或波形不正常，则应对计数器和反馈门各引脚电平及波形进行检测，通过分析找出原因，消除故障。

一般情况下，按上述步骤可以正确完成频率计的调试。频率计分单元电路调试完成后，可以进行整机联调，直至数字频率计正常工作。

第 5 章　综合电子技术课程设计

5.1　综合电子技术课程设计的方法

5.1.1　综合性课程设计的内容

综合性课程设计课题涵盖了低频电路、高频电路、数字逻辑电路、电子测量等混合电路的内容，软件和硬件结合更为紧密，其内容的深度和广度超过了单一的模拟和数字系统；采用的器件除了传统的电子电路器件外，由于设计精度和系统调试要求，往往还会引入单片微机和逻辑器件。综合性课程设计体现了较强的综合性和工程性，其设计题目可作为电子类专业毕业设计的选题。

5.1.2　综合性课程设计方法

综合性课程设计由于涉及知识面广、工程性强，其设计难度大、时间长、调试复杂，因而合理选择设计方案，优选设计方法非常重要。综合性课程设计方法和步骤如下。

一、深入分析设计任务和要求

对设计课题的分析和设计要求的深刻理解，是确定设计方案的重要依据。对于一个复杂的设计课题总可以分为几个大的部分，每一部分要用到什么电路，要达到什么要求，取决于对课题的深入分析。通过分析，结合设计要求才能选择具体的电路。

例如，设计一个高效率音频功率放大器（功放部分电源为+5V，负载电阻为8Ω）及其参数的测量、显示装置。

先要通过课题分析可以知道该装置由三大部分组成，其组成如图 5 - 1 所示。

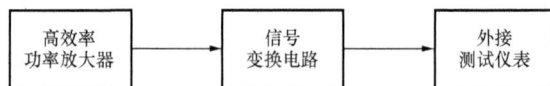

图 5-1　高效率功率放大器及参数测试装置框图

对于功率放大器部分，有 A、B、AB、D 类功率放大器几种类型可以选择，由于前三类功率放大器理论效率只能达到 78%，不符合高效率要求，因此只有选择开关方式实现低频功率放大，即 D 类放大。信号变换部分要求增益为 1，采用浮地输出，因此必须具有双端变单端的功能，可采用集成数据放大器或单运放组成的差动式减法电路来完成。外接测试仪表主要是完成其功率的测试和显示，它是一个测量显示装置，一般可选用数字电路或单片机电路来实现。可见，复杂的课题总可以通过"分割法"将其划分为几个较为简单的单元电路，从而起到化难为易，便于寻找设计的思路和具体方案。

二、设计方案的选择和论证

当综合性课题分解成几个单元电路后，下一步就是设计方案的选择和具体电路的确定。所选择的设计方案首先必须满足设计要求，其次要求电路简单、可靠，制作组装容易，调试方便。一个优秀的设计方案是建立在深入分析、理解设计课题要求，对具体电路反复论证与比较后产生的。例如，在信号变换电路中，若选择采用集成数据放大器，其精度高，但价格贵；由于功放输出具有很强的带负载能力，故对变换电路输入阻抗要求不高，所以可以选用较简单高速的双运放（如 NE5532）组成差动式减法电路来实现其设计成本低，性能也能满足要求，性价比高。又如在功率测量及显示电路可以选用数字系统或单片机系统来实现。数字系统虽然成本低，但电路较复杂（含数据转换、A/D 变换、译码显示等电路），精度差；若采用单片机系统（含 A/D 取样、单片机系统、显示器电路），能够实现显示、控制的全数字化智能化，精度高，速度快，但需要进行软件设计，电路调试较难。综合进行比较分析，还是应该选择后一种方案为好。

三、系统的设计

当设计方案确定后，就可以进行系统设计阶段。这一过程就是根据设计方案选定具体电路，每一个单元电路应完成具体电路图、元件参数，以及单元电路之间的连接问题；若设计单片机电路，还要进行软件的程序设计。此外，对已完成的电路有必要进行简化，要进行仿真分析。通过仿真分析，一方面检验电路正确性，以及是否达到设计要求；另一方面也可以优化电路结构和元器件参数。

四、整体电路的制作和调试

参见第 1 章相关内容。

五、系统测试和数据分析

这一阶段就是对制作调试完成的电路采用专业仪器仪表进行测试，通过测试数据检查该电路是否达到设计要求。若不符合设计要求，通过对测量结果的分析，找出产生差距的原因，最终通过改进电路来达到技术指标。

例如，在测试高功率放大器参数时，发现其效率及最大不失真功率与理论值还有一定差异，其原因可能有以下几个方面：

（1）功放电路存在静态损耗，包括 PWM 调制器、音频前置放大器、输出驱动电路及 H 桥输出电路。这些电路在静态时均有一定功率损耗，这是影响效率的一个重要因素。

（2）功放电路的损耗，这部分损耗对效率和最大不失真功率均有影响。

（3）滤波器的功率损耗，这部分损耗主要是由 H 桥互补对称输出电路的四个电感引起的。

（4）测量电路的误差。

解决实测值与理论值差异的方法如下：

（1）尽量减小运放和比较器的静态功耗。这可以通过选择性能优良的器件来实现。

（2）功放电路选择的 VMOSFET 管的导通电阻比较大，若换成导通电阻小的 VMOSFET 管，则整个功放的效率和最大不失真功率还可以进一步提高。

（3）选用低内阻的低通滤波器电感，以减小电感损耗。

（4）对测量电路的误差只有通过选用高精度 A/D 转换器，优化软件程序来减小。

总之，系统测试的目的在于改进电路结构，对元器件参数进行优化选择，从而有效地提高电路性能指标。

5.2　数字显示多路直流稳压电源的设计

5.2.1　设计任务

设计一数字显示多路直流稳压电源，并满足下列要求：

（1）当输入电压在 220V±10% 时，输出电压 ±（3～18）V 可调，输出电流不小于 1A；

（2）输出纹波电压小于 5mV，稳压系数小于 $5×10^{-3}$，输出内阻小于 0.1Ω；

（3）输出电压用 LED 数码管显示（用译码器或单片机实现），精度达到小数点后 1 位即可。

5.2.2　设计要求

（1）电源变压器只作理论设计（确定变压器输出电压及其容量）；合理选择正输出稳压和负输出稳压器件（××317、××337 系列）。

（2）在面包板上，用数字电路（或单片机）实现用 LED 数码管显示输出电压的变化情况。

（3）完成全电路的理论设计，电路原理图的绘制，自制印制板，安装调试，参数测定。

5.2.3　课题分析

根据设计任务和要求，数字显示多路直流稳压电源的组成框图如图 5-2 所示。下面对设计方框图内电路的设计方案分别进行分析、论证和比较。

图 5-2　数字显示多路直流稳压电源的组成框图

一、直流稳压电源部分

直流稳压电源由电源变压器、整流电路、滤波电路、稳压电路几部分组成，如图 5-3 所示。

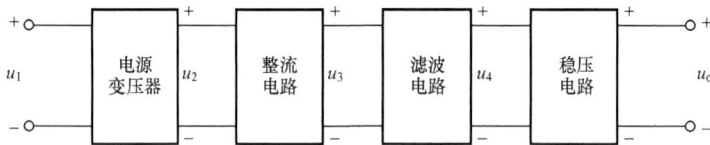

图 5-3　直流稳压电源框图

本部分核心电路是稳压电路。稳压电路的选择有以下两种：

（一）串联型稳压电源

串联型稳压电源原理电路如图 5-4 所示。该电源具有内阻低、工作电流大等优点，但存在电路复杂、调整不方便、体积较大等缺点。

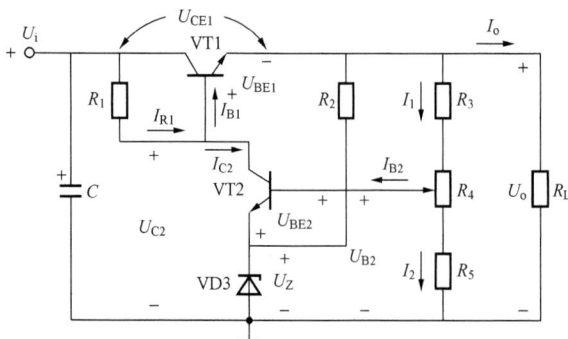

图 5-4　串联型稳压电源原理电路图

（二）集成稳压电源

集成稳压电源原理电路如图 5-5 所示。集成稳压电源具有电路简单，不需调试，体积小等优点，但有电源内阻大，负载电流较小等缺点，在中小功率的直流稳压电源中使用较为普遍。

由于本设计中电源电流功率不大，且要输出多路电压，若采用串联型稳压电源其电路相对复杂，故宜采用集成稳压电路。

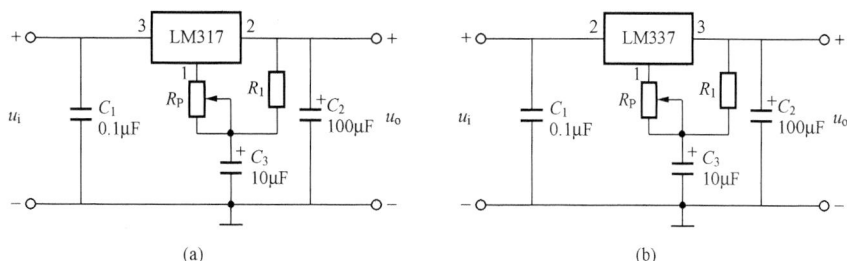

图 5-5　集成稳压电源原理电路图

（a）正电压输出可调稳压电路；（b）负电压输出可调稳压电路

二、A/D 转换部分

A/D 转换部分的主要作用是将直流稳压电源输出的模拟量转换为数字量，输出给显示译码器，最终驱动 LED 数码管显示电压数字值。A/D 转换部分也有如下两种选择。

（一）数字系统

选用 MC14433 作为 A/D 转换器。该集成电路属于 CMOS 大规模 $3\frac{1}{2}$ 位双积分 ADC，其转换精度达到了 ±0.05%，其输出的多路调制的 BCD 码便于实现自动控制，构成智能仪表。但若要驱动 LED 数码管，必须外接段、位驱动器，以实现动态扫描方式。

（二）单片机系统

选用 ADC0809 作为 A/D 转换器。ADC0809 包括一个 8 位的逼近型的 ADC 部分，并提供一个 8 通道的模拟多路开关和联合寻址逻辑。用它可直接输入 8 个单端的模拟信号，分时进行 A/D 转换，在多点巡回监测、过程控制等领域中使用非常广泛。

单片机采用 ATMEL 公司的 AT89C52 FLASH 单片机。它包含 8KB 可编程闪速存储器、256×8 位 RAM、三个 16 位定时器/计数器、6 个中断源，具有低功耗和掉电方式等特点。其控制系统采用 5V 电源电压，外接 6MHz 晶振。

该单片机同 8 位 A/D 转换器 ADC0809、3 位 LED 数码管位驱动器 ULN2003，以及由 8 个 PNP 型三极管构成的段码扩流电路，共同构成了数字显示多路直流稳压电源的显示电路。

比较以上两种方案，前一种电路简单，但精度略差；后一种方案精度高，其功能上有较好的扩展性，但电路复杂，且要编制软件程序。为了便于比较，在后面的电路设计过程中，分别选用了两种方案进行设计。

三、显示部分

在多位显示系统中，若采用静态显示，必然导致驱动电路复杂，增加了调试的难度；动态显示将所有显示器的笔画段接在一起，通过输出锁存器控制笔画的电平，而每位的公共端由另一个锁存器控制，决定此位是否点亮。动态显示在多位显示电路中应用普遍，且非常适合同单片机系统连接。本课题设计采用动态显示。

5.2.4　系统设计

一、电源部分设计

（一）电源变压器

电源变压器的作用是将来自电网的 220V 交流电压 u_1 变换为整流电路所需要的交流电压

u_2。电源变压器的效率为

$$\eta = \frac{P_2}{P_1}$$

式中：P_2 是变压器二次侧的功率；P_1 是变压器一次侧的功率。一般小型变压器的效率见表 5-1。

表 5-1　　　　　　　　　　　　　小型变压器的效率

二次侧功率 P_2（VA）	<10	10~30	30~80	80~200
效率 η	0.6	0.7	0.8	0.85

因此，当算出了二次侧功率 P_2 后，就可以根据表 5-1 得出一次侧功率 P_1。变压器二次侧 P_2 的计算需要通过稳压电路来确定。

（二）整流和滤波电路

在稳压电源中一般用四个二极管组成桥式整流电路，整流电路的作用是将交流电压 u_2 变换成脉动的直流电压 u_3。滤波电路一般由电容组成，其作用是把脉动直流电压 u_3 中的大部分纹波加以滤除，以得到较平滑的直流电压 U_1。U_1 与变压器二次侧交流电压 u_2 的有效值 U_2 的关系为

$$U_1 = (1.1 \sim 1.2) U_2$$

在整流电路中，每只二极管所承受的最大反向电压为

$$U_{RM} = \sqrt{2} U_2$$

流过每只二极管的平均电流为

$$I_D = \frac{I_R}{2}$$

设 R 为整流滤波电路的负载电阻，它为电容 C 提供放电通路，放电时间常数 RC 应满足

$$RC \geq \frac{(3 \sim 5) T}{2}$$

其中，$T(20\text{ms})$ 是 50Hz 交流电压的周期。

（三）稳压电路

稳压电路的作用是当外界因素（电网电压、负载、环境温度）发生变化时，能使输出直流电压不受影响，而维持稳定的输出。稳压电路一般采用集成稳压器和一些外围元件所组成。采用集成稳压器设计的稳压电源具有性能稳定、结构简单等优点。

集成稳压器的类型很多，在小功率稳压电源中，普遍使用的是三端稳压器。按输出电压类型三端稳压器可分为固定式和可调式；此外又可分为正电压输出或负电压输出两种类型。这里选择可调三端集成稳压器构成稳压电路。

（1）固定式三端集成稳压器。常见的有 CW78×ד（LM78××）系列三端固定式正电压输出集成稳压器，其外形其封装图见图 5-6，CW79××（LM79××）系列三端固定式负电压输出集成稳压器。三端是指稳压电路只有输入、输出和接地三个接地端子。稳压器型号中最后两位数字表示输出电压的稳定值，有 5、6、9、15、18V 和 24V。稳压器使用时，要求输入电压 U_i 与输出电压 U_o 的电压差 $U_i - U_o \geq 3$V，稳压器的静态电流 $I_o = 8$mA。当 $U_o = 5 \sim 18$V 时，U_i 的最大值 $U_{imax} = 35$V；当 $U_o = 18 \sim 24$V 时，U_i 的最大值 $U_{imax} = 40$V。CW7809 和 CW7907 组

成的典型正、负电压输出稳压电路如图 5-7 所示。

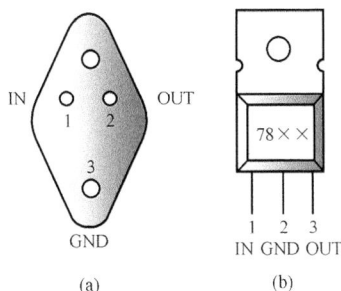

图 5-6　CW78××外形封装图
（a）TO-3 封装；（b）TO-200 封装

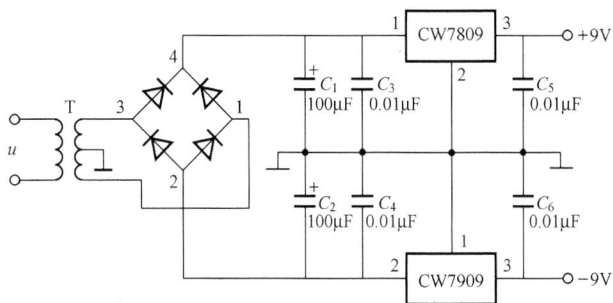

图 5-7　典型正、负电压输出稳压电路

（2）可调式三端集成稳压器。可调式三端集成稳压器是指输出电压可以连续调节的稳压器。其又可分为输出正电压的 CW317 系列（LM317）三端稳压器，其内部结构和外部引脚图如图 5-8 所示；输出负电压的 CW337 系列（LM337）三端稳压器。在可调式三端集成稳压器中，稳压器的三个端是指输入端、输出端和调节端。稳压器输出电压的可调范围为 $U_o =$ 1.2~37V，最大输出电流 $I_{omax} = 1.5A$。输入电压与输出电压差的允许范围为 $U_i - U_o = 3 \sim 40V$。三端可调式集成稳压器芯片内有过压、过热和安全工作区保护。LM317 典型应用电路如图 5-9 所示。其外围电阻 R_1 与电位器 R_P 组成输出电压 U_o 的表达式为

$$U_o = 1.25(1 + R_P/R_1)$$

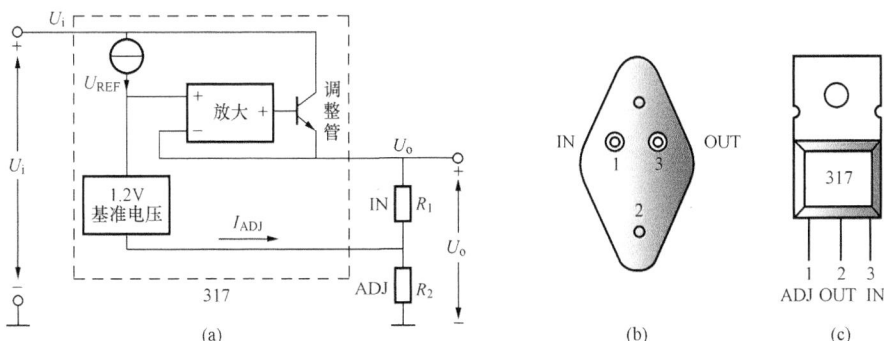

图 5-8　可调式三端集成稳压器的内部结构与外脚图
（a）内部结构图；（b）TO-3 封装；（c）TO-2000 封装

其中，R_1 一般取 120~240Ω，输出端与调整端的压差为稳压器基准电压（典型值为 1.25V）。

（3）稳压电源的设计。稳压电源的设计，是根据稳压电源的输出电压 U_o、输出电流 I_o、输出纹波电压 ΔU_{oP-P} 等性能指标要求，正确地确定出变压器、集成稳压器、整流二极管和滤波电路中所用元器件的性能参数，从而合理地选择这些器件。

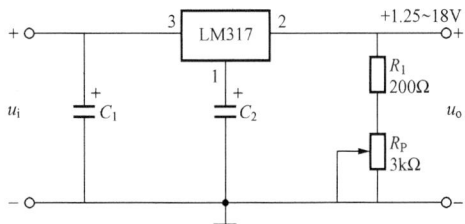

图 5-9　LM317 典型应用电路图

稳压电源的设计可以分为以下三个步骤：

1）根据稳压电源的输出电压 U_o、最大输出电流 I_{omax}，确定稳压器的型号及电路形式。

2）根据稳压器的输入电压 U_i，确定电源变压器二次侧电压有效值 U_2；根据稳压电源的最大输出电流 I_{omax}，确定流过电源变压器二次侧电流有效值 I_2 和电源变压器二次侧的功率 P_2；根据 P_2，从表 5-1 查出变压器的效率 η，从而确定电源变压器二次侧功率 P_1；最后根据所确定的参数，选择电源变压器。

3）确定整流二极管的正向平均电流 I_D、整流二极管的最大反向电压 U_{RM}，以及滤波电容的电容值和耐压值。根据所确定的参数，选择整流二极管和滤波电容。

（四）稳压电源的设计过程

直流稳压电源的性能指标要求为：$U_o = (\pm 3 \sim \pm 18)$ V，$I_{omax} = 1$A，纹波电压的有效值 $\Delta U_o \leqslant 5$mV，稳压系数 $S_v \leqslant 5 \times 10^{-3}$。

按照数字显示多路直流稳压电源的设计要求，具体设计步骤如下：

（1）选择集成稳压器，确定电路形式。集成稳压器选用 LM317 电压范围为 $U_o = 1.2 \sim 37$V，最大输出电流 I_{omax} 为 1.5A。所确定的稳压电源电路如图 5-10 所示。

图 5-9 中，取 $C_1 = 0.01 \mu$F，$C_2 = 10 \mu$F，$R_1 = 200 \Omega$，$R_P = 3$kΩ，二极管采用 IN4001，R_1 和 R_P 组成输出电压调节电路，输出电压 $U_o \approx 1.25 \times (1 + R_P / R_1)$，$R_1$ 取 $120 \sim 240 \Omega$，流过 R_1 的电流为 $5 \sim 10$mA。取 $R_1 = 200 \Omega$，则由 $U_o = 1.25 \times (1 + R_P / R_1)$ 可知：

当 $U_o = +3$V 时，$3 = 1.25 \times \left(1 + \dfrac{R_P}{200}\right)$，可得 $R_{Pmin} = 280 \Omega$；

当 $U_o = +18$V 时，$18 = 1.25 \times \left(1 + \dfrac{R_P}{200}\right)$，可得 $R_{Pmax} = 2680 \Omega$。

由于 $R_{Pmin} = 280 \Omega$，$R_{Pmax} = 2680 \Omega$，故取 R_P 为 3kΩ 的精密线绕电位器。

（2）选择电源变压器。由于 LW317 的输入电压与输出电压差的最小值 $\Delta U_{min} = 3$V，输入电压与输出电压差的最大值 $\Delta U_{max} = 40$V，故 LW317 的输入电压范围为

$$U_{omax} + \Delta U_{min} \leqslant U_I \leqslant U_{omin} + \Delta U_{max}$$

即
$$18\text{V} + 3\text{V} \leqslant U_I \leqslant 3\text{V} + 40\text{V}$$

$$21\text{V} \leqslant U_I \leqslant 43\text{V}$$

变压器二次侧电压 $U_2 \geqslant U_{imin} / 1.2 = 21 / 1.2 = 17.5$（V），取 $U_2 = 18$V。变压器二次侧电流 $I_2 > I_{omax} = 0.5$A（正电压部分），取 $I_2 = 0.6$A。

因此，考虑到同时输出正负电压，变压器二次侧输出功率为

$$P_2 \geqslant I_2 U_2 \times 2 = 0.6 \times 18 \times 2 = 21.6 \text{（W）}$$

因此，P_2 取 22W。

查表 5-1，由 $P_2 = 22$W 可知，变压器效率 $\eta = 0.7$，所以变压器一次侧输入功率 $P_1 \geqslant P_2 / \eta = 31.4$W。由于还有几组固定稳压输出，为留有余地，选用输入功率为 35W 的变压器。

（3）选用整流二极管和滤波电容。由于 $U_{BM} > \sqrt{2} U_2 = \sqrt{2} \times 21 = 29.6$（V），$I_D = \dfrac{1}{2} I_{omax} =$

0.25（A），IN4001 的反向击穿电压 $U_{RM} \geqslant 50V$，额定工作电流 $I_F = 1A > I_D$，故整流二极管选用 IN4001。

根据 $U_o = 18V$，$U_o = 21V$，$\Delta U_{oP-P} = 5mV$，$S_v = 5 \times 10^{-3}$，由

$$S_v = \frac{\Delta U_o}{U_o} \bigg/ \frac{\Delta U_i}{U_i} \bigg|_{T=常数, \, I_o=常数}$$

可求得

$$\Delta U_i = \frac{\Delta U_{oP-P} U_i}{U_o S_v} = \frac{0.005 \times 21}{18 \times 5 \times 10^{-3}} = 1.3 \text{（V）}$$

所以，滤波电容为

$$C = \frac{I_C t}{\Delta U_i} = \frac{I_{omax} \dfrac{T}{2}}{\Delta U_i} = \frac{0.5 \times \dfrac{1}{50} \times \dfrac{1}{2}}{1.3} = 0.003\,846 \text{（F）} = 3846 \text{（}\mu F\text{）}$$

电容的耐压要大于 $\sqrt{2} U_2 = \sqrt{2} \times 18 = 25.4$（V），故滤波电容 C 取容量为 4700μF，耐压为 35V 的电解电容。

正电压输出可调稳压电路如图 5-10 所示。负电压型可调稳压电路设计同正电压类似，这里不再介绍。

（4）实际电路。图 5-11 是根据多路直流稳压电源设计要求和理论计算得出的实际电路图。从图中可知，该电路具有 6 组稳定电压输出，两组为可调输出稳压电源［即(±3～±18)V］，两组分别为±5V 和±8V 固定输出电压。为保证输出

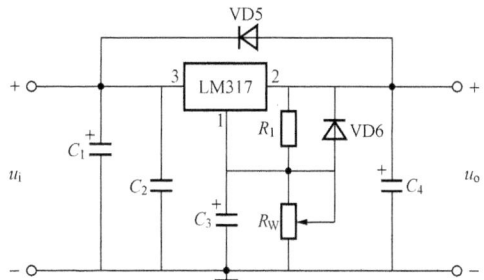

图 5-10　正电压输出可调稳压电路

电压的稳定性，固定±5 输出电压采用了两级稳压，可做数字系统部分运算放大器和单片机电源。

从图 5-11 所示电路可知，两路可调输出由轻触开关 SW-PB 配合双 D 触发器 U4 (74LS74)、继电器 KM 控制。当按下 SW-PB 瞬间，U4A 的 4 脚输入一个低电平，触发器置位，输出高电平，该高电平信号使开关三极管 VT 导通，继电器 KM 得电，KM1 和 KM2 触头动作，正负可调稳压输出电路闭合接通。此外，电压输出接口端子 J2 的 4 脚接地；5、7 脚可接受单片机系统低电平，控制 U4A 的复位端，通过其输出低电平使三极管 VT 截止，从而控制继电器 KM 的 KM1、KM2 触点断开，切断可调电压输出，保护主机。

图 5-12 为多路直流稳压电源实物图。

（五）稳压电源各项指标的测试

测试项目的主要内容包括：

（1）输出电压与最大输出电流的测试。测试电路如图 5-13 所示。一般情况下，稳压器正常工作时，其输出电流 I_o 要小于最大输出电流 I_{omax}，取 $I_o = 0.5A$，可算出 $R_L = 18\Omega$ 时，R_L 上消耗的功率为

$$P_L = U_o I_o = 9 \times 0.5 = 4.5 \text{（W）}$$

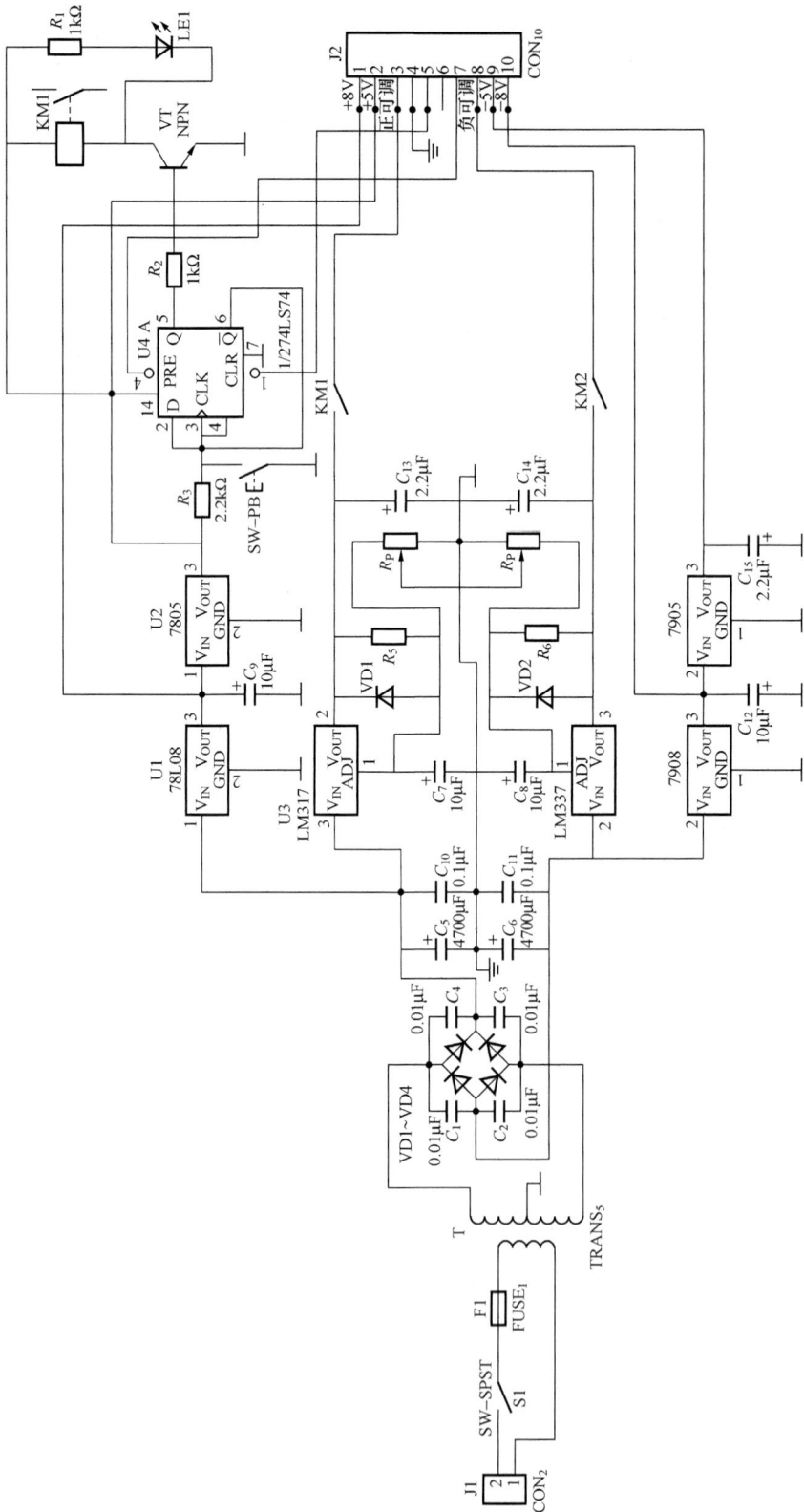

图 5 – 11 多路可控输出直流稳压电源实际电路图

图 5-12　多路直流稳压电源实物图

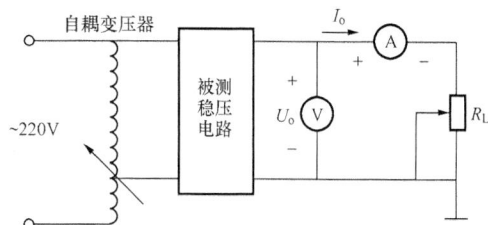

图 5-13　输出电压测试电路

故 R_L 取额定功率为 5W，阻值为 18Ω 的电位器。

测试时，先使 $R_L = 18\Omega$，交流输入电压为 220V，用数字电压表测量的电压值就是 U_o。然后慢慢调小 R_L，直到 U_o 的值下降 5%，此时流经 R_L 的电流就是 I_{omax}。记下 I_{omax} 后，要马上调大 R_L 的值，以减小稳压器的功耗。

（2）稳压系数的测量。按图 5-13 所示连接电路，在 $U_i = 220$V 时，测出稳压电源的输出电压 U_o；然后调节自耦变压器使输入电压 $U_i = 242$V，测出稳压电源对应的输出电压 U_{o1}；再调节自耦变压器使输入电压 $U_i = 198$V，测出稳压电源的输出电压 U_{o2}。则稳压系数为

$$S_v = \frac{\Delta U_o}{U_o} \bigg/ \frac{\Delta U_i}{U_i} = \frac{220}{242-198} \times \frac{U_{o1}-U_{o2}}{U_o}$$

（3）输出电阻的测量。按图 5-13 所示连接电路。保持稳压电源的输入电压 $U_1 = 220$V，在不接负载 R_L 时测出开路电压 U_{o1}，此时 $I_{o1} = 0$；然后接上负载 R_L，测出输出电压 U_{o2} 和输出电流 I_{o2}。则输出电阻为

$$R_o = -\frac{U_{o1}-U_{o2}}{I_{o1}-I_{o2}} = \frac{U_{o1}-U_{o2}}{I_{o2}}$$

（4）纹波电压的测试。用示波器观察 U_o 的峰-峰值（此时 Y 通道输入信号采用交流耦合 AC），测量 ΔU_{oP-P} 的值（约几毫伏）。

（5）纹波因数的测量。用交流毫伏表测出稳压电源输出电压交流分量的有效值，用万用表的直流电压挡测量稳压电源输出电压的直流分量。纹波因数 γ 的表达式为

$$\gamma = \frac{输出电压交流分量的有效值}{输出电压的直流分量}$$

二、显示电路的设计

（一）系统显示方案

为了随时观察电源输出情况，增加使用方便性，本稳压电源可以增设数字显示电路，作为本电源的重要扩展功能之一。实现数字显示有以下两种方案：

（1）数字系统显示方式。输出的模拟电源电压，先经模/数转换器（ADC）变为数字信号，再通过译码器驱动 LED 数码管进行显示，其框图如图 5-14 所示。

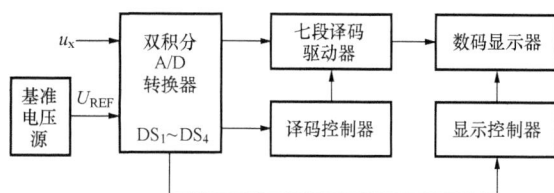

图 5-14　数字系统显示框图

（2）单片机系统显示。输出的模拟电源电压，由模数转换芯片 ADC0809 将模拟电压转换为对应的数字量输入到 8 位单片机芯片（89C52），由单片机内部程序进行数据处理。同时，根据数据结果进行判断是否进行过压保护。最后，将电压数据输出给 LED 数码管进行显示。其系统框图如图 5-15 所示。

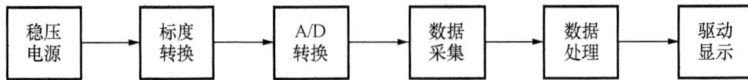

图 5-15　单片机系统显示框图

对比上述两种方案，采用数字电路控制显示具有成本低，但电路较复杂；采用单片机微控制器控制显示，能够实现显示、控制的全数字化智能化，但电路调试较难。为了便于比较，这里分别用上面两种方案来进行电路设计。

（二）数字显示系统的设计

为节约成本，便于调试，该系统数显部分全部在面包板上实现。该部分所需电源直接从稳压电源中取出，显示终端用 4 位共阴型 LED 数码管。

该方式的数字显示采用 ADC（14433）定时对电源输出的电压取样，然后通过 A/D 转换，用十进制数显示被测模拟电压值，其最高位数码管只显示 "+"、"-" 号和指示 "0" 或 "1"，因此称之为半$\left(\frac{1}{2}\right)$位。其电压的量程分为 1.999V 和 199.9mV 两挡，稳压电源输出的电压必须分压后才能供 ADC 采用。

该稳压电源可以增设输出电压数字显示电路，其电路原理如图 5-16 所示。

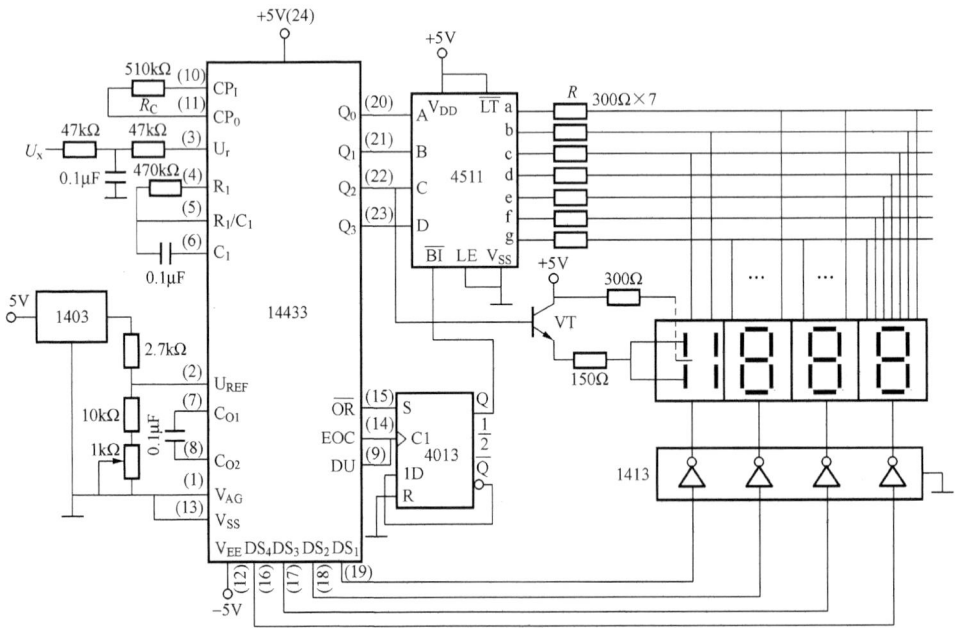

图 5-16　$3\frac{1}{2}$位数字电压表显示电路原理图

（1）原理分析。本电路由双积分 A/D 转换器、基准电压源、七段译码驱动电路、数码显示器、译码控制电路和显示电路组成。

1）基准电压源 MC1403。MC1403 引脚图和应用电路如图 5-17 所示。基准电压源 MC1403 通过内部三极管电路正、负温度系数相互补偿，使其输出电压的温度系数近似为零。在输入电压 $U_i = 4.5 \sim 15V$ 范围内，输出电压 $U_o = (2.5 \pm 0.025)V$，调节输出电位器可获得所需基准电压 U_{REF} 的值。

2）双积分 A/D 转换器 MC14433。电路采用 14433 CMOS 双积分型 A/D 转换器。从双积分 A/D 转换器原理可知，

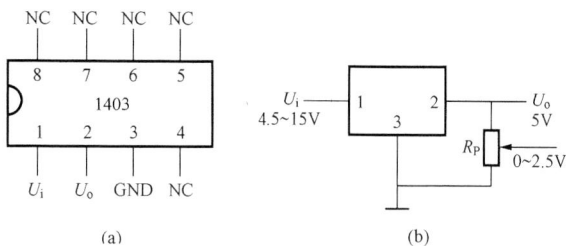

图 5-17　MC1403 引脚图和应用电路图
(a) 引脚图；(b) 应用电路图

在 MC14433 电路中 U_x 为被测电压；U_{REF} 为基准电压，由 MC1403 提供。转换后输出数字量 $Q_3 \sim Q_0$ 送入译码驱动器 CD4511，驱动数码管显示数值，这是数字信号传输通路。另外从图上可找出控制信号通路，在 MC14433 上输出 $DS_1 \sim DS_4$ 经 MC1413 再去控制数码管，而其最高位由 Q_3 和电源控制。MC14433 的 $\overline{OR}$、DU 信号经 D 触发器 CD4013 又去控制 CD4511 的 $\overline{BI}$ 端。

MC14433 电路采用双电源，V_{DD} 为 +5V，V_{EE} 为 -5V，V_{SS} 为电源地，V_{GG} 为 U_{REF} 和 U_i 的地，应与 V_{SS} 相连。CP_0 和 CP_1 端子外接电阻 R_C，其阻值大小可改变电路内部的时钟频率。当 R_C 取 $510k\Omega$ 时，振荡频率 f_0 约为 64kHz。R_1、R_1/C_1 和 C_2 端子为内部积分电路的外接阻容元件 R_1 和 C_1 连接端。C_1 一般取用 $0.1\mu F$，R_1 的选用与量程有关，当量程为 1.999V 时，R_1 取 $470k\Omega$；当量程为 199.9mV 时，R_1 取 $27k\Omega$。C_{o1}、C_{o2} 端用于外接失调补偿电容，取 $0.1\mu F$。

基准电压 U_{REF} 在上述量程下，分别调节到 2V 和 200mV。

MC14433 A/D 转换器完成一次 A/D 转换约需 16 400 个时钟脉冲。当时钟频率为 48~160kHz 时，每秒钟可转换 3~10 次。

EOC 为转换周期结束标志输出端，在每个转换周期结束时，EOC 输出一个正脉冲，其脉宽为 $\frac{1}{2}t_{CP}$。

DU 为更新显示输入控制端，当 EOC 与 DU 相连时，则 EOC 输出作为 DU 的输入，在此正脉冲作用下，允许将转换结果输出，否则将保持输出数据不变。

图 5-18 所示为 EOC 和 DS 的时序图。$DS_1 \sim DS_4$ 为位选信号控制端，分别是千位、百位、十位和个位数的选通信号。即当 DS_1 为高电平期间，$Q_3 \sim Q_0$ 对应为千位的 BCD 码输出，依次到 DS_4 为高电平时，$Q_3 \sim Q_0$ 对应为个位 BCD 码输出。每个 DS 脉宽为 18 个 t_{CP}，相邻 DS 间隔为两个 t_{CP}，因此从千位到个位 BCD 码扫描一次共需 80 个 t_{CP}。若振荡电路的时钟频率 $f_0 = 66kHz$，则显示扫描速率 MR = 时钟频率/80 ≈ 800Hz 左右。

$\overline{OR}$ 为过量程溢出标志输出端，当输入电压 u_i 超出量程，即 $|u_x| > |U_{REF}|$ 时 $\overline{OR}$ 输出为低电平，而平时 $\overline{OR}$ 为高电平。

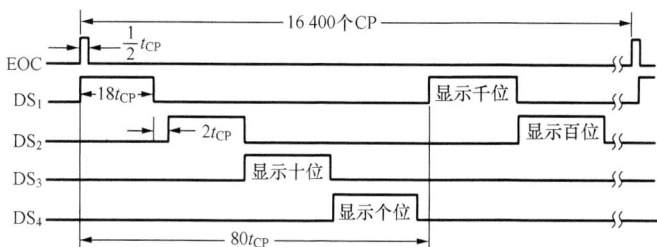

图 5-18　EOC 和 DS 的时序图

　　由于千位数只显示"+""-"号和指示"0""1"，这时 $Q_3 \sim Q_0$ 定义见表 5-2，由表可知：最高位 $Q_3 \sim Q_0$ 中的 Q_3 定义为千位数的值，当 $Q_3 = 0$ 时，千位数为 1，这时 $Q_3 \sim Q_0$ 输出"4""0""7""3"BCD 码，由于译码器输出只连数码管的 b 和 c 段，故数码管显示"1"；当 $Q_3 = 1$ 时，定义千位数为 0，这时 $Q_3 \sim Q_0$ 输出"12""10""15""11"的 BCD 码，译码器认为误码，输出全"0"，故"0"不显示。

表 5-2　　　　　　　　　　　　最高位千位数 BCD 码 $Q_3 \sim Q_0$ 真值表

千位数 BCD 码内容	Q_3	Q_2	Q_1	Q_0	七段译码输出	
+0	1	1	1	0	不显示	
-0	1	0	1	0		
+0、欠量程	1	1	1	1		
-0、欠量程	1	0	1	1		
+1	0	1	0	0	"4"	最高位只接 b、c 段故显示"1"
-1	0	0	0	0	"0"	
+1、过量程	0	1	1	1	"7"	
-1、过量程	0	0	1	1	"3"	

　　Q_2 定义为电压极性，当 $Q_2 = 1$ 时，为"+"极性；$Q_2 = 0$ 时，为"-"极性。由图 5-16 可知，最高位数码管为符号管，其"+""-"号分别由电源和 Q_2 控制。

　　Q_0 定义为是否超量程。$Q_0 = 0$ 为正常量程，$Q_0 = 1$ 为超量程。Q_0 与 Q_3 配合，当 $Q_3 Q_0 = 01$ 时，表示过量程，即 $u_x > 1.999V$；$Q_3 Q_0 = 11$，表示欠量程，在 2V 量程时，$u_x < 0.179V$。该标志还可用于自动切换量程。

　　3）七段译码驱动器 CD4511。CD4511 为 8421BCD 码七段译码驱动电路，将 MC14433 的 $Q_3 \sim Q_0$ 的 BCD 码译成数码管 a～g 七段码，使 LED 数码管显示相应十进制数。其引脚如图 5-19 所示，图中，$\overline{LT}$ 为试灯信号控制、$\overline{BI}$ 为灭灯信号控制，均低电平有效，LE 为锁存信号控制，高电平有效。正常译码工作时，要求 $\overline{LT} = 1$、$\overline{BI} = 1$、$\overline{LE} = 0$。当 $Q_3 \sim Q_0$ 数码为"10"～"15"时，作误码处理，a～g 输出均为 0；另外当 $\overline{BI} = 0$ 时，数码管也不显示。

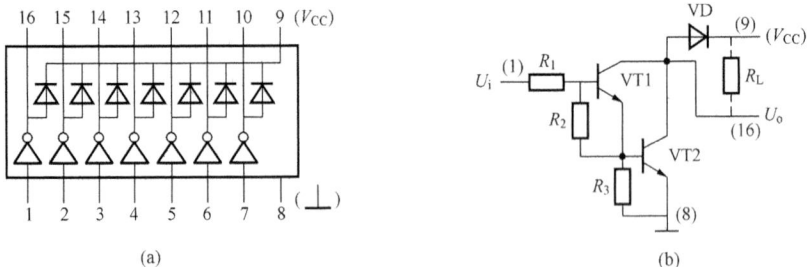

图 5-19　CD1413 引脚排列图和内部电路图
(a) 引脚排列图；(b) 内部电路图

　　4）LED 数码管。图 5-16 中的 LED 数码管采用共阴极结构时，其段码为 a～g 各管并接，当某位阴极为低电平，使这一位数码管显示数值。

　　5）显示控制器 CD1413。CD1413 为七路达林顿（复合管）驱动电路，作为扫描显示控制器。其引脚排列和内部电路分别如图 5-19（a）、（b）所示。由图可知，每路达林顿电路为反相驱动器，当输入 U_i 为高电平时，输出 U_o 为低电平。这时外接负载 R_L 由电源 V_{CC} 供电，负载上有电流，VT2 处于饱和状态；当 U_1 为低电平时，VT1、VT2，截止，在 R_L 上无电流。

CD1413 的技术指标为：当 $V_{CC} = 5 \sim 40V$，最大输出电流 $I_{omax} \geqslant 200mA$（两路同时工作），饱和压降 $U_{CE(sat)} \leqslant 2V$，最大输出电压 $U_{omax} \geqslant 40V$，整体最大功耗 $P_{CM} = 700mW$，电流放大系数 $\beta = 1500$。因此，输入驱动电流仅需 $200mA/1500 \approx 0.133mA$。当 7 路同时工作时，每路功耗为 100mW，而管子饱和压降为 2V，这时每路电流的 $I_{omax} \leqslant 50mA$。

在图 5-16 所示电路中，当 DS 某一位为 1 时，相应一路反相驱动器输出为 0，使该位数码管的阴极为低电平，可显示数值。通过上述计算可知，每位数码管每秒显示 800 次，不会使人感到闪烁。这种显示方法称为动态扫描显示。

6）译码控制器 D 触发器。译码控制器是由 $\frac{1}{2}$CD4013 的 D 触发器组成的，用来过量程时控制译码驱动器进行报警显示。未过量程时，$\overline{OR} = 1$，这时 D 触发器的 S = 1，R = 0，Q = 1，使 4511 的 $\overline{BI} = 1$ 译码器正常工作；当过量程时，$\overline{OR} = 0$，触发器 S = R = 0，这时 14433 的 EOC 作为 D 触发器的 CP 脉冲，由于 $\overline{Q}$ 与 D 相连构成计数器工作状态，则 Q 输出为 EOC 的二分频脉冲信号，控制 CD4511 的 $\overline{BI}$ 端，在 Q = 0 时，数码管不显示；在 Q = 1 时，数码管显示，并以 EOC 的二分频的频率闪烁，作为报警显示。

（2）电路调试方法。根据原理图 5-16 连接、组装好电路，按下面方法进行调试。

1）接通电源，$V_{DD} = +5V$，$V_{EE} = -5V$，V_{SS} 接地。

2）测量零电压。使入电压 U_i 与 MC14433 第 1 脚 V_{AG} 短接，仪表读数应为"0000"。

3）测量基准电压。调整精密电位器使 U_{REF} 对 V_{AG} 的电压为 2.000V。

4）用示波器测 MC14433 第 11 脚的时钟脉冲频率 CP_0 的波形，并根据频率计算出测量速度。

5）稳压电源的输入，$U_x = 1.990V$，电压表应显示 1.990V，并用示波器观察 MC14433 第 6 脚的输出，用具有最大摆幅且不失真的锯齿波形，否则应调整积分电阻 R_1 的值。

6）交换输入电压 U_x 的极性（$V_i = -1.990V$），重复步骤 5）。

7）用示波器观察 MC14433 的位选通信号 $DS_1 \sim DS_4$ 的波形，再观察 EOC 端的正脉冲，应与图 5-18 相对应。

（三）单片机显示系统设计

按照系统功能实现要求，在控制系统采用 AT89C52 单片机，A/D 转换采用 ADC0809 芯片。系统除能确保实现要求功能外，还可以方便地进行 8 路 A/D 转换量的测量、远程测量结果传送等扩展功能。单片机显示系统设计框图如图 5-20 所示。

图 5-20　单片机显示系统设计框图

（1）标度转换部分。根据 ADC0809 芯片的模拟输入电压范围 0 到 +5V，必须将被测量的电压转换为 $0 \sim 5V$，如果被测电压是 0 到 +15V 和 0 到 -15V，应该将其同比例缩小 1/3，并且要将负电压转换为正电压。

本方案采用电阻分压的方法进行标度转换，分压比为 1/3，负电源部分使用运放构成反相器将负电压转换为正电压。可以采用低零漂的斩波自稳零的运放 ICL7650，MAX7650 可与 ICL7650 进行互换。电压标度转换电路如图 5-21 所示。正电源部分只需要两个精密低温漂电阻即可完成（$R_1/R_2 = 1/2$），负电源部分需要上面的完整电路进行转换。

图 5-22 和图 5-23 分别为 ICL7650 的引脚图和典型电路连接图。

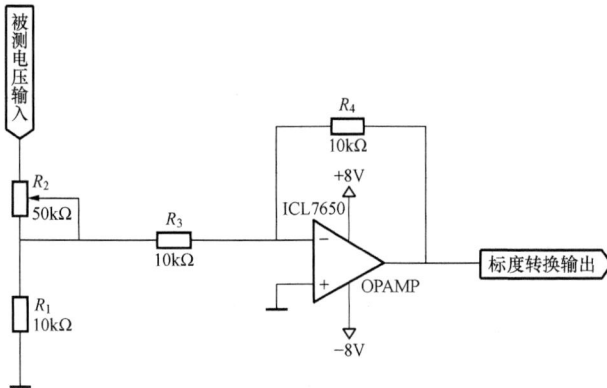

图 5-21 电压标度转换电路

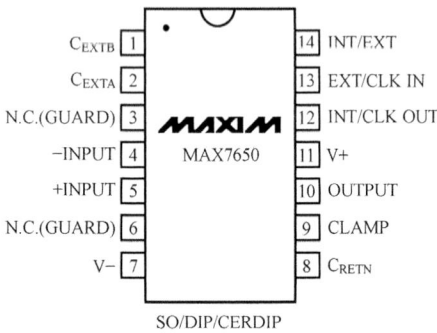

图 5-22 ICL7650 引脚图

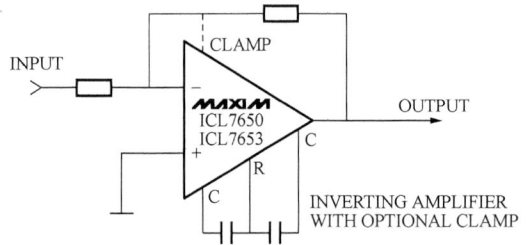

图 5-23 电压反相器典型电路连接图

ICL7650 引脚功能如下：

1 脚和 2 脚分别外接一个电容与 8 脚 C_{RETN} 相连，是运放的外围必需元件；4 脚是反相输入端，5 脚是同相输入端；7、11 脚是运放的正负电源输入端；10 脚是运放的电压输出端；3、6、9、12、13、14 脚在本方案中悬空不用。

（2）A/D 转换部分。ADC0809 芯片包括一个 8 位的逼近型的 ADC 部分，并提供一个 8 通道的模拟多路开关和联合寻址逻辑。用它可直接输入 8 个单端的模拟信号，分时进行 A/D 转换，在多点巡回监测、过程控制等领域中使用非常广泛。

ADC0809 芯片的主要技术指标如下：

分辨率：8 位。

单电源：+5V。

总的不可调误差：±1LSB。

转换时间：取决于时钟频率。

模拟输入范围：单极性 0～5V。

时钟频率范围：10～1280kHz。

ADC0809 芯片的内部结构和引脚如图 5-24 所示。图 5-24（b）中，各引脚功能如下：

1）IN0～IN7 是 8 路模拟输入信号。

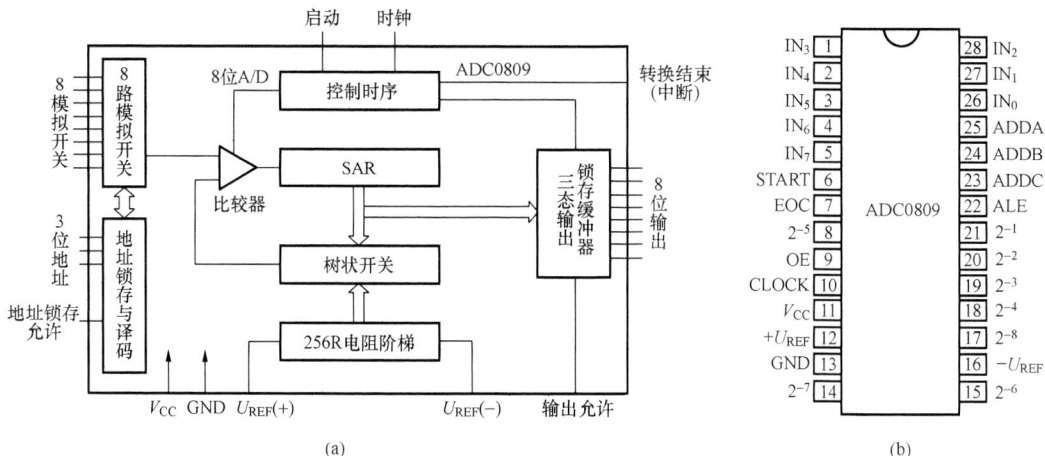

图 5-24 ADC0809 芯片内部结构和引脚图

(a) 内部结构；(b) 引脚图

2）ADDA、ADDB、ADDC 为地址选择端。

3）$2^{-1} \sim 2^{-8}$ 为变换后的数据输出端。

4）START（6 脚）是启动输入端。输入启动脉冲的下降沿使 ADC 开始转换，脉冲宽度要求大于 100ns。

5）ALE（22 脚）是通道地址锁存输入端。当 ALE 上升沿来到时，地址锁存器可对 AD-DA、ADDB、ADDC 锁定，为了稳定锁存地址，即为了在 ADC 转换周期内使模拟多路器稳定地接通在某一通道，ALE 脉冲宽度应大于 100ns；下一个 ALE 上升沿允许通道地址更新。实际使用中，要求 ADC 开始转换之前地址就应锁存，所以通常将 ALE 和 START 连在一起，使用同一个脉冲信号，上升沿锁存地址，下降沿启动转换。

6）OE（9 脚）为输出允许端，它控制 ADC 内部三态输出缓冲器。当 OE = 0 时，输出端为高阻态，当 OE = 1 时，允许缓冲器中的数据输出。

7）EOC（7 脚）是转换结束信号，由 ADC 内部控制逻辑电路产生。EOC = 0 表示转换正在进行，EOC = 1 表示转换已经结束。因此 EOC 可作为微机的中断请求信号或查询信号。显然只有当 EOC = 1 以后，才可以让 OE 为高电平，这时读出的数据才是正确的转换结果。

ADC0809 芯片地址信号与选中通道的关系见表 5-3。

表 5-3   ADC0809 芯片地址信号与选中通道关系

地 址			选 中 通 道
C	B	A	
0	0	0	INT0
0	0	1	INT1
0	1	0	INT2
0	1	1	INT3
1	0	0	INT4
1	0	1	INT5
1	1	0	INT6
1	1	1	INT7

ADC0809 芯片的启动信号、地址信号、地址锁存信号、输出允许信号由单片机提供，其转换结束信号提供给单片机的外部中断。

ADC0809 芯片的 12、16 脚是基准电压的正、负端。基准电压单元由高精度稳压集成电路 LM336AZ-5.0 提供，其外形引脚图如图 5-25 所示。

基准电压单元电路如图 5-26 所示。调节电位器 R_2 可以使基准电压输出稳定在 5.0V，R_1 的取值范围由 VD 的工作电流（0.6~10mA）决定。

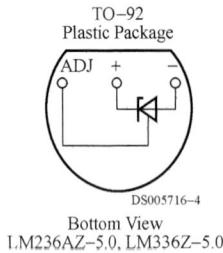

图 5-25　LM336AZ-5.0 外形及引脚图

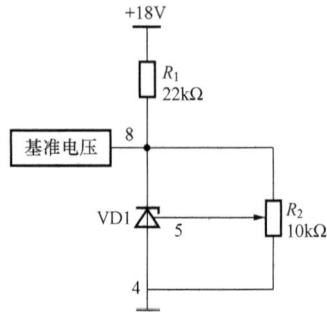

图 5-26　基准电压单元电路

（3）单片机部分。

1）单片机系统。单片机是整个硬件系统的核心，它既是协调整机工作的控制器，又是数据处理器。该系统采用 ATMEL 公司的 AT89C52 单片机，具有如下硬件资源：面向控制的 8 位 CPU、128B 内部 RAM 数据存储器、32 位双向输入/输出线、一个全双工的异步串行口、两个 16 位定时器/计数器、6 个中断源、2 个中断优先级、时钟发生器、可以寻址 64KB 的程序存储器和 64KB 的外部数据存储器。

$\overline{\text{MCS-51}}$ 内部有一个功能很强的 8 位微处理器 CPU，它由算术逻辑运算部件（ALU）、布尔处理器、控制器和工作寄存器组成。8052 内部有 4KB 的 ROM，8751 内部有 4K 的 BEPROM，8951 内部有 4KB 的 EEPROM，8952 内部有 4KB 的 EEPROM，而 8031 内部无程序存储器。

时钟电路控制着计算机的工作节奏，是计算机的心脏。时钟可由内部振荡器产生，也可由外部振荡器提供。CPU 取出一条指令至该指令执行完所需的时间称为指令周期。大多数 8052 指令执行时间为一个机器周期或两个机器周期。一个机器周期由 6 个状态组成，每个状态为两个时钟周期，即一个机器周期由 12 个时钟构成，所以一个机器周期 $T=12/\text{fosc}$（fosc 为振荡器频率）。

单片机可通过上电自动复位和人工复位，使 CPU 和系统中的其他部件都处于一个确定的初始状态，并从这个状态开始工作（需掌握复位以后内部各寄存器的状态）。若系统有外部扩展的接口电路，则也需与单片机同步复位，以保证 CPU 有效地对外部电路进行初始化编程。应注意两者复位电路的不同，需保证两者同步复位。

2）存储器组织。程序存储器空间为 64KB，其地址指针为 16 位的程序计数器 PC。8951 内部 RAM 数据存储器的空间为 128B。内部 RAM 低 128B 中不同的地址区域从功能和用途方面，可划分为三个区域即工作寄存器区、位寻址区、堆栈和数据缓冲器区。

8951 内部 RAM 的 0~1FH 为四组工作寄存器区，寄存器组的选择由 PSW 中的 RS1、RS0 两位决定，每组有 8 个工作寄存器 R0~R7，四组共 32B。内部 RAM 的 20~2FH 为位寻址区域，这 16 个单元的每一位（16×8）都有一个位地址，它们占据位地址空间的 0~7FH。30~7FH 为数据缓冲区，8052 的堆栈一般设在 30~7FH 的范围内，栈顶位置由栈指针 SP 指出，复位以后 SP 为 07H，一般应对 SP 初始化来具体设置堆栈区。在实际的 8951 应用系统中，内部 RAM 的 0~7FH，除了实际用到的工作寄存器、位标志和堆栈区以外的单元，都可以作为数据缓冲器使用，存放输入的数据或运算的结果。

8952 内部的 I/O 口锁存器以及定时器、串行口、中断等各种控制寄存器和状态寄存器都称为特殊功能寄存器，它们离散地分布在 80H~FFH 的地址空间（8051 有 21 个特殊功能寄存器）。而其中部分地址能被 8 整除的字节地址单元可以位寻址，即有些特殊功能寄存器，既能用字节地址访问又可以用位地址访问其中的某些位。

外部 RAM 和 I/O 口是统一编址的，均在 64KB 的外部数据存储器空间，CPU 对它们具有相同的操作功能。

3）中断系统。8951 有 5 个中断源，分别是两个外部中断源 INT0 和 INT1，三个内部中断源：即定时器 T0 和 T1 的溢出中断及串行口收/发中断。两个外部中断源由 P3 口的第二功能引脚 P3.2 和 P3.3 引入。5 个中断源相应的控制位和标志位在 TCON 和 SCON 的相应位中。8951 有四个双向 8 位输入/输出口 P0~P3，每个口都有锁存器、输入/输出缓冲器。CPU 对口的读操作分为读口锁存器的状态和读口引脚的输入信息两种。各个口硬件组成有相同又有不同，这不同是与各个口所担负的作用与功能相关联的，如 P0 口无内部上拉电阻，P1、P3 口无多路开关，P3 口的每位可定义第二 I/O 功能等，各个口在不同作用时的信息内容和信息流向是不同的。如 P0、P2 口的多路开关就决定了当前口是作为通用 I/O 口与外部的输入/输出设备之间交换信息，还是作为系统扩展的地址/数据总线使用，多路开关的切换由其控制端决定。系统扩展时，通常由 P0 口提供 8 位数据；由 P2 口提供高 8 位地址，与 P0 口提供的低 8 位地址共同完成对外部存储器 64KB 范围寻址，EA 决定访问外部程序存储器，而 WR、RD 是外部数据存储器的读写信号；P0 口的低 8 位地址总线与 8 位数据总线是分时复用的。

4）定时器。单片机内部均有定时器/计数器。定时器/计数器是单片机重要的内部资源，定时器与计数器的工作原理是相同的，AT8951 的定时器/计数器是根据输入的脉冲进行加 1 计数，当计数器溢出时，将溢出标志位置 1，表示计数到预定值。当输入的是标准脉冲（如系统脉冲）时，计数的目的是为了得到时间，此时即为定时器；若输入的不是标准脉冲，只是计输入脉冲数，此时即为计数器。MCS-51 的定时器/计数器是加 1 计数器。其方式寄存器 TMOD 决定了定时器/计数器是工作在定时器方式还是工作在计数器方式，并控制定时器/计数器的工作方式以及计数时是否受外部引脚的控制。控制寄存器 TCON 控制定时器/计数器的启停、寄存定时器/计数器的溢出状态。注意外部事件计数时的最高计数频率限制及其原因。

本方案中定时器用于动态扫描显示及定时电压取样。

（4）单片机外围电路。AT89S51 单片机外围电路如图 5-27 所示。

1）振荡部分。时钟电路控制着计算机的工作节奏，是计算机的心脏。时钟可由内部振荡器产生，也可由外部振荡器提供。

单片机的 X1、X2 引脚外接 12MHz 晶体振荡器和两个 30pF 的电容，构成单片机的时钟电路。

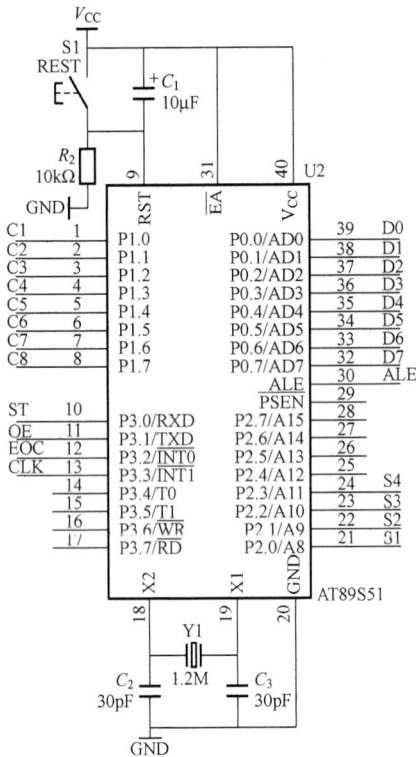

图 5-27　AT89S51 单片机的振荡及复位电路

2）复位电路。单片机可通过上电自动复位和人工复位，使 CPU 和系统中的其他部件都处于一个确定的初始状态，并从这个状态开始工作（需掌握复位以后内部各寄存器的状态）。单片机的第 9 引脚 RST 通过+5V 的电源外接电解电容 C_1 和电阻 R_2 使其在系统通电后自动复位。按钮开关可以在系统死机的时候使其人工复位，解除系统死机状态，增加系统的可靠性该部分电路如图 5-27 所示。

（5）显示部分电路。

1）LED 数码管显示系统基本原理。显示器件用七段式数码管 LED，数字的每个笔画由一个发光二极管点亮，加上小数点 DP 共 8 个二极管。LED 数码管的外形及电路符号如图 5-28 所示。根据发光二极管的公共端的连接方式可以分为两种：8 个发光二极管的负极连接在一起称为共阴极数码管；发光二极管的正极连接在一起称为共阳极数码管，LED 外形和显示电路如图 5-28 所示，两种连接方式如图 5-29 所示。

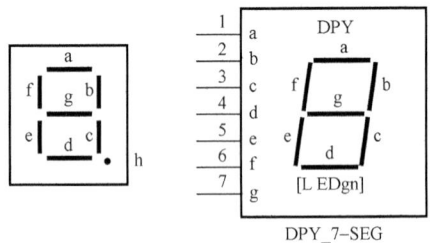

图 5-28　LED 数码管的外形及电路符号

2）静态驱动电路显示设计。

通过限流电阻控制流过发光二极管的电流流过发光二极管电流为 5～10mA；发光二极管的导通电压为 2.2V 左右；将显示的字符转换为对应的字型笔画编码，将此编码通过输出数据锁存器，并经驱动电路接到显示器。限流电阻连接电路如图 5-30 所示。

对于共阳显示器接口电路来说，当控制信号为"0"时，点亮相应的笔画，当控制信号为"1"时则不亮。对于共阴极显示器接口电路，恰恰相反。

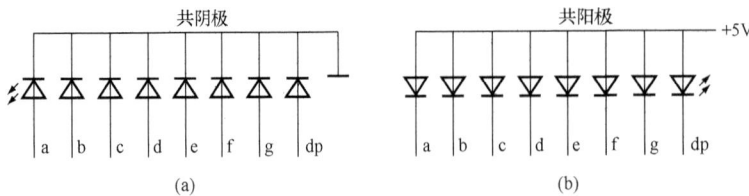

图 5-29　显示多位数据的两种电路
（a）共阴极连接；（b）共阳极连接

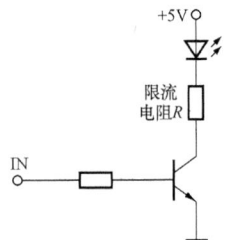

图 5-30　限流电阻连接电路

3）动态显示。

（a）要求多位显示器的场合，如果采用静态显示方法，则随着显示位数的增加，数据锁存器、驱动电路也相应地成倍增加。

（b）动态显示将所有显示器的笔画段接在一起，通过输出锁存器控制笔画的电平，而每位的公共端由另一个锁存器控制，决定此位是否点亮。

（c）动态扫描原理如图 5-31 所示。

（d）动态显示是单片机中应用最为广泛的一种显示方式之一。其接口电路是把所有显示器的 8 个笔划段 a~h 同名端连在一起，而每一个显示器的公共极 COM 是各自独立地受 I/O 线控制。CPU 向字段输出口送出字形码时，所有显示器接收到相同的字形码，但究竟是哪个显示器亮，则取决于 COM 端，而这一端是由 I/O 控制的，所以就可以自行决定何时显示哪一位了。

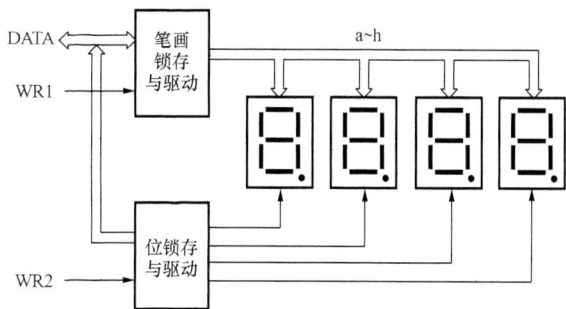

图 5-31　动态扫描原理图

而所谓动态扫描就是指采用分时的方法，轮流控制各个显示器的 COM 端，使各个显示器轮流点亮。动态显示电路如图 5-32 所示。

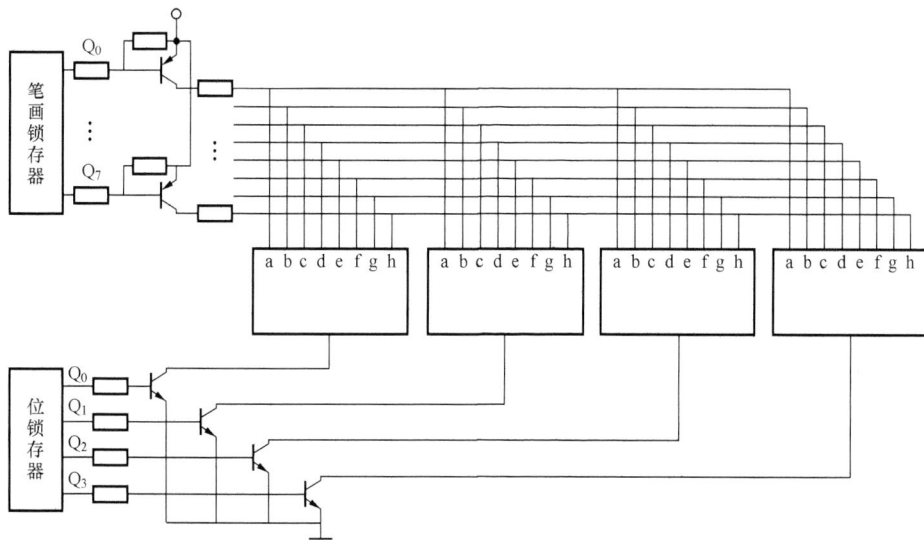

图 5-32　动态显示电路

在图 5-32 中，4 位共阴显示器相应笔画的阳极连在一起，笔画锁存器的输出通过一个由三极管构成的反相驱动器与共阴显示器的阳极相连。当笔画锁存器输出为“1”，则驱动三极管截止，当输出为“0”时，此三极管导通。

每一位显示器的阴极由位锁存器的输出经反相驱动器控制。当位锁存器输出为“1”，则驱动三极管导通，当输出为“0”时，此三极管截止。

控制笔画锁存器的输出能控制其对应的驱动三极管导通与否，而控制位锁存器的输出也能控制其对应的驱动三极管导通与否。

当位驱动三极管导通时，选中相应位，而显示的字形由笔画驱动三极管的导通与否决定。

为了保证正确显示，每次只能有一位显示器被选中。

多位 LED 共用一个 8 位字段口，各位 LED 公共端用字位口控制，扫描输出显示不同字形。

在轮流点亮扫描过程中，每位显示器的点亮时间是极为短暂的（约 1ms），但由于人的视觉暂留现象及发光二极管的余晖效应，尽管实际上各位显示器并非同时点亮，只要扫描的速度足够快，给人的印象就是一组稳定的显示数据，不会有闪烁感。

4）驱动显示部分。由于单片机的 P1 及 P3 口的驱动拉电流为 0.8mA，灌电流为 1.6mA，而 LED 的驱动电流为 5~10mA，故单片机的驱动能力不够。

被选中显示器的每个笔画流过的电流由笔画驱动三极管集电极的限流电阻决定，通常为 20~30mA，如图 5-33 所示。

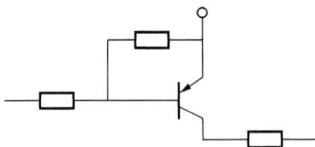

当某一位显示器所有的笔画都点亮时，该位驱动三极管流过的电流为 160~240mA。

为保证正确显示，输出某位笔画信号时，只能该位显示器被选中。4 位驱动逻辑图如图 5-34 所示。

图 5-33　限流电阻电路　　　　　图 5-34　4 位驱动逻辑图

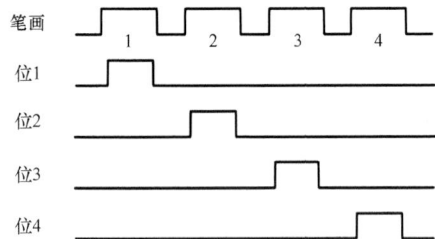

本方案中段码输出用 NPN 三极管 9012 扩流，位控制用 ULN2003 集成电路扩流。ULN2003 的引脚及内部逻辑图如图 5-35 所示。

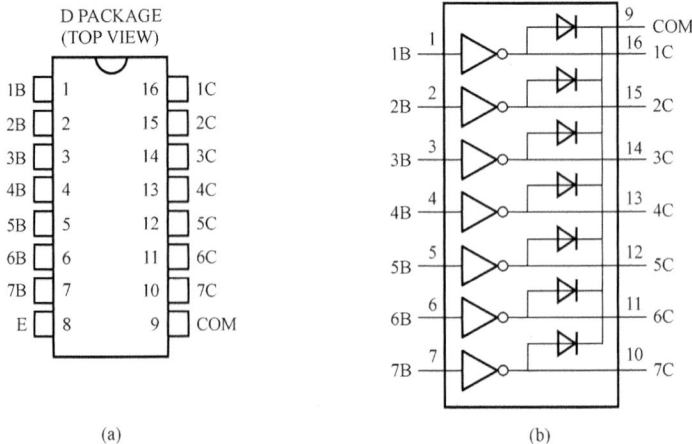

图 5-35　ULN2003 引脚及内部逻辑图
（a）ULN2003 引脚图；（b）UL2003 内部逻辑图

（6）单片机与 ADC0809 的连接。单片机与 ADC0809 控制信号的连接需要或非门、非门，可用 74HC02 完成。74HC02 的外形、引脚和逻辑图如图 5-36 所示。

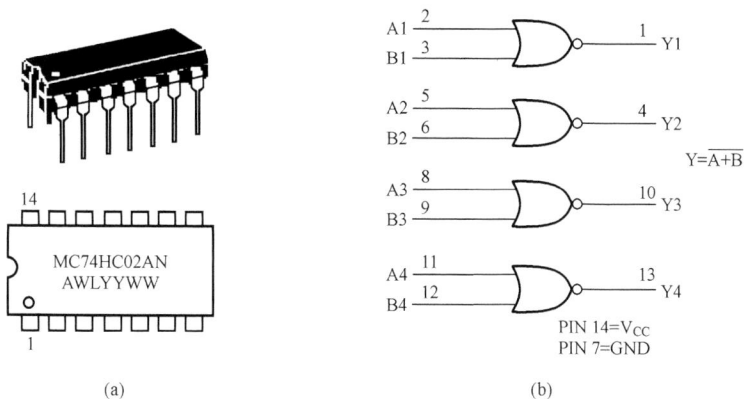

图 5-36　74HC02 外形、引脚和逻辑图
（a）外形及引脚图；（b）内部逻辑图

非门可以将或非门的输入端并联作为非门的输入，输出端作为非门的输出端。

ADC0809 的时钟信号由单片机的 ALE 信号二分频后提供，分频由 D 触发器 74LS175 完成。74LS175 引脚图和内部逻辑图如图 5-37 所示。

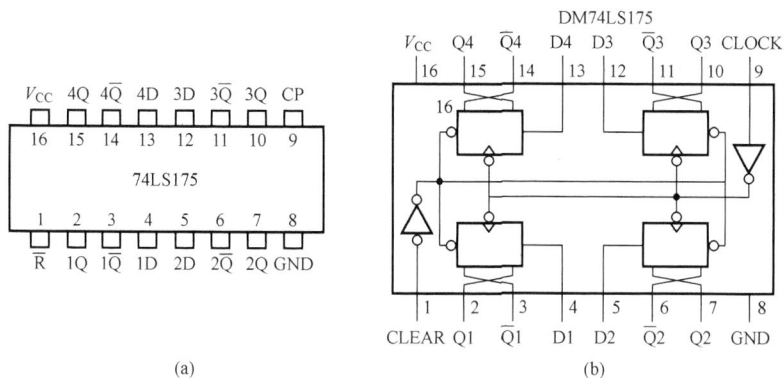

图 5-37　74LS175 引脚图和内部逻辑图
（a）引脚图；（b）内部逻辑图

单片机控制显示系统电路如图 5-38 所示。

（7）调试与测试。采用 Ware E2000 编译器进行源程序编译及仿真调试，同时在面包板上进行硬件组装和调试。烧好程序后进行软硬件联调，最后进行端口电压的对比测试，测试结果见表 5-4。表中的标准电压值是采用 MY65 型数字万用表测得。

从表 5-4 可以看出，MY65 型数字电压表与单片机构成得"标准"数字电压表测得值的绝对误差均在 0.02V 以内，这与采用 8 位 ADC 转换器所达到的误差精度一致，基本上可以达到设计要求。

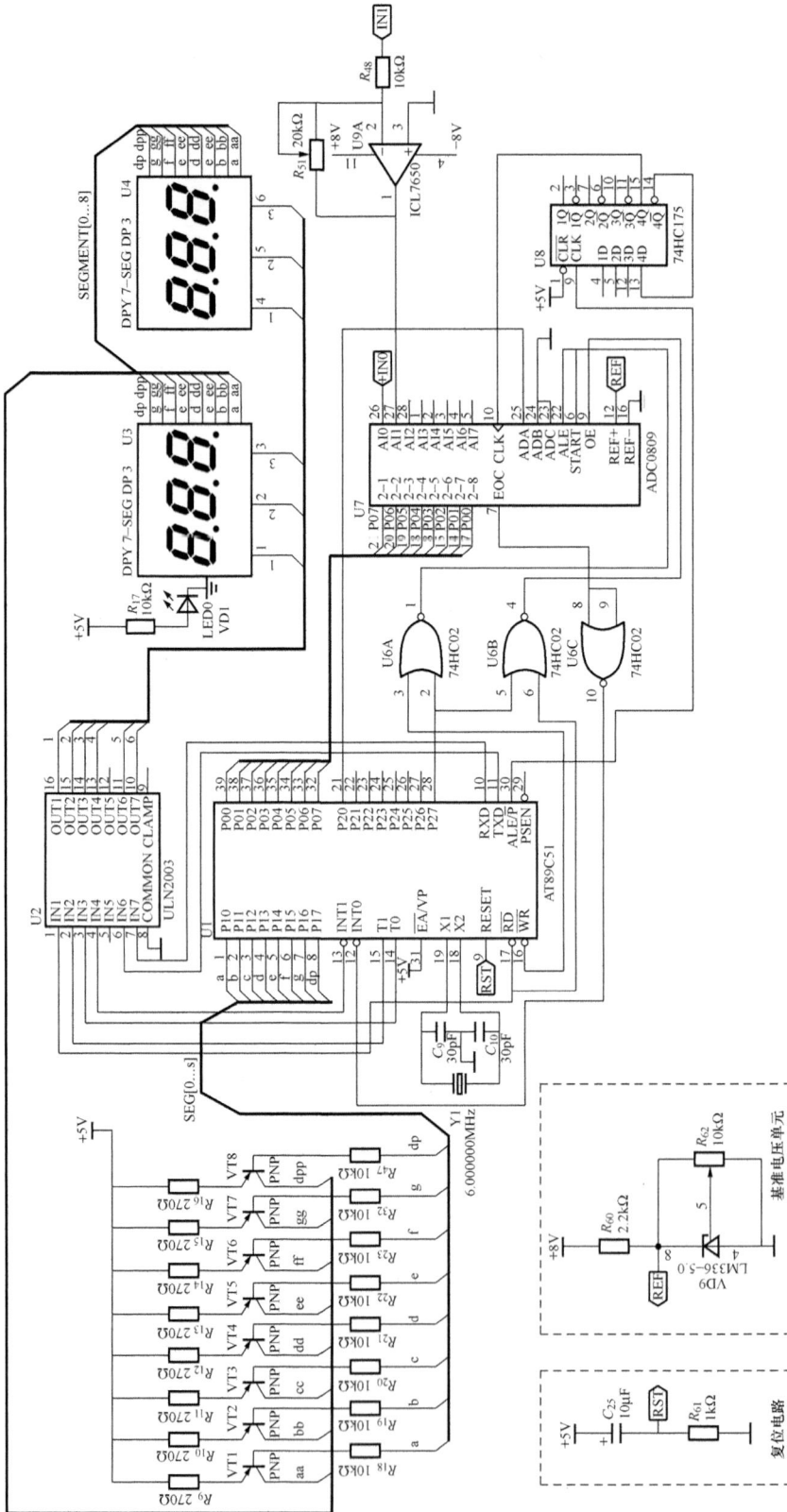

图 5 - 38　单片机控制显示系统电路图

表 5 - 4　　MY65 型数字万用表与"标准"数字电压表（数字显示系统）对比测试结果

标准值（V）	0.00	0.15	0.85	1.0	1.25	1.75	1.98	2.23	2.65
MY65 测量电压值	0.00	0.17	0.86	1.02	1.26	1.76	2.00	2.33	2.65
绝对误差	0.00	+0.02	+0.01	+0.02	+0.01	+0.01	+0.02	+0.01	+0.01
标准值（V）	3.00	3.45	3.55	4.00	4.50	4.60	4.70	4.81	4.90
MY65 测量电压值	3.01	3.47	3.56	4.01	4.52	4.62	4.72	4.82	4.92
绝对误差	+0.01	+0.02	+0.01	+0.01	+0.02	+0.02	+0.02	+0.01	+0.02

（8）单片机控制显示系统源程序清单。数字电压表的单片机控制源程序如下：

```
ORG  0000H
SJMP MAIN
ORG  0003H
SJMP SERVE
ORG  0030H
MAIN:ACALL BEGIN
MS:MOV  DPTR,#0
MOVX  @ DPTR,A
SETB  TR0
;
MOV A,#152
MOV R0,#42H;正
ACALL CAL
MOV A,#201
MOV R0,#45H;负
ACALL CAL
ACALL SEG

AGAIN:ACALL  DISP
JBC  TF0,GON
AJMP AGAIN
GON:MOV TH0,#3CH
MOV TL0,#0B0H
DJNZ R7,AGAIN
MOV  R7,#2
SJMP
SERVE:PUSH ACC
PUSH R0
MOVX A,@ DPTR
JB  F0,NEG
POS:MOV  R0,#42H
ACALL CAL
SETB  F0
```

```
        MOV  DPTR,#0100H
        MOVX @ DPTR,A
        AJMP RETURN
NEG:MOV R0,#45H
        ACALL CAL
        CLR  F0
RETURN:ACALL SEG
        POP R0
        POP ACC
        RETI
BEGIN:MOV TMOD,#11H
        MOV TH0,#3CH
        MOV TL0,#0B0H
        SETB  EA
        SETB  IT0
        CLR  F0
        MOV  R7,#2
        ;SETB EX0
        RET

DISP:MOV R0,#30H

        SETB P3.0
        MOV P1,@ R0
        ACALL DL800
        INC R0
        CLR  P3.0

        SETB P3.1
        MOV P1,@ R0
        ACALL DL800
        INC R0
        CLR  P3.1

        SETB P3.3
        MOV P1,@ R0
        ACALL DL800
        INC R0
        CLR  P3.3

        SETB P3.4
        MOV P1,@ R0
        ACALL DL800
```

```
        INC R0
        CLR  P3.4

        SETB P3.5
        MOV P1,@ R0
        ACALL DL800
        INC R0
        CLR  P3.5

        SETB P3.6
        MOV P1,@ R0
        ACALL DL800
        INC R0
        CLR  P3.6
        RET

SEG:MOV  R6,#6
        MOV  R0,#40H
        MOV  R1,#30H
LP:MOV  A,@ R0
        MOV  DPTR,#TAB
        MOVC A,@ A+DPTR;
        MOV  @ R1,A
        INC  R0
        INC  R1
        DJNZ R6,LP
        ANL  31H,#7FH
        ANL  34H,#7FH
        RET

CAL:MOV  B,#15
        MUL  AB
        MOV  R6,B
        MOV  R5,A
        MOV  R2,#0FFH
        ACALL DV
        CJNE  R5,#9,NOT
        AJMP  EQ
NOT:JNC  DIVD
EQ:MOV  @ R0,#10
        DEC   R0
        MOV   A,R5
        MOV   @ R0,A
```

```
        AJMP  XSH
        DIVD:MOV  A,R5
        MOV  B,#10
        DIV  AB
        MOV  @ R0,A
        DEC  R0
        MOV  @ R0,B

        XSH:MOV  A,R6
        MOV  B,#10
        MUL  AB
        MOV  R6,B
        MOV  R5,A
        MOV  R2,#0FFH
        ACALL DV
        DEC    R0
        MOV A,R5
        MOV @ R0,A
        RET
        DV:MOV R7,#8
        DV1:CLR C
        MOV A,R5
        RLC  A
        MOV R5,A
        MOV A,R6
        RLC A
        MOV 07H,C
        CLR C
        MOV B,A
        SUBB A,R2
        JB  07H,DV2
        JNC DV2
        MOV A,B
        AJMP DV3
        DV2:INC R5
        DV3:MOV R6,A
        DJNZ R7,DV1
        RET
        DL800:SETB TR1
        DL:MOV TL1,#0E0H
        MOV TH1,#0FCH
        WAIT:JBC TF1,NEXT
        AJMP WAIT
```

```
NEXT:CLR TR1
RET
TAB:DB    3FH,06H,5BH,4FH,66H,6DH
    DB    7DH,07H,7FH,6FH,00H
END
```

5.3　综合电子技术设计题选

5.3.1　调频接收机

一、设计任务

使用收音机专用集成电路及单片机控制电路设计一台全自动调频收音机，并满足下列技术指标：

（1）接收 FM 信号频率范围为 88～108MHz，调制信号频率范围 100～15 000Hz，最大频偏 75kHz。

（2）最大不失真输出功率≥100mW（负载阻抗 8Ω）。

（3）接收机灵敏度≤1mW。

（4）镜像抑制性能优于 20dB。

二、设计要求

（1）接收机能正常接收调幅（中频）和调频信号。

（2）能实现数字化的自动搜台、手动调台、存台和频率显示等功能。

三、课题分析

（一）调谐方式的选择

（1）LC 调谐法，在本振回路通过机械方式调整谐振电路的电容值来改变本振频率，从而达到调谐目的，该方法简单，通用性好，有一定应用价值。但频率稳定性差，无法完成设计要求。

（2）数据 D/A 转换为模拟电压，控制变容二极管两端电压来改变频率。这种调谐方式的精度取决于 D/A 转换器精度，该电路简单，没有锁相环中可能产生的噪声，但是，谐振电路处于开环状态，温度稳定性差，本振频率容易受外界因素影响。

（3）采用 PLL 频率合成方式。PLL 频率合成数字调谐系统主要由压控振荡器（VCO）、相位比较器（PD）、低通滤波器（LF）、可编程分频器、高稳定晶体振荡器、参考分频器、中央控制器（单片机）等组成。高稳定晶体振荡器（简称晶振）使得本振频率稳定性极大地提高，而且在单片机控制下可以实现数字化的自动搜台、手动调台、存台等功能。PLL 频率合成（BU2614）可以完全实现上述功能，因此本设计选择此方案。

（二）整机电路方案

调频接收机的系统由单片机（STC89C52）、频率合成器（BU2614）、接收机（CXA1019S）及其外围电路组成。

调频接收机的设计是采用频率合成技术来完成收音机的电调谐，通过 BU2614 的串行口与单片机通信来改变分频比，用 BU2614 内部的分频器和鉴频鉴相器，与索尼公司专用调频/调幅收音机芯片 CXA1019S 的本振 VCO 构成数控锁相环，通过改变分频比来改变接收的频点，选台和频率显示、存台等由单片机 AT89C52 和 MAX7219、93C46 芯片配合完成。调频式收音机系统框图如图 5-39 所示。

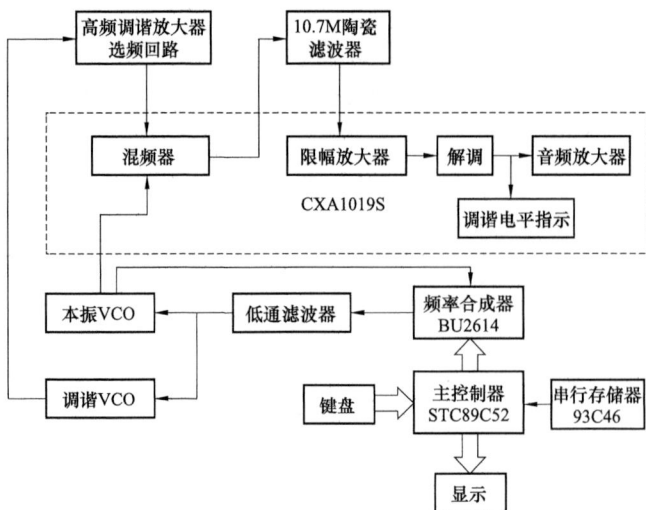

图 5-39　调频式收音机系统框图

四、系统设计

（一）收音机部分

本课题选用索尼公司 FM/AM 收音机专用芯片 CXA1019S，其内电路包含有以下功能：

（1）调频高放、变频、中放、鉴频电路。

（2）调幅变频、中放、检波电路。

（3）电子音量控制、低频放大、电源稳压电路。

（4）FM 时 $V_{CC}=5V$，工作电流为 5.3mA；在 $V_{CC}=6V$、$R_L=8\Omega$ 时，输出功率为 500mW。

CXA1019 集成块包括 AM/FM 收音的全部电路，功能齐全，外围元件少，集成化程度高。由该 IC 组装的收音电路，具有适用电压范围宽（3~9V）、耗电省、灵敏度高、失真小等优点。

CXA1019S 采用双列 30 脚（或 28 脚）封装，其实物和内部结构如图 5-40 所示。从天线输入的信号经 88~108MHz 带通滤波器滤波送入 CXA1019S 进行高频放大、混频、中频放大、鉴频处理，解调出音频信号。CXA1019S 典型应用电路（除去 AM 部分），如图 5-41 所示。

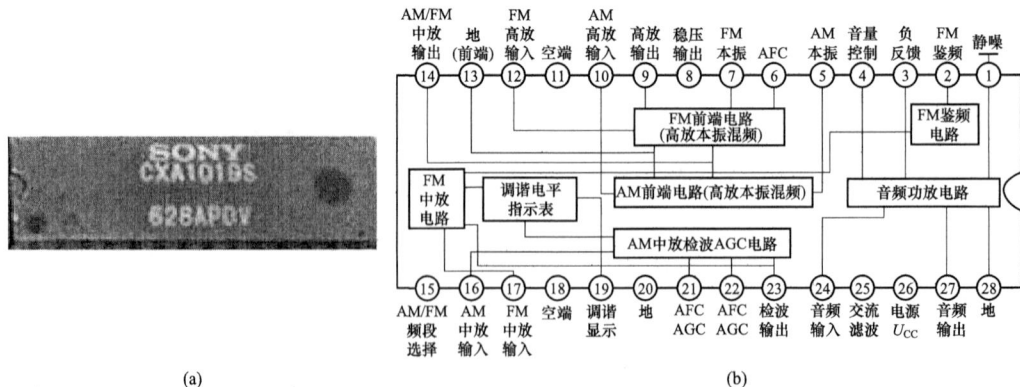

图 5-40　CXA1019S 芯片实物图及内部结构图

（a）芯片实物图；（b）内部结构图

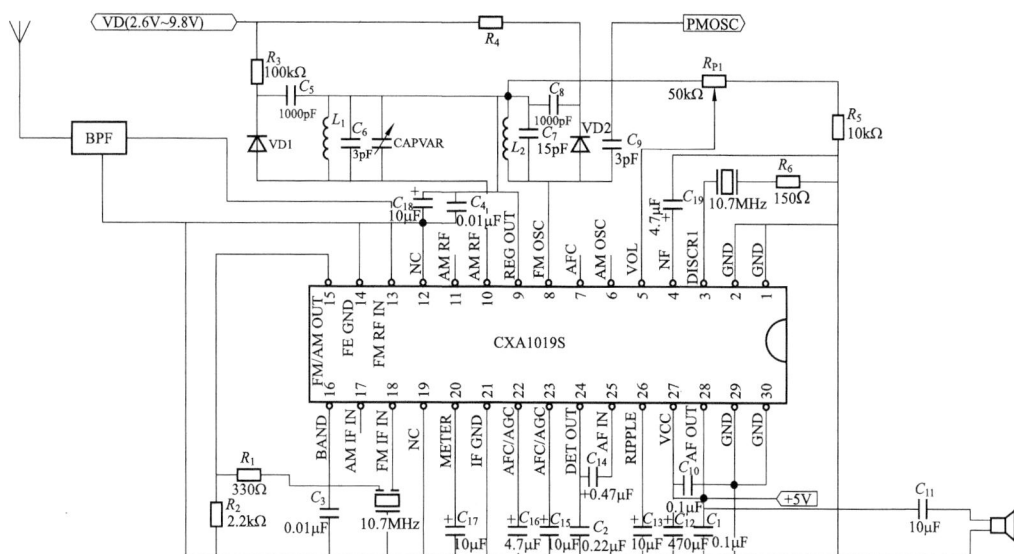

图 5-41 CXA1019S 应用电路

由天线将高频信号经 BPF 滤波器送到 CXA1019S 芯片的 13 脚（FM 高频输入），在芯片内部进行高频放大，放大后的信号由接在 10 脚的 L_1、C_6、C_5 和 VD1 选频，通过改变变容二极管 VD1 的反向偏置电压，来改变变容二极管的电容量，以达到频率调谐的目的；接在 8 脚的 L_2、C_7、C_8 和 VD2 组成 FM 本振选频网络，同样是通过调节变容二极管 VD2 的反向偏置电压来改变本振频率的；选频后的调频电台信号在芯片内部混频，混频后的 10.7MHz 调谐信号在 15 脚输出，通过 R_1（330）电阻送到 CF（10.7MHz 陶瓷滤波器），经其选频后送到芯片的 17 脚进行 FM 中频放大。放大后的 FM 信号在其内部进行鉴频，鉴频网络接在 3 脚的 DICF 两端的陶瓷带通滤波器（10.7MHz）上，鉴频后的音频信号由 24 脚输出，经电容 C_{14} 直接耦合到 25 脚。通过内部的音频功率放大最后由 28 脚送出给扬声器。对于音量的控制是通过音量电位器的滑动来控制的，当电位器滑动端改变时，直流电压随之改变，从而达到控制音量的目的。

通过对收音机波段覆盖系数和输入调谐回路与本振回路参数选择计算，来选定调谐回路阻容元件值。

（二）数字频率合成部分

调频接收机采用锁相环路法来构成数字式频率合成器，应用锁相频率合成器芯片 BU2614 内部的数字逻辑电路把 VCO 频率一次或多次降频至鉴相器频率上，再与参考频率在鉴相电路中进行比较，所产生的误差信号用来控制 VCO 的频率，使之锁定在芯片内参考频率的稳定度上。

BU2614 是一种串行码输入的锁相频率合成器，它采用标准的 I^2C 总线结构，可以工作在整个 FM 波段，具有低噪声、低功耗、高灵敏度的特点，并具有中频检测功能。BU2614 为 16 引脚芯片，其内部结构与引脚功能如图 5-42 所示。引脚 X_{out} 与 X_{in} 为外接晶振引脚，一般接 75kHz 晶体，主要产生标准频率和时钟信号；CE、CLK 和 DK 端为使能、时针和数据输入端；PD1 为相位比较输出。

BU2614 内部主要有相位比较器 PD、可编程分频器、参考分频器、高稳定晶体振荡器及内部控制。

BU2614 具有以下特点：

（1）最高工作频率可达 130MHz，并且为串行数据输入。

（2）采用晶振的高精度、高稳定度的 75kHz 的参考频率。

（3）低电流损耗，工作时为 4mA，锁相不工作时为 100μA。

（4）除了可直接用在 FM 和 AM 中，芯片还可提供 7 种参考频率，25、12.5、6.25、5、3.125、3kHz 和 1kHz。

（5）具有中频检测功能，开锁显示。

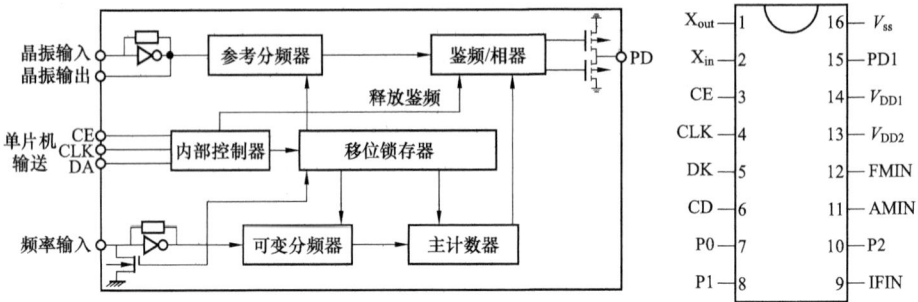

图 5-42　BU2614 内部结构和引脚功能图

如图 5-43 所示是锁相环的原理图，锁相环工作原理是：锁相环路锁定时，鉴相器的两个输入频率相同，即 $f_r = f_d$，本电路中参考频率 f_r 取 1kHz，主要是为了提高锁台精度。f_d 是本振频率 f_{osc} 经 N 次分频以后得到的，即 $f_d = f_{osc}/N$，所以本振频率 $f_r = N \cdot f_r$。通过改变分频次数 N，VCO 输出的频率可以控制在不同的分频点上。

因为基准频率 f_r 是由晶振分频得到的，所以，本振频率的稳定度几乎同晶振稳定度一样高。用于调频信号载波范围为：88MHz$<f_{in}<$108MHz，根据超外差收音机原理，可知本振频率为 $f_{osc} = f_{in} + f_m$，分频器第分频次数为 $N = f_{osc}/f_r$ 选中频频率为 10.7MHz，则本振频率范围为 98.7MHz$<f_{osc}<$118.7MHz，故 BU2416 的分频次数 N 的范围为 $f_{osc(min)}/f_r < N < f_{osc(max)}/f_r$，即 98/700$<N<$118/700，通过单片机将相应 N 输入 BU2614，即可以达到选台目的。

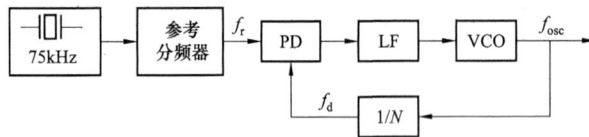

图 5-43　锁相环的原理图

BU2614 锁相环外围电路如图 5-44 所示，其工作原理为：5 脚接收单片机的串行数据，该数据为 12 脚反馈频率 FM OSC 提供分频系数 N，内部标准频率由串行数据位中的 R0，R1，R2 的不同取值确定。本设计选择 R0 为"1"R1 为"1"，R2"1"，标准频率为 25kHz 与频率 FM OSC/N 比较，在 PD 输出相位比较信号，根据 PD 输出端的不同状态，从低通滤波器得到相应的直流电压，该电压加在 CXA1019S 收音机回路的调谐和本振回路中的变容二极管上，使得调谐频率和本振频率的改变与天线 BPF 接出的载波信号谐振收到电台，实现电调谐功能。而本振频率通过电容耦合反馈到 BU2614 中使得频率锁定。

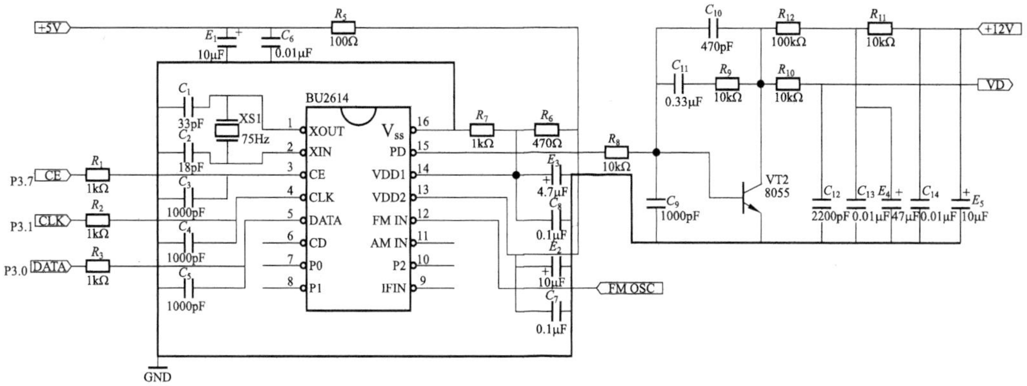

图 5-44　BU2614 锁相环外围电路图

（三）单片机部分

（1）单片机系统。单片机系统是收音机的核心控制部分，其任务是从键盘读取控制指令，输出相应的串行数据控制频率合成器的分频比，进而通过锁相环对调谐回路和本振回路的频率进行调整和控制，实现程控搜索、电台存储、调出电台序号、显示载频以及显示收音机的状态信息等功能，其框图如图 5-45 所示。

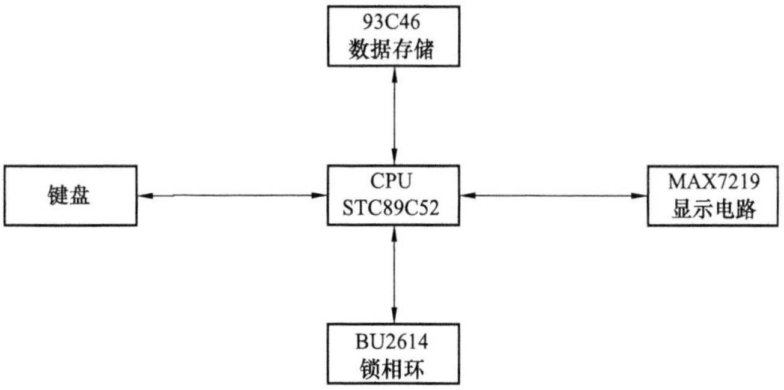

图 5-45　单片机控制电路框图

对于电台的存储，一般采用静态存储器 RAM 来存储信息，但是 RAM 在断电后会丢失数据，为此采用具有在线读写、断电保存功能的 93C46 芯片来完成存储功能。由于该收音机的接收频率为 88~108MHz，以 25kHz 为步长，共需测量 800 个频点，一般情况下，存储台数可以设置为 10 个。

（2）STC89C52 芯片。本设计采用宏晶科技生产的 STC89C52 芯片，芯片采用 40 脚双列直插式封装，32 个 I/O 口，芯片工作电压 3.8~5.5V，工作温度 0~70℃（商业级），工作频率可高达 30MHz，芯片的外形和引脚如图 5-46 所示。

STC89C52 是一种低功耗、高性能 CMOS8 位微控制器，具有 8K 在系统可编程 Flash 存储器。使用高密度非易失性存储器技术制造，与工业 80C51 产品指令和引脚完全兼容。片上 Flash 允许程序存储器在系统可编程，也适于常规编程器。在单芯片上，拥有灵巧的 8 位 CPU 和在线系统可编程 Flash，使得 STC89C52 为众多嵌入式控制应用系统提供高灵活、超有效的解决方案。STC89C52 具有以下标准功能：8K 字节 Flash，256 字节 RAM，32 位 I/O 口线，看门狗定时器，二个数据指针，三个 16 位定时器/计数器，一个 6 向量 2 级中断结构，全双工串行口，片内晶振及时钟电路。另外，STC89C52 可降至 0Hz 静态逻辑操作，支持两种软件可选择节电模式。空闲模式下，CPU 停止工作，允许 RAM、定时器/计数器、串口、中断继续工作。掉电保护方式下，RAM 内容被保存，振荡器被冻结，单片机一切工作停止，直到下一个中断或硬件复位为止。8 位微控制器 8K 字节在系统可编程 Flash。P0 ~ P3口结构，第一功能、第二功能请参考数据手册。

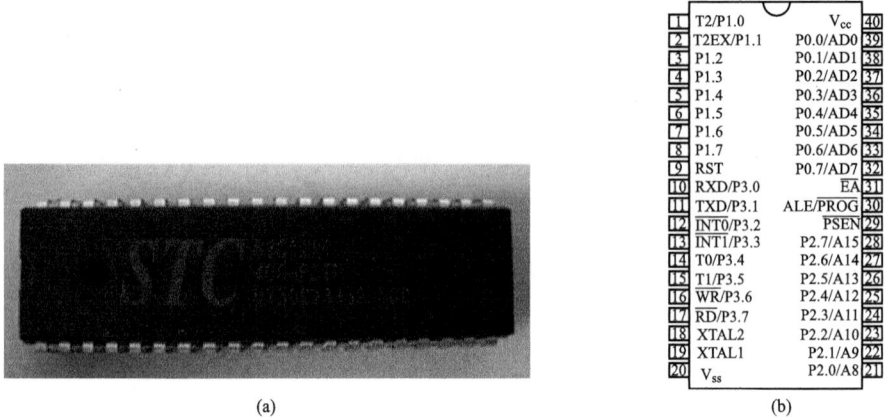

图 5-46　STC89C52 外形和引脚图

（a）外形实物图；（b）引脚图

（四）其他电路

（1）显示电路。该部分设计采用了 MAX7219 串行显示控制芯片，代替常规的非门驱动芯片，如 74LS00，大大简化了显示电路，实现了以最少器件、最小功耗、在最短时间内提高电路的稳定性的要求。MAX7219 是串行接口 8 位数字静态显示芯片，功能齐全，占用系统资源少，只使用了 STC89C52 的 P3.3、P3.4、P3.5 三个口，显示电路如图 5-47 所示。

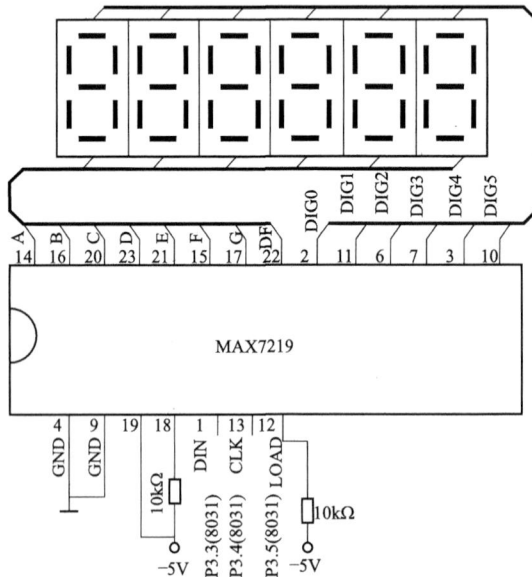

图 5-47　显示电路

（2）键盘电路。对于功能键的设计，采用了查询的方式，即将单片机 89C52 的 P1.2～P1.7 口用作功能键接口，将单片机的 P0、P2 口都作为 I/O 口使用，采用 P0.6，P0.7 与 P2.0～P2.4 构成 10 个编码动态扫描矩阵键，这 10 个键既作为数字键 0～9，又作为 10 个存储电台的台号。另外，还利用 P0.0～P0.5 六个口接六个发光二极管作为六个功能键的工作状态指示。具体的键盘电路如图 5-48 所示。

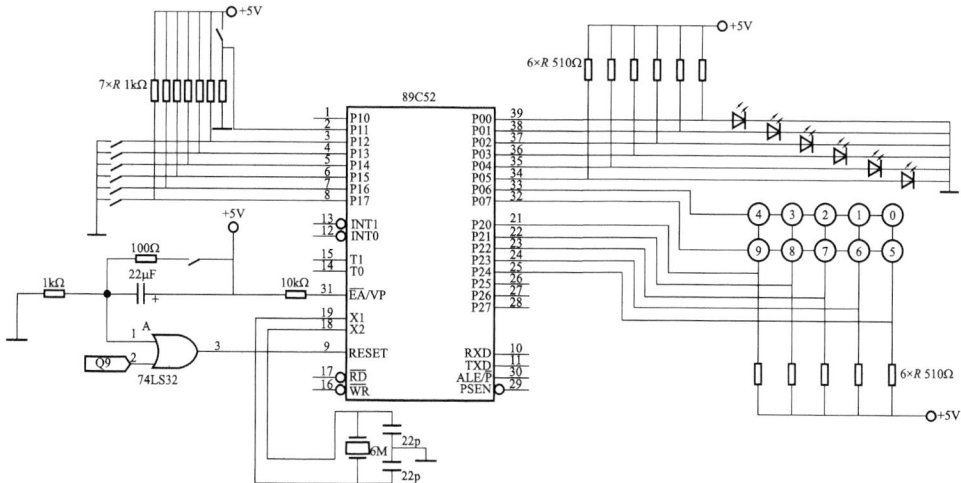

图 5-48　键盘电路

（3）掉电数据存储电路。由于串行 EEPROM93C46 具有在线擦写功能，因此用其存储电台数据，使重新开机时所有存储的电台能被调出。93C46 是 64×16（1024）位串行存取的电擦除可编程只读存储器，具有在线改写数据和自动擦除功能；无论电源开或关，数据不丢失；其与单片机的连接如图 5-49 所示，主要通过端口 CS、SK、DI 和 DE 来进行通信完成。其中 CS 为片选线，输入高电平有效。当 CS＝1 时，可对芯片读写。加于 CS 端信号的下降沿启动片内定时电路开始擦写操作。SK 为串行数据输入或输出的外加触发时钟信号输入，输入时钟频率为 0～250kHz。DI 为串行数据输入端。DE 为串行数据输出端，读写操作时，OUT 可用作擦写状态指示相当于 READY/BUSY 信号，其他状态时 OUT 处于高阻态。BPE 接高电平时片擦片写指令有效。

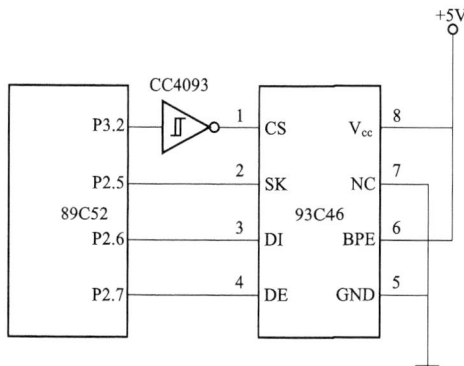

图 5-49　掉电数据存储电路与单片机连接图

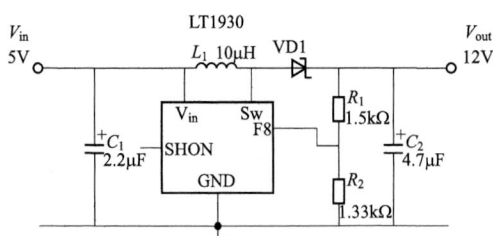

图 5-50　电源电路

（4）电源电路。由于 BU2614、CXA1019S 以及单片机系统需要 5V 电源电压，而变容二极管需要 9V 以上的电压，若采用单电源+5V 供电，则必须采用 DC-DC 模块升压得到+12V 电压。

本课题选用了 Linear 公司的 DC-DC 专用芯片 LT1930，并对典型电加以改进，使之能够输出+12V，电源电路如图 5-50 所示。

（五）软件系统

（1）主程序。本设计功能键采用查询方式，数字键采用动态扫描方式。在收音机开机后，首先把上次关机时的电台调出来，并把上次关机前的各个台号存储的电台频率数据还原。然后开始动态扫描各个数字键，判断是否直接调用已存好的电台。如果有数字键按下，则调用已存在该键下的电台，并显示该电台频率。如果没有数字键按下则转入判断功能键。当有功能键按下时，则执行相应的功能。若没有功能键按下，则存储当前电台数据后再返回继续进行循环扫描。主程序流程如图 5-51 所示。

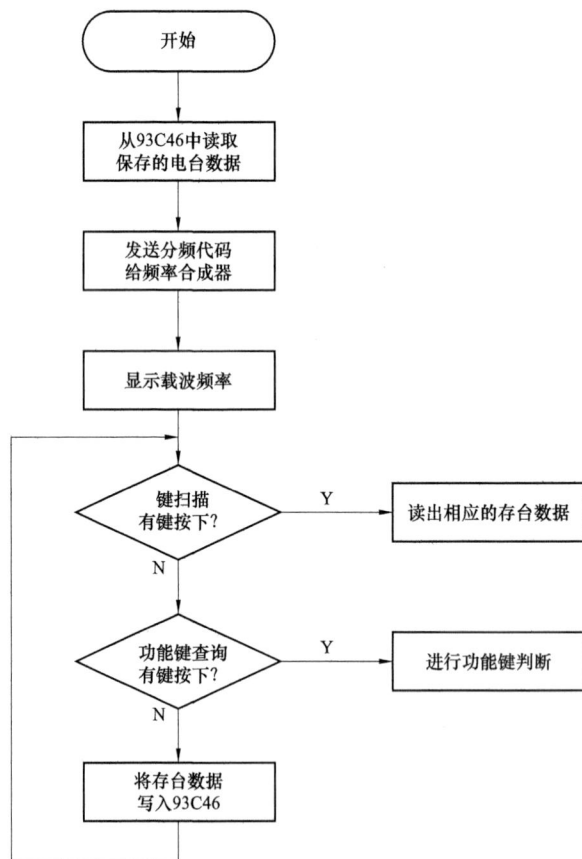

图 5-51　主程序流程图

（2）功能键查询程序。根据设计要求，安排了 6 个功能键，分别为：全频搜索键、继续搜索键、指定频率范围搜索键、向上步进键、向下步进和存储键。当程序执行到功能键查询时，如果有键按下则转入各个功能键。全频搜索执行后，收音机将从 88MHz 开始以 25kHz 为步进向上搜索，如果没有锁台信号，则收音机将一直搜索到 108MHz 才跳出；当有锁台信号时，将停留在该台上。继续搜索程序是从当前频率开始以，向上开始搜索，如果没有锁台信号，则收音机将一直搜索到 108MHz 才跳出；当有锁台信号时，将停留在该台上。指定频率范围搜索程序是当按下该键后，数码管自动显示"LP"提示输入频率范围的最小值，输完数值后，按下确定键，此时将显示"HP"提示输入频率范围的最大值，输完数值后，按下确定键，则自动地从输入最小频率点开始，以 25kHz 为步进进行搜索，当搜索到电台后自动转入收音状态。若输入的频率值不在本机所覆盖的频段 88～108MHz 内或输入的最大值小于输入的最小值，则显示"OP"提示输入错误。向上步进、向下步进程序是以 25kHz 为步进进行的手动搜索。存台程序是按下该键后调用动态扫描键程序，然后按下数字键得到键号，将相应的频率存入相应的存储单元。这部分的程序流程如图 5-39 所示。

（3）掉电数据存储程序。这部分主要包括：

1）每次开机时将 93C46 中存储的数据读到相应的位置。

2）每运行一次主程序中的循环扫描和功能查询后，将当前值和存台数据写入 93C46 芯片中（具体程序略）。

五、安装和调试方法

（一）安装方法

（1）本机可以采用三块多功能电路板，按键显示部分、单片机控制系统和收音机电路各用一块电路板。本机使用的多块集成电路最好是先安装 IC 插座，然后将芯片插在 IC 座上。

（2）在一般情况下，所有元器件应尽量布置在基本不焊接的一面，以便于安装、焊接、调试和维修。

（3）收音机板上的元器件应尽量按电路顺序排列，并力求电路安排紧凑、密集，以缩短引线，这一点对高频电路尤为重要。

（4）排列元器件的间距，应考虑它们之间可能存在的电位梯度，以防止放电打火。在保证性能的情况下，元器件的布局应当平行或垂直，以求整齐、美观。

（5）应尽量将一个完整的电路安装在一块电路板上。如果电路复杂或有屏蔽等要求，需要将电路分成几块印刷电路板安装时，则应使每个完整的、有独立功能的电路安置于同一块板面上。

（6）所有的阻容元件、电感线圈、按键及显示元件必须先检测正常后，再安装焊接。

（二）调试方法

整机调试要点如下：

（1）最大不失真功率测试。调频信号源输出载频分别为 88、96、102、108MHz，调制频率为 100Hz、1、1.5kHz，输入电平为 2mV 的调频信号加至 BPF 带通滤波器。接收机分别调谐在 88、96、102、108MHz 点上改变音量电位器，使负载（8Ω）两端电压波形失真为最小，记下 R_2 两端电压 U，按 $P = U_2/R$，计算最大不失真功率。

（2）灵敏度测试，方法与最大不失真功率测试类似，调节音量电位器使接收机输出功率为 100mW，减小信号源输出幅度，使输出波形恰好不失真，此时调频信号源输出电压即为灵敏度。

（3）抑制比测试。按图 5-52 所示框图，先测信号源输出灵敏度电平，无调制信号时中频输出电压，改变频率为各频点对应的镜像频率，调节信号发生器的输出电平，使中频放大电路（简称中放）输出电压增大到原来的标准，测前后两次调频信号源输出电压比值（用 dB 表示），即为镜像抑制比。

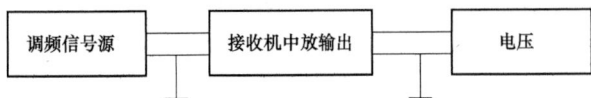

图 5-52　镜像抑制比测试框图

（4）功能测试。功能测试项目如下：

1）可实现全频段范围搜索，选择存储电台。

2）可实现在特点范围搜索，选择存储电台。

3）可实现调用已存储的任意电台。

4）有载波显示功能。

5.3.2　电机遥控系统

一、设计任务

使用单片机控制芯片制作遥控器，另一个单片机控制系统为接收器，控制电机的启/停和转速。

二、设计要求

（1）最大遥控距离为 10m。

（2）发射接收角度：水平最大为 90°。

（3）遥控器发射时，工作电流为 8mA，静态电流为 0.6mA。

（4）电机控制系统最大输出电压（五挡转速）：交流 200V；电机控制系统最慢输出电压（1 挡转速）：交流 50V。

（5）电机控制系统停止输出电压：0V。

三、课题分析

目前市场上一般设备系统采用专用的遥控编码及解码集成电路，此方案具有制作简单、实现容易等特点；但应用功能键及功能受到特定的限制，只适用于某一类专用电器产品，使用范围受到限制。而采用单片机进行遥控系统的应用设计，具有编程灵活多样、操作个数可随意设定等优点。本单片机遥控应用系统采用红外线脉冲个数编码、单片机软件解码，实现了对交流电机的开启及转速控制。如图 5-53 和图 5-54 所示分别是单片机遥控系统设计原理及接收控制系统设计原理框图。

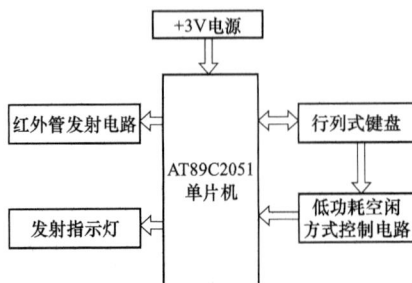

图 5-53　单片机遥控系统框图

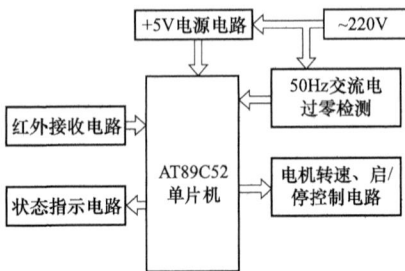

图 5-54　单片机接收系统框图

四、系统设计

（一）遥控发射器设计

如图 5-55 所示是单片机遥控器的电路设计原理图。电路主要由 AT89C2051 单片机、行列式操作键盘、低功耗空闲方式控制电路、红外发射电路、电源等部分组成。单片机平时都处于低功耗空闲状态，一旦有键按下，就会通过中断，唤醒单片机，进行键盘查询，并由查询的键号控制红外发射管发射相应脉冲，发射完毕后再进入低功耗空闲状态。

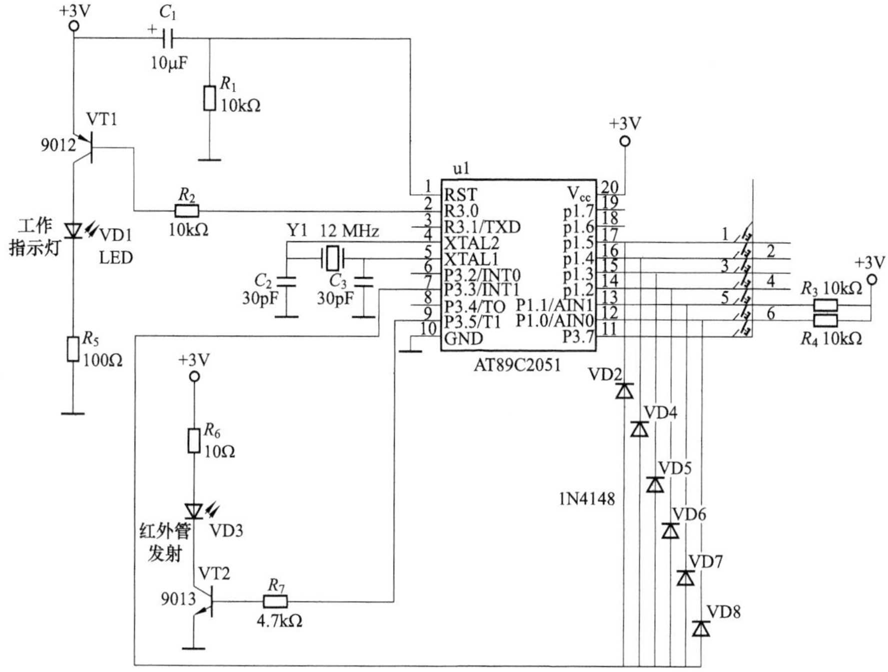

图 5-55　单片机遥控器的电路设计原理图

（1）单片机。遥控电路的主芯片采用美国 ATMEL 公司的 AT89C2051 FLASH 单片机。其具有 2KB 可编程闪速存储器，2.7～6V 的使用电源、128×8 位的内部存储器，两个 16 位定时器/计数器，5 个中断源，且具有直接 LED 驱动以及空闲和掉电方式等功能。遥控器采用两节 1.5V 电池串联，提供+3V 电源供电。

（2）行列式操作键盘。行列式操作键盘又称为矩阵式键盘。用 I/O 线组成行列结构，按键设置在行列的交点上，行列线分别连接到按键开关的两端，键盘中无按键按下是又列线送入字、行线读入行线状态来判断的。为了提高 CPU 效率，同时也为了节约电源能量，遥控器采用按键中断扫描方式。无按键按下时，单片机处于低功耗空闲待机方式，有键按下时，触发外部中断，实现查键及执行键功能程序。

（3）低功耗控制电路。AT89C2051 的 CPU 有两种工作方式即空闲方式，遥控器采用了空闲节电方式。当 CPU 执行完“置 IDL＝1（PCON.0＝1）”指令后，系统进入空闲工作方式，这时内部时钟不向 CPU 提供，而只供给中断、串行口、定时器部分。遥控器退出低功耗空闲方式电路，由 IN4148 二极管组成的“与”门实现。当有键按下时，由“与”门触发外部中断 1 发生中断，单片机退出空闲工作方式，进入键盘和红外发射程序，结束后又进入低功耗空闲方式待机。使用过程中单片机基本都处于空闲工作方式，功耗相当低，从而为使用电池电源提供保障。

（4）红外发射和指示灯电路。遥控器信息码由 AT89C2051 单片机定时器 1 调制成 38.5kHz 红外线载波信号，由 P3.5 口输出，经过三极管 9013 放大，由红外线发射管发送。电阻的大小可以改变发射距离。按键的操作指示灯使用一个 LED 发光二极管。

（二）电机控制系统电路设计

如图 5-56 所示为单片机电机控制系统电路设计原理图。控制系统 AT89C52 单片机、+5V 的电源电路、红外接收电路、50Hz 交流过零检测电路、电机转速电路及启/停控制电路等部分组成。遥控器发射的信号经红外接收处理传送给单片机，单片机根据不同的信息码进行电机转速控制、电机启/停控制等操作，并完成相应的状态指示。

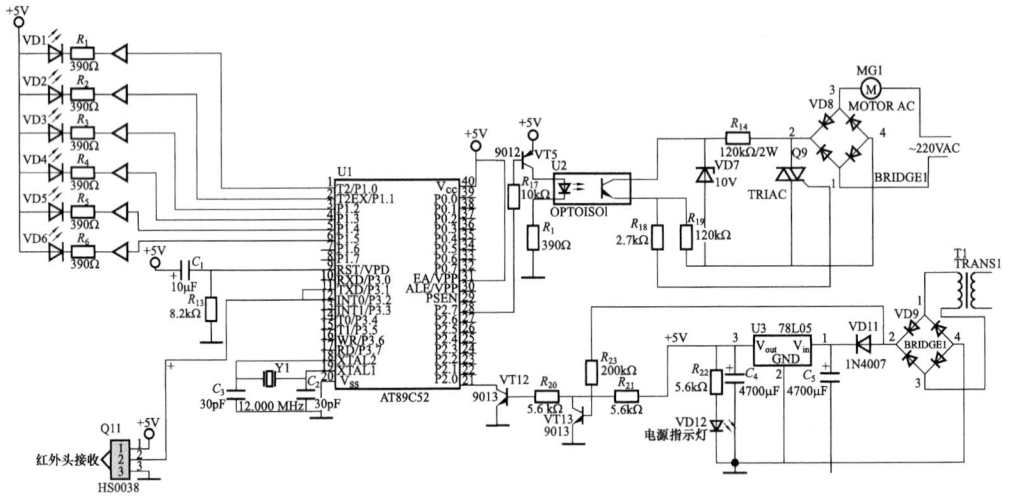

图 5-56　单片机控制电路设计原理图

（1）AT89C52 单片机。控制芯片采用美国 ATMEL 公司 AT89C52 FLASH 单片机。它具有 8KB 的可编程闪速存储器、256×8 位内部存储器、3 个 16 位定时器/计数器、6 个中断源、低功耗空闲和调电方式等特点。控制系统采用+5V 电源电压，外接 12MHz 晶振。

（2）电源电路。电源电路由桥式整流、滤波、7805 稳压器及电源指示灯组成。交流电经过桥式整流变成直流电，再经过电容滤波，7805 集成稳压器成为稳定的+5V 电压，用一个发光二极管指示灯指示电源状态。

（3）红外接收和状态指示电路。目前市场上红外遥控接收器已集成化，一般为三引脚形式，输出检波整形过的方波信号。

电机的状态用发光二极管 LED 指示，共有 7 个电机指示灯，其中两个为电机启/停状态指示，另 5 个为电机五挡调速。

（4）50Hz 交流电过零检测电路。交流电过零检测电路如图 5-57 所示。交流过零检测电路图中各点波形如图 5-58 所示。

过零检测电路由桥式整流电路和两个 9013 三极管组成。当 $U_A = U_{BE} \geqslant 0.7V$ 时，VT1 导通，VT2 三极管截止，B 点变为高电平；当 $U_A = U_{BE} < 0.7V$ 时，三极管截止，VT2 三极管导通，B 点变高电平，C 点为低电平。

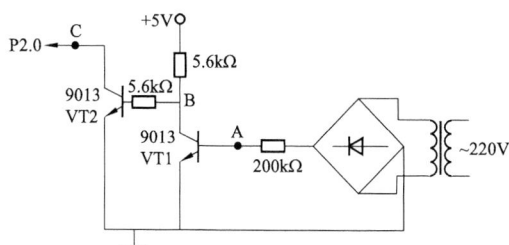

图 5-57 交流过零检测电路

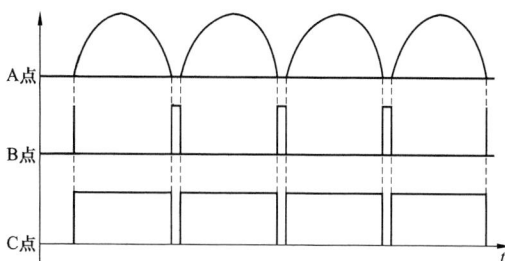

图 5-58 交流过零检测电路中各点电压波形

（5）电机的转速和启/停控制模块。图 5-59 是晶闸管电机控制电路设计原理图。电机转速和启/停是由晶闸管的导通角控制的。AT89C52 传送晶闸管控制的移相脉冲，移相角的改变实现导通角的改变，当移相角较大时，晶闸管的导通角较小，输出电压低，电机转速较慢；当移相角较小时，晶闸管的导通角较大，输出电压较高，电机转速较快；当导通角不为零时，电机启动；当导通角为零时，电机停转。

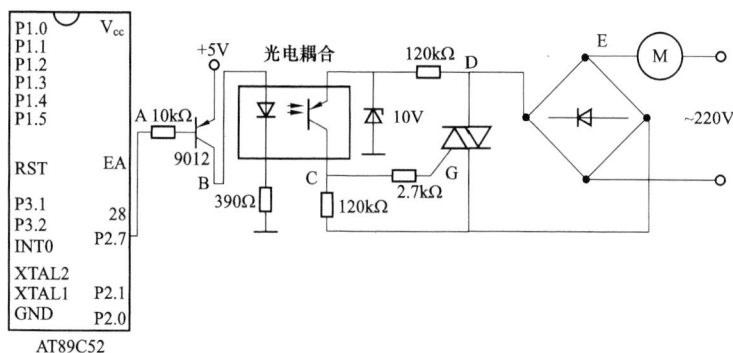

图 5-59 晶闸管电机控制电路设计原理图

当 AT89C52 的 P2.7 位于低电平时，9012 导通，三极管集电极启动光电耦合器导通，使晶闸管的 G 极产生脉冲信号触发晶闸管导通；当 AT89C52 的 P2.7 位于高电平时，9012 三极管、光电耦合器、晶闸管都处于截止状态。晶闸管导通角控制电路中各点的波形如图 5-60 所示。

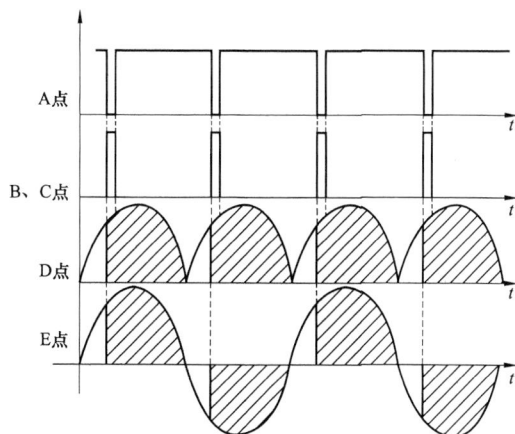

图 5-60 晶闸管导通角控制电路中各点波形图

（三）系统程序设计

（1）遥控器的系统程序设计。

1）初始化程序设计。初始化程序和主程序流程如图 5-61 所示。初始化程序主要是设置 P1 口和 P3 口为高电平状态，关 P3.5 遥控输出，设置堆栈 SP，设置中断优先级 IP，选择定时器/计数器 1 和设置操作模式为自动 8 位重载模式。

主程序部分外部首先调用初始化程序，再进入主程序循环状态。在循环中主要有两个任务，级调用键盘程序和进入低功耗空闲待机方式。系统完成键盘查询程序后即进入空闲节电方式，直到外部中断 1 中断或硬件复位而退出，CPU 再次转向循环部分调用键盘程序。

2）外部中断 1 和定时器 1 中断服务程序。外部中断 1 中断服务程序的功能是：当有键按下时，通过门触发中断 1 中断，IDL 被硬件清零，单片机结束低功耗空闲节电方式，执行进入低功耗空闲方式命令后面一条指令。所以在外部中断 1 中断服务程序中只需要一条返回指令。

定时器 1 中断服务程序的功能是：红外管发射的信号需要经过高频载波才可发射出去，利用定时器 1 的定时作用，在发射高频脉冲时，通过定时对 P3.5 口取反操作，使发射信号调制成 38.5kHz 高频。

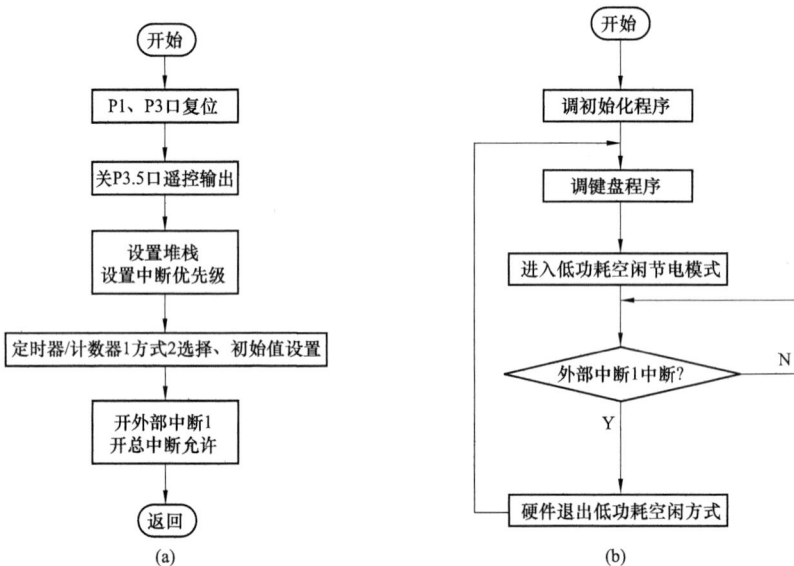

图 5-61　初始化程序和主程序流程图
（a）初始化程序；（b）主程序

3）键扫描、红外发射程序。键扫描、红外发射流程如图 5-62 所示。遥控器的编码采用脉冲个数编码格式，不同的脉冲个数代表不同的操作码，最少为 2 个脉冲，其他信息码的脉冲个数逐个递增。为了接收可靠，第一位码宽为 3ms，其余为 1ms，码间距为 1ms，遥控码数据帧间隔大于 10ms。遥控器上每个键都有唯一的一个键号，CPU 通过查得按下键的键值，从而发送约定个数的脉冲。遥控器编码格式如图 5-63 所示。

（2）接收控制系统的软件设计。

1）初始化程序和主程序模块。初始化程序和主程序流程如图 5-64 所示。初始化程序部

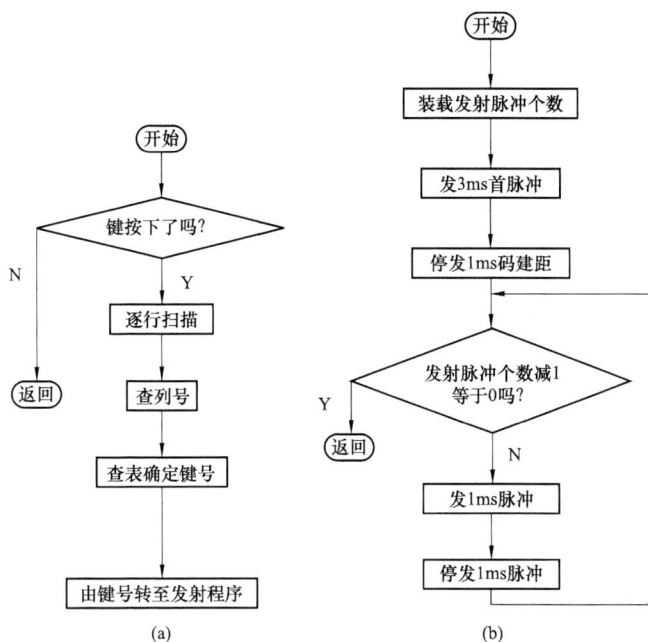

图 5-62　键扫描、红外发射流程图

（a）键扫描程序流程；（b）发射程序流程

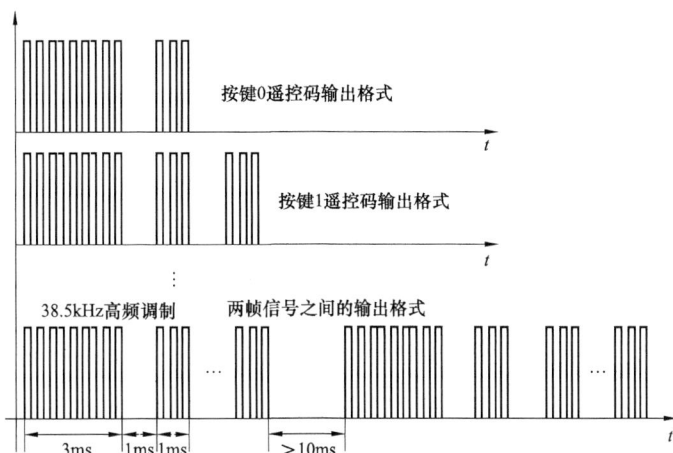

图 5-63　遥控编码格式

分主要使系统进入复位初始化的状态值。具体是：P1 口到 P3 口为高电平状态，选择工作在寄存区，设置堆栈 SP，设置中断优先级 IP，开外部中断 0，设置电机默认停机标志位。

　　主程序部分首先调用初始化程序，再进入主程序循环状态。在循环中主要任务是 50Hz交流电过零检测和调用移相角控制的延时程序。

　　2）外部中断 0 中断服务程序。当红外线输出脉冲帧数据时，红外线接收其输出波形如图 5-65 所示。第 1 位编码的下降沿触发中断程序，实时接收数据帧，并对第 1 位（起始位）码的码宽进行验证。若第 1 位低电平码的脉宽小于 2ms，将作为错误帧处理。当间隔位

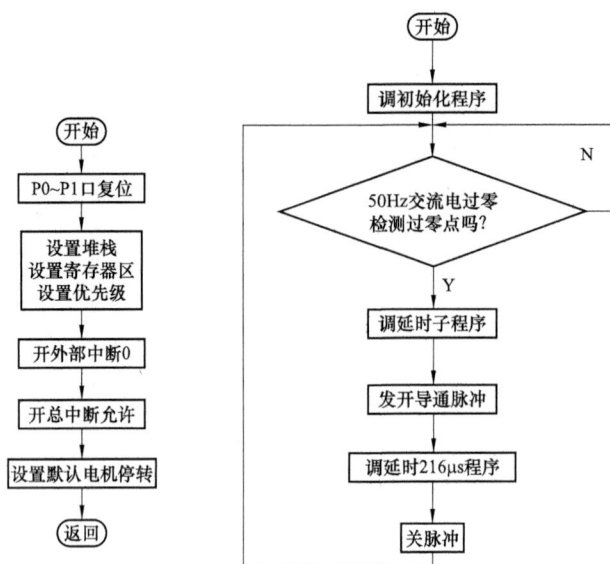

图 5-64　初始化程序和主程序流程图

的高电平脉冲宽大于 3ms 时，结束接收，然后根据累加器 A 中的脉冲数，执行相应的功能操作。外部中断 0 中断服务程序流程如图 5-66 所示。

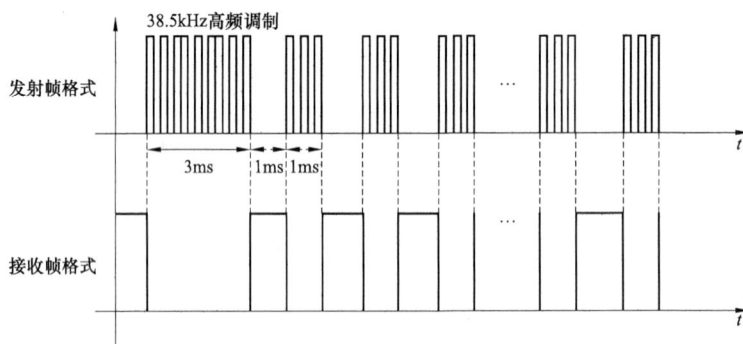

图 5-65　红外线接收其输出波形图

3）移相角控制用延时程序。通过改变移相角的大小，可以改变晶闸管导通角的大小，从而改变输出电压的高低，所以移相角的变化控制电机转速的变化。移相角是利用软件延时的长短来改变的。当延时长时，移相角大，导通角小；当延时程序短时，移相角小，导通角大；当导通角为零时，电机停转。

五、调试要点

系统在完成硬件设计的检查后主要进行软件的调试。对遥控器的调试主要是用示波器观察能否在遥控接收器中输出如图 5-65 所示的波形，另外调整发射电阻的大小，可以改变红外线发射的作用距离。电机控制系统的调试作用是对晶闸管延时时间的调整，电机停机和 5 挡调速的移相角控制延时经调试后确定如下：

停机时的移相角控制延时：$256\mu s \times 26H = 9728\mu s$

（1）挡转速（默认、最慢转速），移相角控制延时：$256\mu s \times 1CH = 7168\mu s$

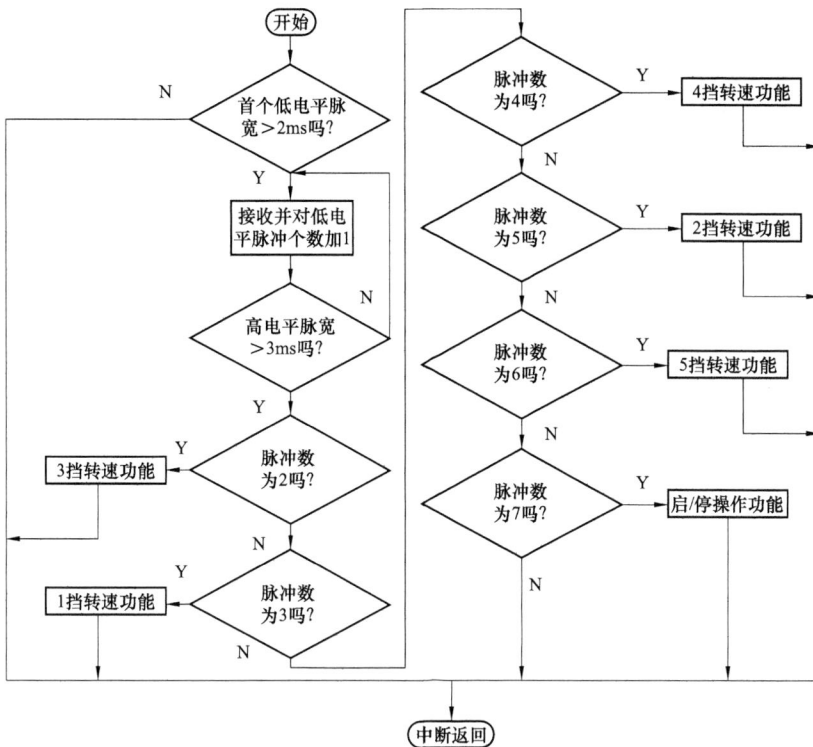

图 5-66　外部中断 0 中断服务程序流程图

（2）挡转速，移相角控制延时：256μs×19H＝6400μs

（3）挡转速，移相角控制延时：256μs×16H＝5632μs

（4）挡转速，移相角控制延时：256μs×12H＝4600μs

（5）挡转速，移相角控制延时：256μs×0EH＝3584μs

另外遥控接收头在安装时应尽量靠近表面，以扩大其接收角度。

第 6 章　EDA 技 术 及 应 用

6.1　EDA 技术概述及应用

6.1.1　EDA 技术简介

电子设计自动化（electronic design automatic，EDA）技术是在 20 世纪 60 年代中期从 CAD（计算机辅助设计）、CAM（计算机辅助制造）、CAT（计算机辅助测试）和 CAE（计算机辅助工程）的概念发展而来的计算机软件系统。

该技术就是以计算机为工具，设计者在 EDA 软件平台上，用硬件描述语言 VHDL 完成设计文件，然后由计算机自动地完成逻辑编译、化简、分割、综合、优化、布局、布线和仿真，直至对于特定目标芯片的适配编译、逻辑映射和编程下载等工作。EDA 技术的出现，极大地提高了电路设计的效率和可操作性，减轻了设计者的劳动强度。

6.1.2　EDA 技术的发展

在 EDA 技术出现之前，设计人员必须手工完成集成电路的设计、布线等工作，这是因为当时集成电路的复杂程度远不及现在。工业界开始使用几何学方法来制造用于电路光绘的胶带。到 20 世纪 70 年代中期，开发人员尝试将整个设计过程自动化，而不仅仅满足于自动完成掩膜草图，第一个电路布线、布局工具研发成功。同时，设计自动化会议在这一时期被创立，旨在促进电子设计自动化的发展。

电子设计自动化发展的下一个重要阶段以卡弗尔·米德和琳·康维于 1980 年发表的论文《超大规模集成电路系统导论》为标志，这一篇具有重大意义的论文提出了通过编程语言来进行芯片设计的新思想。如果这一想法得到实现，芯片设计的复杂程度可以得到显著提升，这主要得益于用来进行集成电路逻辑仿真、功能验证的工具的性能得到相当的改善。随着计算机仿真技术的发展，设计项目可以在构建实际硬件电路之前进行仿真，芯片布线布局对人工设计的要求降低，而且软件错误率不断降低。直至今日，虽然所用的语言和工具仍然在不断发展，但是通过编程语言来设计、验证电路预期行为，利用工具软件综合得到低抽象级物理设计的这种途径，仍然是数字集成电路设计的基础。

从 1981 年开始，电子设计自动化逐渐开始商业化。1984 年的设计自动化会议上还举办了第一个以电子设计自动化为主题的销售展览。Gateway 设计自动化在 1986 年推出了一种硬件描述语言 Verilog，这种语言在现在是最流行的高级抽象设计语言。1987 年，在美国国防部的资助下，另一种硬件描述语言 VHDL 被创造出来。现代的电子设计自动化工具可以识别、读取不同类型的硬件描述。根据这些语言规范产生的各种仿真系统迅速被推出，使得设计人员可对设计的芯片进行直接仿真。后来，技术的发展更侧重于逻辑综合。

目前的数字集成电路的设计都偏向模块化。半导体器件制造工艺需要标准化的设计描述，高抽象级的描述将被编译为信息单元的形式。设计人员在进行逻辑设计时，无须考虑信息单元的具体硬件工艺。利用特定的集成电路制造工艺来实现硬件电路，信息单元就会实施预定义的逻辑或其他电子功能。半导体硬件厂商大多会为它们制造的元件提供"元件库"，并提供相应的标准化仿真模型。相比数字的电子设计自动化工具，模拟系统的电子设计自动化工具大多并非模块化的，这是因为模拟电路的功能更加复杂，而且不同部分的相互影响较强，而且作用规律复杂，电子元件大多没有那么理想。Verilog AMS 就是一种用于模拟电子设计的硬件描述语言，设计人员可以使用硬件验证语言来完成项目的验证工作，目前最新的发展趋势是将集描述语言、验证语言集成为一体，典型的代表有 SystemVerilog（简称 SV 语言）。

随着集成电路规模的扩大、半导体技术的发展，电子设计自动化的重要性急剧增加。这些工具的使用者包括半导体器件制造中心的硬件技术人员，他们的工作是操作半导体器件制造设备并管理整个工作车间。一些以设计为主要业务的公司，也会使用电子设计自动化软件来评估制造部门是否能够适应新的设计任务。电子设计自动化工具还被用来将设计的功能导入到类似现场可编程逻辑门阵列的半定制可编程逻辑器件，或者生产全定制的专用集成电路。

6.1.3　EDA 常用软件

EDA 软件层出不穷，目前进入我国并具有广泛影响的 EDA 软件有：EWB、PSPICE、OrCAD、PCAD、Protel、Viewlogic、Mentor、Graphics、Synopsys、LSIlogic、Cadence、MicroSim 等。这些工具都有较强的功能，下面对电子电路设计与仿真工具、电路原理图与电路板设计工具这两大类 EDA 软件进行简单介绍。

一、电子电路设计与仿真工具

电子电路设计与仿真工具包括 SPICE/PSPICE、EWB、Matlab、SystemView、MMICAD 等。

EWB（Electronic Workbench）软件是 Interactive Image Technologies 公司在 20 世纪 90 年代初推出的电路仿真软件，目前普遍使用的是 NT Multisim 12。相对于其他 EDA 软件，是较小巧的软件，但它对模数电路的混合仿真功能却十分强大，几乎 100% 地仿真出真实电路的结果，并且它在桌面上提供了万用表、示波器、信号发生器、扫频仪、逻辑分析仪、数字信号发生器、逻辑转换器和电压表、电流表等仪器仪表。它的界面直观，易学易用。它的很多功能模仿了 SPICE 的设计，但分析功能比 PSPICE 稍少一些。

二、电路原理图与电路板设计工具

PCB（Printed - Circuit Board）设计软件种类很多，如 Protel、orCAD、Viewlogic、PowerPCB 等。目前在我国应用最多的应属 Protel，下面仅对此软件做介绍。

Protel 是 Altium 公司在 20 世纪 80 年代末推出的 EDA 工具，是 PCB 设计者的首选软件。它较早在国内使用，普及率最高。早期的 Protel 主要作为印制板自动布线工具使用，现在普遍使用的是 Protel99SE。它是个完整的全方位电路设计系统，包含了电路原理图绘制、模拟电路与数字电路混合信号仿真、多层印制电路板设计（包含印制电路板自动布局布线）、可编程逻辑器件设计、图表生成、电路表格生成、支持宏操作等功能，并具有 Client/Server（客户/服务器体系结构），同时还兼容一些其他设计软件的文件格式，如orCAD、PSPICE、EXCEL 等。使用多层印制线路板的自动布线，可实现高密度 PCB 的 100% 布通率。Protel 软件功能强大、界面友好、使用方便，但它最具代表性的是电路设计和 PCB 设计。

6.1.4　EDA 的应用

EDA 在教学、科研、产品设计与制造等各方面都发挥着巨大的作用。

在教学方面，几乎所有理工科（特别是电子信息）类的高校都开设了 EDA 课程。主要是让学生了解 EDA 的基本概念和基本原理，掌握用 HDL 语言编写规范，掌握逻辑综合的理论和算法，使用 EDA 工具进行电子电路课程的实验并从事简单系统的设计。一般常用的电路仿真工具有 Multisim 和 Pspice，PLD 的开发工具一般由器件生产厂家提供，但随着器件规模的不断增加，软件的复杂性也随之提高，目前由专门的软件公司与器件生产厂家合作，推出功能强大的设计软件。

科研方面主要利用电路仿真工具（Multisim、PSPICE）进行电路设计与仿真，利用虚拟仪器进行产品测试，将 CPLD/FPGA 器件实际应用到仪器设备中，从事 PCB 设计和 ASIC 设计等。

在产品设计与制造方面，包括前期的计算机仿真，产品开发中的 EDA 工具应用、系统级模拟及测试环境的仿真，生产流水线的 EDA 技术应用、产品测试等各个环节。例如 PCB 的制作、电子设备的研制与生产、电路板的焊接、ASIC 的流片过程等。

从应用领域来看，EDA 技术已广泛应用在机械、电子、通信、航空航天、化工、矿产、生物、医学、军事等各个领域。另外，EDA 软件的功能日益强大，原来功能比较单一的软件，现在增加了很多新用途。

6.1.5　EDA 技术的发展趋势

从目前的 EDA 技术来看，其发展趋势是政府重视、使用普及、应用广泛、工具多样、软件功能强大。

中国 EDA 市场已渐趋成熟，不过大部分设计工程师面向的是 PCB 制板和小型 ASIC 领域，仅有小部分（约 11%）设计人员开发复杂的片上系统器件。为了与中国台湾和美国的设计工程师形成更有力地竞争，中国的设计队伍有必要引进和学习一些最新的 EDA 技术。

在信息通信领域，要优先发展高速宽带信息网、深亚微米集成电路、新型元器件、计算机及软件技术、第三代移动通信技术、信息管理、信息安全技术，积极开拓以数字技术、网络技术为基础的新一代信息产品，发展新兴产业，培育新的经济增长点。要大力推进制造业信息化，积极开展计算机辅助设计（CAD）、计算机辅助工程（CAE）、计算机辅助工艺（CAPP）、计算机辅助制造（CAM）、产品数据管理（PDM）、制造资源计划（MRPII）及企业资源管理（ERP）等。有条件的企业可开展"网络制造"，便于合作设计、合作制造，参与国内和国际竞争。开展"数控化"工程和"数字化"工程。自动化仪表的技术发展趋势的测试技术、控制技术与计算机技术、通信技术进一步融合，形成测量、控制、通信与计算机（M3C）结构。在 ASIC 和 PLD 设计方面，向超高速、高密度、低功耗、低电压方面发展。

外设技术与 EDA 工程相结合的市场前景大好，如组合超大屏幕的相关连接，多屏幕技术也有所发展。

中国自 1995 年以来加速开发半导体产业，先后建立了几所设计中心，推动系列设计活动以应对亚太地区其他 EDA 市场的竞争。

在 EDA 软件开发方面，目前主要集中在美国。但其他各国也正在努力开发相应的工具。日本、韩国都有 ASIC 设计工具，但不对外开放。中国华大集成电路设计中心，也提供 IC 设计软件，但性能不是很强。相信在不久的将来会有更多更好的设计工具在各地研发并使用。据最新统计显示，中国和印度正在成为电子设计自动化领域发展最快的两个市场，年平均增长率分别达到了 50% 和 30%。

6.2　Multisim 2012 简介及使用

6.2.1　Multisim 2012 的特点

Multisim 仿真软件自 20 世纪 80 年代产生以来，经过数个版本的升级，除保持操作界面直观、操作方便、易学易用等优点外，电路仿真功能也得到不断完善。目前，其版本 NI Multisim 2012（以下简称 Multisim 12）主要有以下特点。

一、直观的图形界面

Multisim 12 保持了原 EWB 图形界面直观的特点，其电路仿真工作区就像一个电子实验工作台，元件和测试仪表均可直接拖放到屏幕上，可通过单击鼠标的方式，用导线将它们连接起来，虚拟仪器操作面板与实物相似，甚至完全相同。可方便选择仪表测试电路波形或特性，可以进行 20 多种电路分析，以帮助设计人员分析电路的性能。

二、丰富的元件

自带元件库中的元件数量更多，基本可以满足电子技术课程的要求。Multisim 12 的元件库不但含有大量的虚拟分离元件、集成电路，还含有大量的实物元件模型，包括一些著名制造商，如 Analog Device、Linear Technologies、Microchip、National Semiconductor 以及 Texas Instruments 等。用户可以编辑这些元件参数，并利用模型生成器及代码模式创建自己的元件。

三、众多的虚拟仪表

从最早的 EWB 5.0 含有 7 个虚拟仪表到 Multisim 12 提供 22 种虚拟仪器，这些仪器的设置和使用与真实仪表一样，能动态交互显示。用户还可以创建 LabVIEW 的自定义仪器，既能在 LabVIEW 图形环境中灵活升级，又可调入 Multisim 12 方便使用。

四、完备的仿真分析

以 SPICE 3F5 和 XSPICE 的内核作为仿真的引擎，能够进行 SPICE 仿真、RF 仿真、MCU 仿真和 VHDL 仿真。通过 Multisim 12 自带的增强设计功能优化数字和混合模式的仿真性能，利用集成 LabVIEW 和 Signalexpress 可快速进行原型开发和测试设计，具有交互式测量和分析功能。

五、独特的虚实结合

在 Multisim 12 电路仿真的基础上，NI 公司推出教学实验室虚拟仪表套件（ELVIS），用户可以在 NI ELVIS 平台上搭建实际电路，利用 NI ELVIS 仪表完成实际电路的波形测试和性能指标分析。用户可以在 NI Multisim 12 电路仿真环境中模拟 NI ELVIS 的各种操作，为实际 NI ELVIS 平台上搭建、测试实际电路打下良好的基础。NI ELVIS 仪表允许用户自定制并进行灵活的测量，还可以在 NI Multisim 12 虚拟仿真环境中调用，以此完成虚拟仿真数据和实际测试数据的比较。

六、远程的教育

用户可以使用 NI ELVIS 和 LabVIEW 来创建远程教育平台。利用 LabVIEW 中的远程面板，将本地的 VI 在网络上发布，通过网络传输到其他地方，从而给异地的用户进行教学或演示相关实验。

七、强大的 MCU 模块

可以完成 8051、PIC 单片机及其外部设备（如 RAM、ROM、键盘和 LCD 等）的仿真，支持 C 代码、汇编代码以及十六进制代码，并兼容第三方工具源代码；具有设置断点、单步运行、查看和编辑内部 RAM、特殊功能寄存器等高级调试功能。

八、简化了 FPGA 应用

在 Multisim 12 电路仿真环境中搭建数字电路，通过测试功能正确后，执行菜单命令将之生成原始 VHDL 语言，有助于初学 VHDL 语言的用户对照学习 VHDL 语句。用户可以将这个 VHDL 文件应用到现场可编程门阵列（FPGA）硬件中，从而简化了 FPGA 的开发过程。

6.2.2　Multisim 2012 的窗口介绍

Multisim 12 的主窗口界面如图 6-1 所示，包含有多个区域。通过对各部分的操作可以实现电路图的输入、编辑，并根据需要对电路进行相应的观测和分析。用户可以通过菜单或工具栏改变主窗口的视图内容。

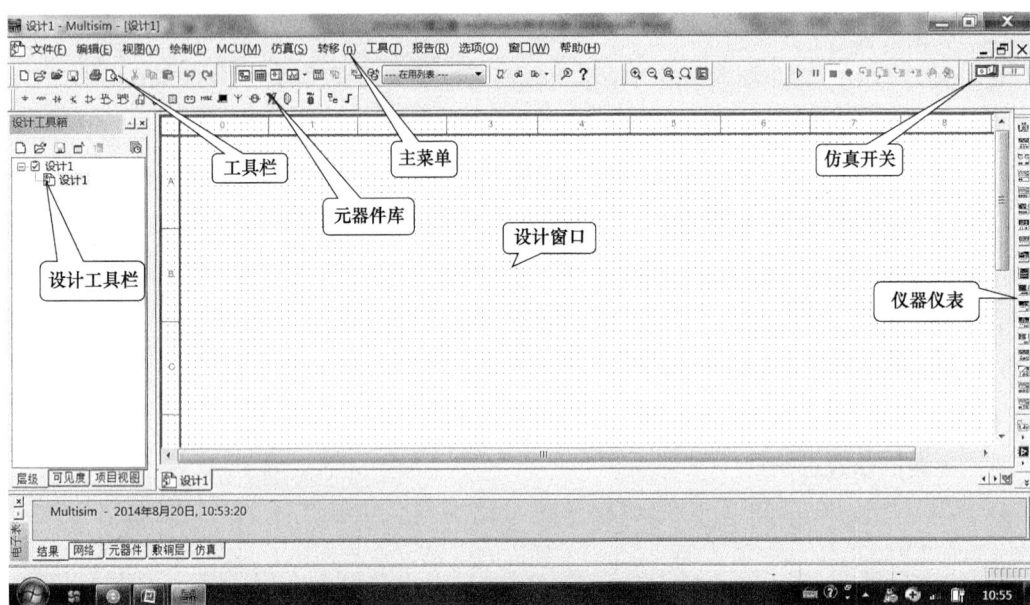

图 6-1　Multisim 12 的主窗口界面

Multisim 12 的标题栏是图 6-1 中最上面一行。标题栏左侧是文件名，右侧有最小化、最大化和关闭三个控制按钮，通过它们实现对窗口的操作。当右击标题栏时，可出现一控制菜单，如图 6-2 所示，用户可以选择相应的命令完成还原、移动、大小、最小化、最大化和关闭的操作。

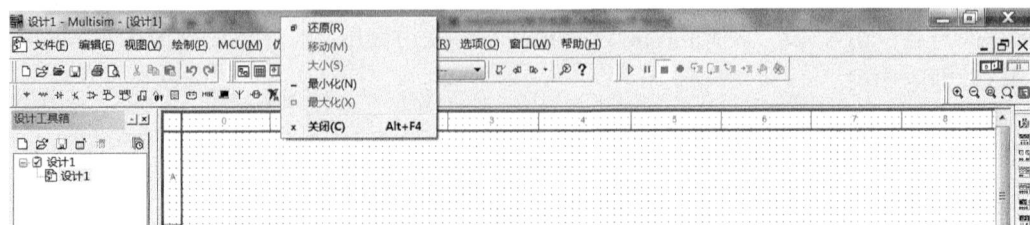

图 6-2　Multisim 12 的标题栏

一、菜单栏

Multisim 12 的菜单栏位于主窗口界面上方的第二行，如图 6-3 所示，一共给出了 12 个主菜单。通过这些菜单可以对 Multisim 12 的所有功能进行操作。菜单中一些功能与大多数 Windows 平台上的应用软件一致，如文件、编辑、视图、选项、工具、帮助等。此外，还有一些 EDA 软件专用的选项，如绘制、MCU、仿真、转移等。

文件(F)　编辑(E)　视图(V)　绘制(P)　MCU(M)　仿真(S)　转移(n)　工具(T)　报告(R)　选项(O)　窗口(W)　帮助(H)　　　　　　　　　　　　　　　　　　　　　　_ | ☐ | ✕

图 6-3　Multisim 12 的菜单栏

菜单栏中各选项功能介绍如下：

（1）文件（File）菜单。文件菜单中包含了对文件和项目的基本操作以及打印等命令。

（2）编辑（Edit）菜单。编辑菜单提供了类似于图形编辑软件的基本编辑功能。在电路绘制过程中，编辑菜单提供对电路和元件的剪切、粘贴、翻转、对齐等操作。

（3）视图（View）菜单。视图菜单选择使用软件时操作界面上所显示的内容，对一些工具栏和窗口进行控制。

（4）绘制（Place）菜单。绘制菜单提供在电路工作窗口中放置元件、连接点、总线和文字等命令，从而输入电路图。

（5）MCU（微控制器）菜单。MCU 菜单执行在电路工作窗口内 MCU 的调试操作命令。

（6）仿真（Simulate）菜单。仿真菜单执行电路的仿真设置与分析操作命令。

（7）转移（Transfer）菜单。转移菜单提供了将 Multisim 格式转换成其他 EDA 软件需要的文件格式操作命令。

（8）工具（Tools）菜单。工具菜单主要提供对元器件进行编辑与管理的命令。

（9）报告（Reports）菜单。报告菜单提供材料清单、元器件和网表等报告命令。

（10）选项（Option）菜单。选项菜单提供对电路界面和某些功能的设置命令。

（11）窗口（Windows）菜单。窗口菜单提供对窗口的关闭、层叠、平铺等操作命令。

（12）帮助（Help）菜单。帮助菜单提供了对 Multisim 的在线帮助和使用指导说明等。

对于菜单栏中这 12 个菜单选项，当单击其中任意一个菜单选项时，就会弹出对应菜单下所提供的子菜单命令窗口，用户可根据需要，选择相应的操作命令。

二、工具栏

Multisim 12 提供了多种工具栏，并以层次化的模式加以管理，用户可以通过视图（View）菜单中的选项，方便地将顶层的工具栏打开或关闭，再通过顶层工具栏中的按钮来管理和控制下层的工具栏。通过工具栏，用户可以方便直接地使用软件的各项功能。

常用的工具栏有：标准工具栏、主工具栏、视图查看工具栏、仿真工具栏。

（1）标准（Standard）工具栏包含了常见的文件操作和编辑操作，如图 6-4 所示。

（2）主（Main）工具栏控制文件、数据、元件等的显示操作，如图 6-5 所示。

图 6-4　标准工具栏　　　　　　　　　　　　　　　　　图 6-5　主工具栏

（3）视图查看（Zoom）工具栏，用户可以通过此栏方便地调整所编辑电路的视图大小，如图 6-6 所示。

（4）仿真（Simulation）工具栏可以控制电路仿真的开始、结束和暂停，如图 6-7 所示。

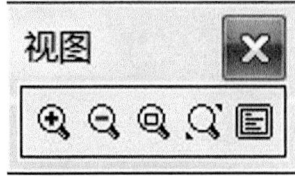

图 6-6　视图工具栏　　　　　　图 6-7　仿真工具栏

三、元件库

EDA 软件所能提供的元器件的多少以及元器件模型的准确性都直接决定了该 EDA 软件的质量和易用性。Multisim 12 为用户提供了丰富的元器件，并以开放的形式管理元器件，使得用户能够自己添加所需要的元器件。

Multisim 12 以库的形式管理元器件，通过菜单栏下的工具/ 数据库/数据库管理器，打开数据库管理器窗口，如图 6-8 所示。

由图 6-8 中看出，Multisim 12 的元件包含三个数据库，分别为主数据库、企业数据库和用户数据库。

图 6-8　数据库管理器窗口

（1）主数据库：库中存放的是软件为用户提供的元器件。

（2）企业数据库：用于存放便于企业团队设计的一些特定元件，该库仅在专业版中存在。

（3）用户数据库：是为用户自建元器件准备的数据库。

（4）主数据库中包含 20 个元件库，分别为：信号源库、基本元件库、二极管元件库、晶体管元件库、模拟元件库、TTL 元件库、CMOS 元件库、MCU 模块元件库、高级外围元件库、杂合类数字元件库、混合元件库、显示器件库、功率器件库、杂合类器件库、射频元件库、机电类元件库、梯形图设计元件库、PLD 逻辑器件库、连接器元件库、NI 元件库。各元件库下还包含子库。具体选用时可打开菜单栏中的工具栏—元器件工具栏进行选择。如图 6-9 所示。

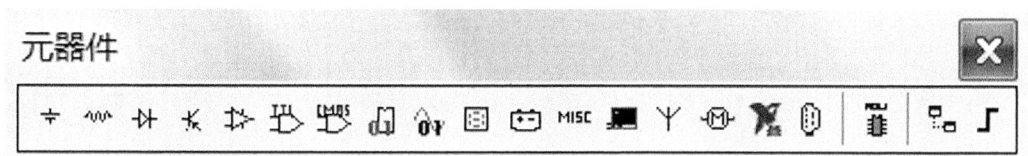

图 6-9　元器件工具栏

四、虚拟仪器库

对电路进行仿真运行，通过对运行结果的分析，判断设计是否正确合理是 EDA 软件的一项主要功能。为此，Multisim 为用户提供了类型丰富的 20 种虚拟仪器，可以从工具栏/仪器打开仪器工具栏，如图 6-10 所示。

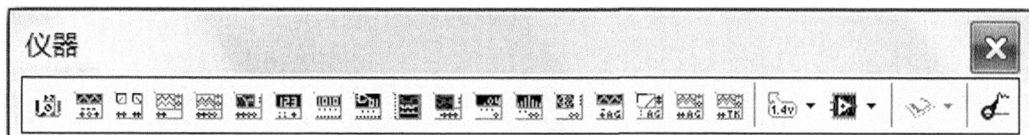

图 6-10　仪器工具栏

这 20 种仪器仪表在电子线路的分析中经常会用到，分别是：数字万用表、函数发生器、瓦特表、双通道示波器、4 通道示波器、波特测试仪、频率计、字信号发生器、逻辑变换器、逻辑分析仪、伏安特性分析仪、失真分析仪、频谱分析仪、网络分析仪、安捷伦函数发生器、安捷伦万用表、安捷伦示波器、Tektronix 示波器、探针和 LabVIEW 仪器。这些虚拟仪器仪表的参数设置、使用方法和外观设计与实验室中的真实仪器基本一致。在选用后，各种虚拟仪表都以面板的方式显示在电路中。

6.2.3　Multisim 2012 的基本操作

一、设置电路界面

单击菜单栏"选项"—"电路图属性"命令，打开如图 6-11 所示的对话框，通过对话框的各项选项可对电路界面进行设置。

（1）电路可见性：设置元器件、网络名称、连接器和总线入口等。

（2）"颜色"：通过"颜色方案"下拉菜单有"自定义、黑色背景、白色背景、白与黑、黑与白"选项，可对设计窗口、文本、元器件、导线、连接器、总线和层次/支电路的颜色进行设置，其对话框如图 6-12 所示。

图 6-11　　"电路图属性"对话框

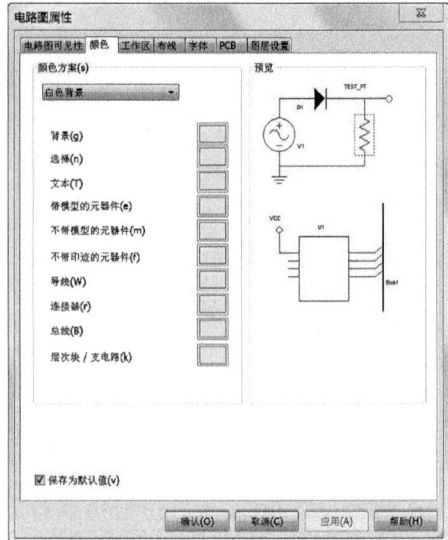

图 6-12　　"颜色"对话框

（3）"工作区"：可设置图纸的大小、方向、显示出网格、显示页面边界、显示边界等，其对话框如图 6-13 所示。

（4）"布线"：可设置导线和总线宽度，其对话框如图 6-14 所示。

图 6-13　　"工作区"对话框

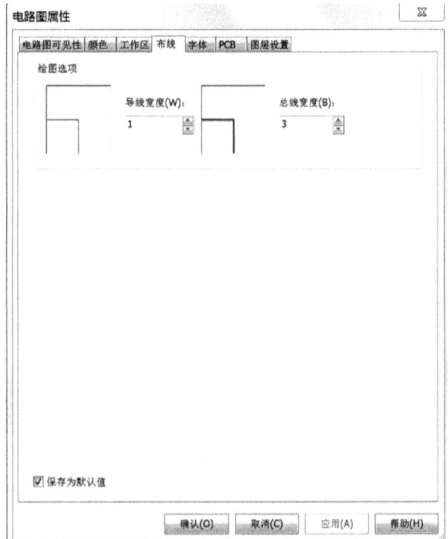

图 6-14　　"布线"对话框

（5）"字体"：可设置字体、字形和大小，其对话框如图 6-15 所示。

（6）"PCB"：可设置印刷电路布线相关参数，其对话框如图 6-16 所示。

（7）图层设置：用于用户在 Multisim 中增加自定义的标注层。

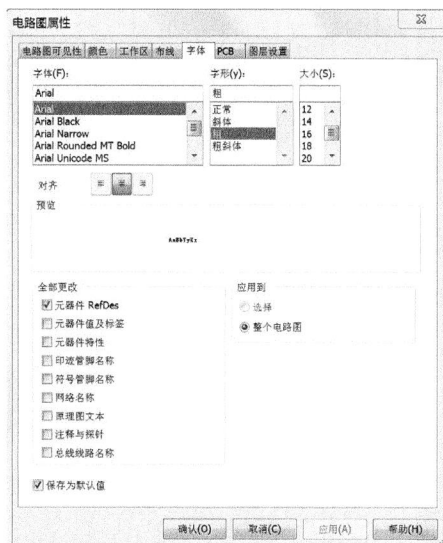

图 6-15　"字体"对话框

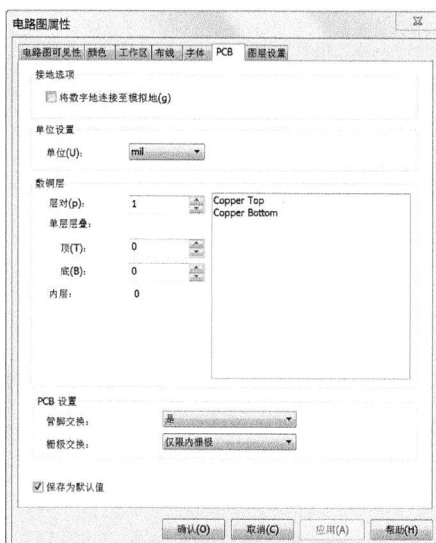

图 6-16　"PCB"对话框

二、在电路窗口放置元件

Multisim 12 将所有的元件分门别类地放在 18 个元件库中，每个元件库放置同一类的元件，元件库通常是放置在工作平台上边或左边，可以任意移动，可以关闭，如关闭后，可单击元器件库按钮，即可打开元件选取对话框，如图 6-17 所示。

选取元件一般采用元件工具栏放置的方法。例如放置一个 1kΩ 电阻的操作如下：

（1）单击元件库栏任一图标，打开对应元件库窗口，选取"Basic"库，在该库中选取"RESSISTOR"，如图 6-18 所示。

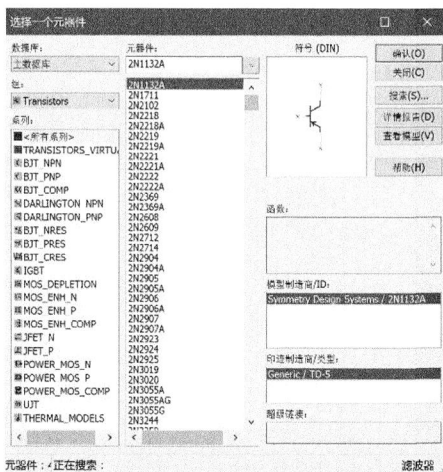

图 6-17　元件选取对话框

图 6-18　选取电阻对话框

（2）在图 6-18 中的"元器件"中选取电阻值 1kΩ；再按"确认"按钮即可。

（3）元件属性的修改：双击电阻，出现如图 6-19 所示的元件属性对话框。

"标签"：用于修改元件编号。

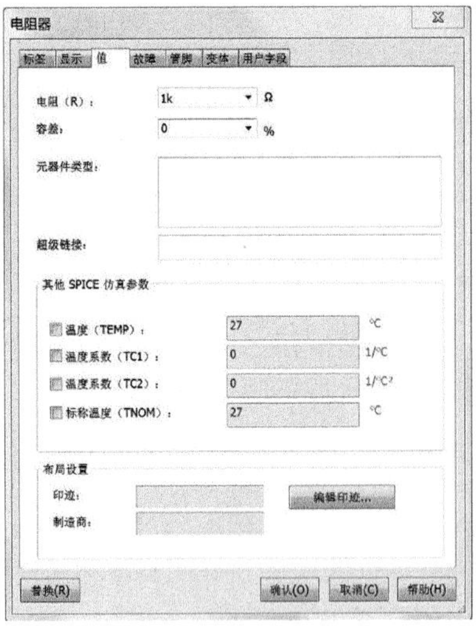

图 6-19　电阻器属性设置对话框

"显示"：用于设定是否显示元件编号、数值或标识。

"值"：用于修改元件值。

"故障"：用于设定元件故障。

"管脚""变体"和"用户字段"属于元件本身属性，可以不做变动。

（4）元件布局操作包括移动、复制、删除、翻转等。进行这些操作前，都必须选中元件。

1）选中元件：单击元件即可选中该元件；按"Shift"键同时单击所需选中的元件，即可选中多个元件；也可用点击光标并拖拽出一个矩形区域，则在区域内的元件均被选中。

2）移动元件：选中元件后，按住鼠标左键并移动鼠标到适当位置，放开鼠标即可。

3）复制、删除元件：操作方与其他同类操作一样。

4）翻转、旋转元件：可直接按"ALT+X""ALT+Y""CRTL+R"完成水平翻转、垂直翻转、90°旋转。

以上操作也可以在元件选中后点击鼠标右键选择对应操作。

三、连接元件

放置了元件后就要按原理图将元件连接在一起。连接方法：鼠标移动到所要连接的元件引脚，鼠标变为十字小圆圈，单击鼠标并移动鼠标到另一个元件脚再单击鼠标，完成自动连接。

四、总线的绘制

选择菜单"绘制/总线"命令，进入总线绘制状态；移动鼠标到所要绘制总线的起点，单击鼠标左键，移动鼠标即可拉出一条总线；在须转弯处单击鼠标左键再移动鼠标；双击鼠标结束。总线的绘制如图 6-20 所示，双击总线可修改其总线名称属性。当每个引脚与总线连接时会弹出总线分支对话框，可设置和修改。

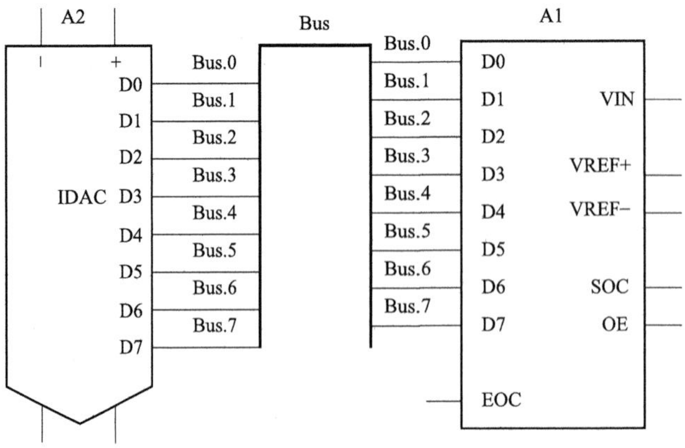

图 6-20　总线的绘制

五、节点的放置

放置节点的作用是使需交叉的连线连接。选择菜单"绘制/结"或按"Ctrl+J"键，移动鼠标到需要放置节点的位置，再单击鼠标左键即可，如图 6-21 所示。

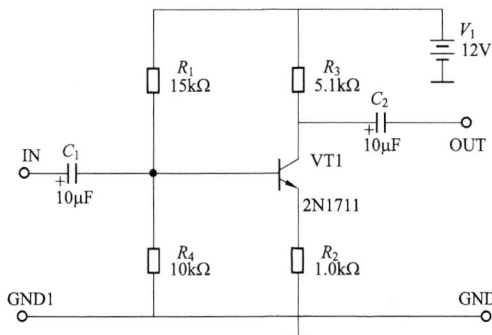

图 6-21　节点和输入/输出端口图

六、输入/输出端口的放置

在电路中信号的输入和输出点不能连接时，可用输入/输出端口连接，此外输入/输出端口还是子电路连接上层主电路的主要端口。选择菜单"绘制/连接器/总线 HB/SC 连接器"命令，或按"Ctrl+I"键，即可取出一个浮动的输入/输出端口放到适当位置，双击可修改其属性。

七、电路中文字描述的添加

在电路图中可以用菜单"绘制/文本"命令，添加文字说明注解电路；同时可以对文字的字形、大小等参数进行设置。

八、仪器仪表的选取和放置

（一）仪器仪表的选取

仪器仪表的选取一般采用单击工具栏中🗗按钮，打开对应仪器仪表库，如图 6-22 所示，单击所需的仪器仪表后拖到工作电路区对应地方。选取仪器仪表也可以进行移动、翻转、删除等操作。

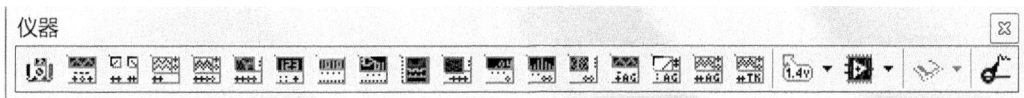

图 6-22　虚拟仪器仪表工具栏

（二）仪器仪表的连接

仪器仪表同元器件一样，通过连线连接到电路图中，不过在连接电路时，仪器仪表以图标的方式存在。在连接时要注意仪器仪表的各个端口不能连错，可通过双击仪器仪表图标打开仪器面板，在面板上查看各连接端的功能。

6.2.4　Multisim 2012 的仿真分析

Multisim 12 软件可提供的仪器有：数字万用表、函数信号发生器、示波器、功率计、波特图示仪、图失真度分析仪、逻辑转换仪、字信号发生器、逻辑分析仪等，下面简单介绍这些仪器的使用方法。

一、数字万用表的使用

数字万用表是一种常用的多用途仪表，可测试交、直流电路的电压、电流或电阻，也可以用分贝（dB）的形式显示电压和电流，可以设置电压、电流挡的内阻。执行"仿真/仪器/万用表"命令，屏幕出现如图6-23所示的数字万用表图标。双击该图标，将出现如图6-24所示的数字万用表面板。

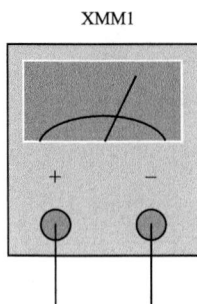

XMM1

图 6-23　数字万用表的图标　　　图 6-24　数字万用表面板

将数字万用表的"+、-"两端口连接到要测试的电路中，在图6-24中选择适当的挡位和电流性质，单击面板中的"设置"按钮，屏幕弹出如图6-25所示的对话框，可以根据实际要求设置数字万用表的参数。

二、函数信号发生器的使用

函数信号发生器可以用来产生正弦波、三角波和方波，其频率、占空比、幅度偏置电压可调节。执行"仿真/仪器/函数发生器"命令，屏幕出现如图6-26所示的函数信号发生器图标。双击该图标将打开如图6-27所示的函数信号发生器面板。

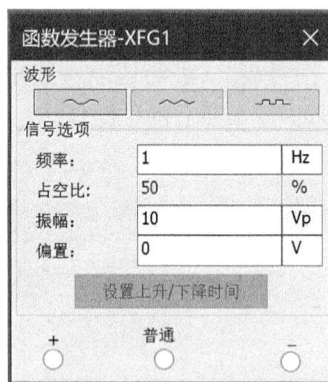

XFG1

图 6-25　万用表内部参数设置　　　图 6-26　函数信号发生器图标　　　图 6-27　函数发生器面板

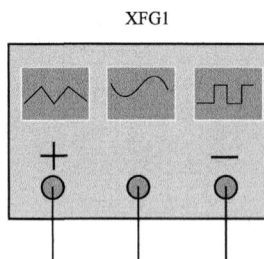

三、示波器的使用

示波器可以直观地观测信号波形，并且可以数字读数和全程数字记录存储。执行"仿真/仪器/示波器"命令，屏幕出现如图6-28所示的示波器图标。双击该图标将出现如图6-29所示的示波器面板。

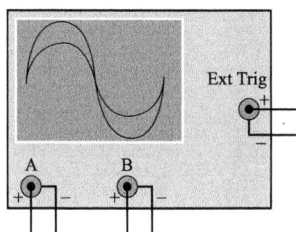

图 6-28　示波器图标

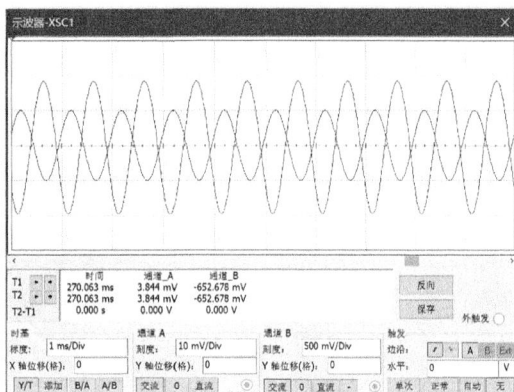

图 6-29　示波器面板

在使用示波器时，适当调节水平扫描时间（时基）和 A（或 B）通道的电压幅度值在显示区中显示几个周期的波形即可；读数时调节指针到适当位置，分别读取指针读数即可。

如果要改变示波器屏幕的背景颜色，按图 6-29 中"反向"按钮。按"保存"按钮可以实现用 ASCII 码格式存储波形读数。

四、功率计的使用

功率计又称瓦特计，是一种测试电路中的平均功率和功率因数的仪器，执行"仿真/仪器/瓦特计"命令，屏幕出现如图 6-30 所示的瓦特计图标。双击该图标将出现如图 6-31 所示的瓦特计面板。

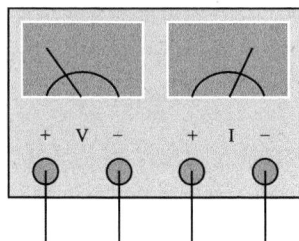

图 6-30　瓦特计图标

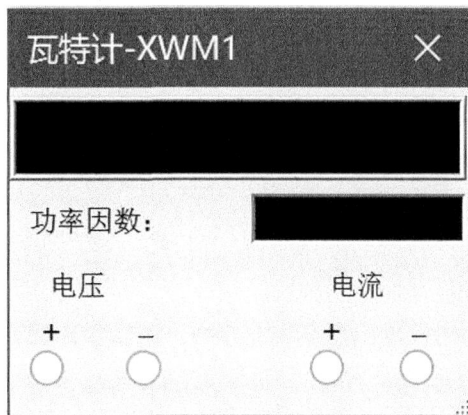

图 6-31　瓦特计面板

在使用功率计时要注意电压输入端口应与测试电路并联，电流输入端口应与测试电路串联。

五、波特图示仪的使用

波特图示仪是一种用来测量和显示电路的幅频特性和相频特性的仪器，执行"仿真/仪器/波特测试仪"命令，屏幕出现如图 6-32 所示的波特图示仪图标。双击该图标将出现如

图 6-33 所示的波特图示仪面板。

如图 6-32 所示波特图示仪有 IN 和 OUT 两个端口，IN 端口接电路的输入端，OUT 端口接电路的输出端。波特图示仪的参数可以在面板上设置，通常修改参数设置后应重启电路。

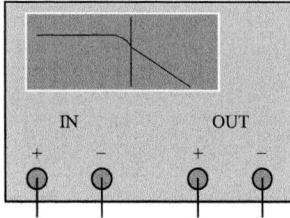

图 6-32　波特图示仪图标

图 6-33　波特图示仪面板

六、失真分析仪的使用

失真分析仪是一种用来测试饱和失真和信噪比的仪器，在指定的基准频率下，进行电路总谐波失真或信噪比的测试。执行"仿真/仪器/失真分析仪"命令，屏幕出现如图 6-34 所示的失真分析仪图标。双击该图标将出现如图 6-35 所示的失真分析仪面板。失真分析仪只有一个输入端口，与电路的输出端信号相连。

七、逻辑变换器的使用

逻辑变换器可以完成真值表、逻辑表达式、逻辑电路三者之间的相互转换，给数字电路的设计和仿真带来很大的方便。执行"仿真/仪器/逻辑变换器"命令，屏幕出现如图 6-36 所示的逻辑变换器图标。双击该图标将出现如图 6-37 所示的逻辑变换器面板。

XDA1

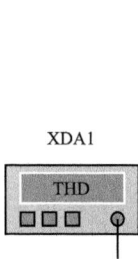

图 6-34　失真分析仪图标

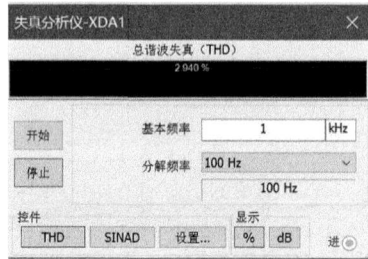

图 6-35　失真分析仪面板

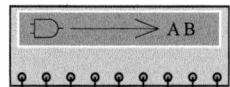

图 6-36　逻辑变换器图标

逻辑变换器的使用方法：

（1）由电路导出真值表。先画出逻辑电路图，将电路的输入端连接到逻辑变换器的输入端，输出端连接到逻辑变换器的输出端，再单击图 6-37 中的"电路转真值表"按钮 在真值表区出现该电路的真值表。

（2）由真值表导出逻辑表达式。根据输入信号的个数用鼠标单击逻辑变换器面板顶部的输入端小圆圈，选定输入信号（A~H）。此时真值表区自动出现输入信号的所有组合，输出列表的初始值全为"0"，可根据逻辑关系修改真值表的输出值。单击"真值表转表达式"按钮， 在面板底部逻辑表达式栏出现相应的逻辑表达式；单击"真值表转简式"按钮 ，可获得简化的逻辑表达式。

（3）由逻辑表达式转真值表。在面板底部逻辑表达式栏输入相应的逻辑表达式，单击

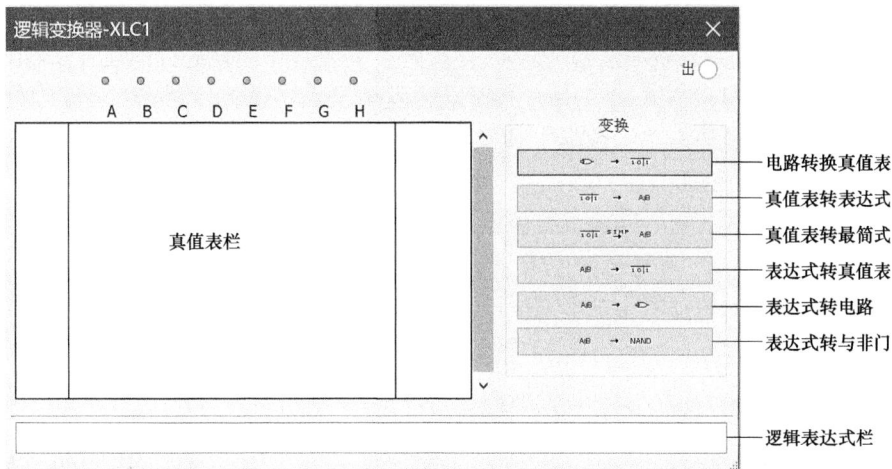

图 6-37 逻辑变换器面板

"表达式转真值表"按钮 ，在真值表区出现该表达式的真值表。

（4）逻辑表达式转逻辑电路。在面板底部逻辑表达式栏输入相应的逻辑表达式，单击"表达式转电路"按钮 ，在电路工作区将产生对应的逻辑电路。若单击"表达式转与非门"按钮 ，在电路工作区将产生对应的全部由与非门构成的逻辑电路。

八、字发生器的使用

字发生器实际是一个多路的逻辑信号源，它能产生 32 位同步逻辑信号，主要用于对数字逻辑电路进行测试。执行"仿真/仪器/字发生器"命令，屏幕出现如图 6-38 所示字发生器图标。双击该图标将出现如图 6-39 所示的字发生器面板。

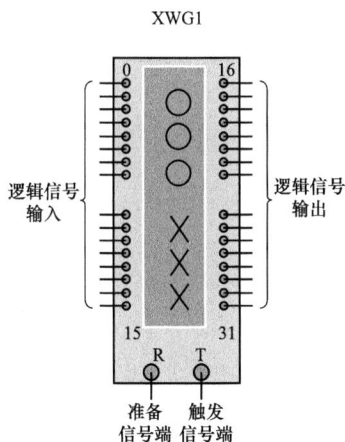

图 6-38 字发生器图标

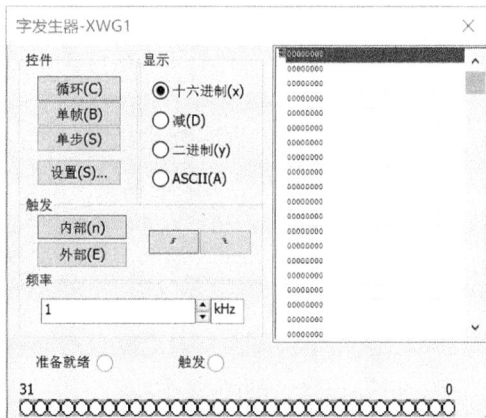

图 6-39 字发生器面板

图 6-39 中，字发生器的部分选项功能简介如下：

控件：设定字发生器的输出方式。字发生器被激活后，按照一定的规律逐行从底部的输出端输出，同时在面部的底部对应于各输出端的 32 个小圆圈内实时显示输出字信号各个位（Bit）的值。字信号的输出方式分为单步（Step）、单帧（Burst）、循环（Cycle）三种。单击一次"单步"按钮，字信号输出一条，这种方式可用于对地电路进行单步调试。"单帧"是从首地址开始至末地址连续逐条地输出字信号。"循环"将循环不断地进行单帧方式输出。

当选择"内部"触发方式时，由内部提供触发信号；当选择"外部"触发方式时，则需接入外触发脉冲信号并选"上升沿"或"下降沿"触发。

九、逻辑分析仪的使用

逻辑分析仪是测试数字电路的重要仪器，可同时观测多路逻辑信号的波形。

Multisim 12 提供一个 16 通道的逻辑分析仪。执行"仿真/仪器/逻辑分析仪"命令，屏幕出现如图 6-40 所示的逻辑分析仪图标。双击该图标将出现如图 6-41 所示逻辑分析仪面板。

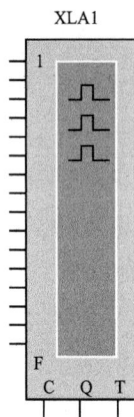

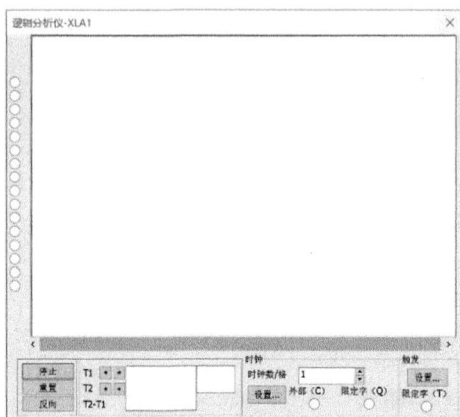

图 6-40　逻辑分析仪图标 　　　　　　图 6-41　逻辑分析仪面板

逻辑分析仪的左边有 16 个测试端口，对应连接 16 个输入端。下面有 3 个输出信号端口，其中"C"端口为外时钟输入端，"Q"端口为时钟控制输入端，"T"端口为触发控制输入端，逻辑分析仪面板说明如下。

（1）停止：停止仿真，显示触发前波形。

（2）重置：复位清除已显波形。

（3）T1、T2、T2-T1：读取测量数据。

（4）时钟数/格：设定在显示屏上每个水平刻度显示多少个时钟。

（5）设置：设定时钟，如图 6-42 所示。

（6）触发：设定触发方式。单击其中"设置"按钮，将出现如图 6-43 所示的对话框。

6.2.5　Multisim 2012 常用的仿真分析法

在 Multisim12 中能根据用户对电路分析的要求，设置不同参数进行仿真，获得用户需要的各种数据，可以快捷、准确地完成电子产品设计的所有分析要求。

Multisim12 提供了 18 种仿真分析方法，分别是直流静态工作点分析、交流分析、瞬态分析、傅里叶分析、噪声分析、噪声系数分析、失真分析、直流扫描分析、灵敏度分析、参数扫描分析、温度扫描分析、零—极点分析、传输函数分析、最坏情况分析、蒙特卡罗分析、线宽分析、批处理分析和用户自定义分析。

电路仿真分析的一般步骤如下：

（1）标定分析节点。创建电路，根据 SPICE 网表查看其确定电路需要仿真节点并进行数字标识。

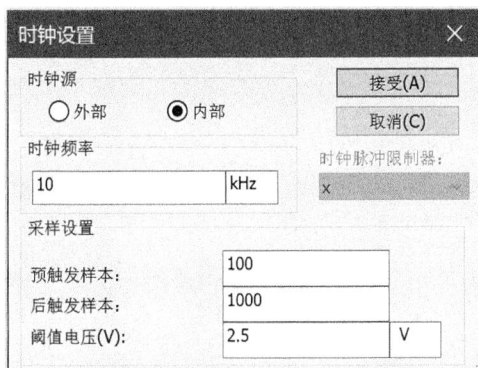

图 6-42 时钟设定对话框

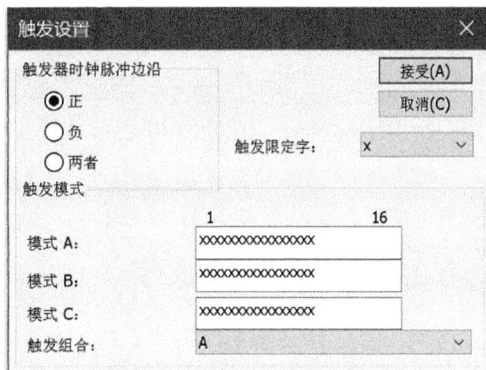

图 6-43 设定触发方式对话框

（2）输入数据。将用户创建的电路结构、元器件数据读入、选择分析方法。

（3）参数设置。在分析方法对话框内对有关选项进行设置。

（4）电路分析。对输入信号进行分析，单击分析方法对话框内的"仿真开关"按钮，启动仿真分析，将占用 CPU 的大部分时间，它将形成电路的数值解，并将所得的数据送至输出级。

（5）数据输出。从测试仪器（如示波器等）获得仿真结果。也可以从"图示仪视图"窗口看到测量、分析的波形图。

下面介绍几种常用的仿真分析方法的设置和仿真结果。

一、直流静态工作点分析

直流工作点分析（DC Operating Point Analysis）主要是对电子电路的直流通路进行分析，电路中的交流电压源将被置零，交流电流源设定为开路，电容开路，电感短路。如计算晶体管放大电路的静态工作点。

在如图 6-44 所示的晶体管放大电路中，先确定仿真分析节点。然后选定菜单栏中的"仿真/分析/直流工作点"，直流工作点分析对话框如图 6-45 所示。

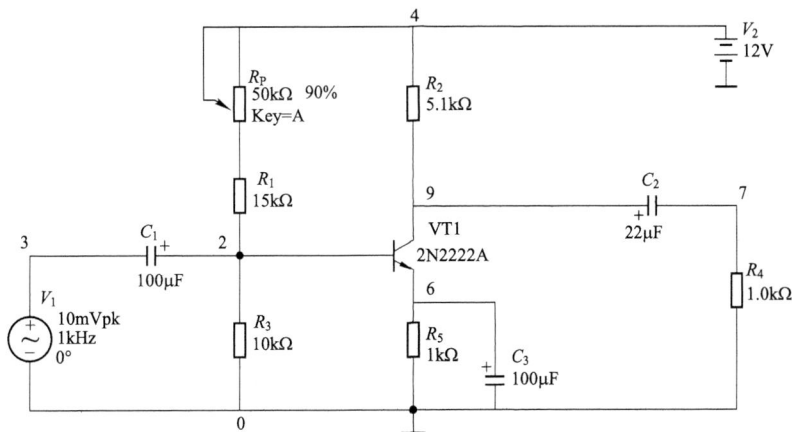

图 6-44 单管放大电路

在"直流工作点分析"对话框中有"输出""分析选项"和"求和"三个选项，在"输出"选项卡中显示了所有的节点标号和变量参数，下边框中显示的是待选中的分析节点标号和变量参数；选择"电路电压"变量，把仿真节点"V（2）、V（4）、V（6）和 V（9）"通过中间"添加"命令，将上述变量移到"已选定用于分析的变量"选项卡中。

单击"仿真开关"按钮即可进行分析。分析结果如图 6-46 所示。

图 6-45　"直流工作点分析"对话框

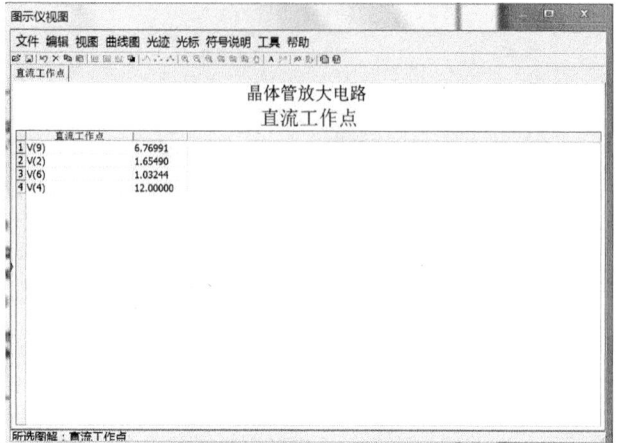

图 6-46　"直流工作点分析"结果

二、交流分析

交流分析（AC Analysis）是分析正弦交流小信号下的电路幅频特性和相频特性，分析时需要指定被分析的电路节点。

交流分析的步骤是：在菜单栏中选择"仿真/分析/交流分析"命令，出现如图 6-47 的交流分析参数设置界面。其中"频率参数"选项有：起始频率、停止频率、扫描类型（包括十倍频程、八倍频程、线性扫描三种）、每倍频点数和垂直刻度。"输出"选项卡与直流分析相同。以图 6-44 所示的单管放大电路为例，交流分析的结果如图 6-48 所示。

图 6-47　交流分析参数设置界面

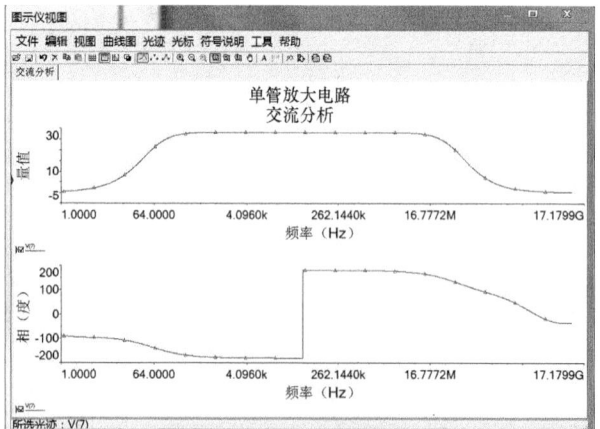

图 6-48　交流分析结果

三、瞬态分析

瞬态分析（Tranisent Analysis）是一种非线性的时域分析，可以在有或无激励信号时计算电路中选定节点的时域响应。瞬态分析主要是观察所选节点在整个显示周期中每个时刻电压变化的波形。在进行瞬态分析时，直流电源保持常数，交流信号源随时间而改变，选定电路节点做瞬态分析时，一般先对该节点做直流分析，其结果可作为瞬态分析的初始条件。进行瞬态分析时，选定菜单栏"仿真/分析/瞬态分析"命令，出现如图 6-49 的瞬态分析参数设置框。该参数设置包括 4 个选项，除"分析参数"选项外，其余的和直流工作点分析设置一样。

"分析参数"选项卡包含下列选项。

（1）初始条件：功能是设置初始条件，包括自动设置初始值、将初始值设为"0"、由使用者定义初始值、通过计算直流工作点得到的初始值。

（2）参数：对时间间隔和步长等参数进行设置，包括起始时间、结束时间、设定分析的最大时间步长、最少取样点数、最大的取样时间间距、自动设定分析的取样时间间隔。

以图 6-44 所示的单管放大电路为例，对电路节点 9 电压变量瞬态分析的结果如图 6-50 所示。

图 6-49　瞬态分析参数设置框

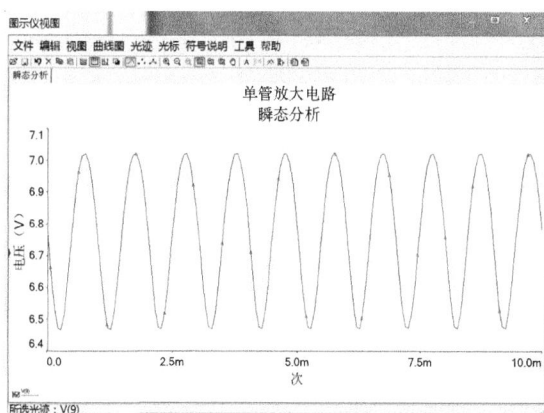

图 6-50　节点 9 电压变量瞬态分析结果

四、噪声分析

噪声分析（Noise Analysis）主要用来检测电子电路输出信号的噪声源大小，分析、计算电阻或半导体器件（晶体管等）的噪声对电路的影响，在分析时，假设电路中各个噪声源互不相关而且这些噪声值都独立计算，总噪声就是各分噪声在该节点上的噪声均方根值的和（用有效值表示）。Multisim 12 中的噪声分析是计算电路中每一个电阻和半导体器件对指定输出节点的噪声贡献，输出节点的总噪声是各个分噪声的均方根值的和，该和再除以输入源和输出源之间的增益得出等价输入噪声。Multisim12 提供了热噪声（Thermal noise）、散粒噪声（Shot noise）和闪烁噪声（Flicker noise）三种不同的噪声模型。

当进行噪声分析时，选定菜单栏中的"仿真/噪声分析"命令，打开如图 6-51 所示的噪声分析对话框。此对话框共有 5 个选项卡：分析参数、频率参数、输出、分析选项、求和，其中后三项与直流工作点分析的设置相同。

"分析参数"选项卡是对将要分析的参数进行设置，图 6-51 中的"输入噪声参考源"

选择输入噪声的参考源，只能选择一个交流信号源输入；"输出节点"选择噪声输出节点，在此节点将所有噪声贡献求和；"参考节点"设置参考电压的节点，通常取"0"（接地）；"计算功率谱密度曲线"复选框选中时，将输出噪声分布的频谱图，否则输出数据；右边文本框中输入频率步进数，数值越大，输出曲线的解析度会越低。该选项卡右边的三个"更改滤波器"按钮分别对应于其左边的选项，其功能与"输出"选项项卡中的"过滤未选定的变量"按钮相同。

"频率参数"选项卡如图6-52所示，该选项卡主要是对扫描频率等进行设置，包括起始频率、停止频率、扫描类型、每十倍频程点数、垂直刻度等选项。

图 6-51　噪声分析对话框

图 6-52　"频率参数"选项卡

以图6-44所示的单管放大电路为例，选定需要分析的电路节点7、输入噪声参考源、输出节点及参考参数，如图6-53所示。单击"仿真开关"按钮，即可在显示图上获取被分析节点的噪声分布曲线，如图6-54所示。

图 6-53　输出选项卡

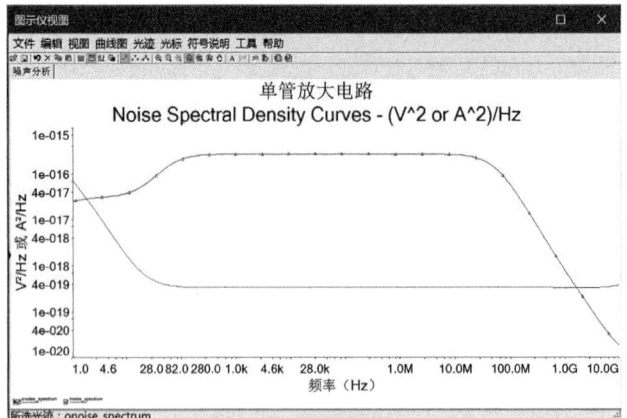

图 6-54　噪声分布曲线图

五、灵敏度分析

灵敏度分析（Sensitivity Analysis）是分析计算电子电路的输出变量随电路元件参数变化

或温度漂移的敏感程度。Multisim 12 提供直流灵敏度与交流灵敏度的分析功能。灵敏度分析是计算输出节点的电压或电流对电路中所有元件的直流灵敏程度或对一个元件的交流灵敏程度。灵敏度分析用数值百分比的形式表示。

灵敏度分析的对话框如图 6-55 所示。该对话框包含 4 个选项卡，除"分析参数"选项卡外，其余 3 项与直流工作点分析的设置一样。在"分析参数"选项卡里，"电压"选择进行电压灵敏度分析，在选中本选项后，即可在其下的"输出节点"下拉列表框中选定要分析的输出节点以及在"输出"下拉列表框中选择输出端的参考节点；"电流"选择进行电流灵敏度分析，该项只能对信号源的电流进行分析，因此在选中本选项后，即可在其下的"输出源"下拉列表框中选择要分析的信号源；"输出缩放"选择灵敏度的输出格式，包括"绝对""相对"两个灵敏度选项；"更改滤波器"按钮的功能仍然是打开"过滤节点"对话框，过滤内部节点、外部引脚以及电路中的输出变量；"直流灵敏度"选择进行直流灵敏度分析，直流灵敏度的计算结果保存在一个表格中，交流灵敏度的分析经仿真后用变化的曲线表示。

以图 6-44 所示的单管放大电路为例，选定需要分析的电路节点 7，选定灵敏度分析参数，分别对该电路进行直流灵敏度和交流灵敏度仿真，其结果如图 6-56 和图 6-57 所示。

图 6-55 灵敏度分析对话框

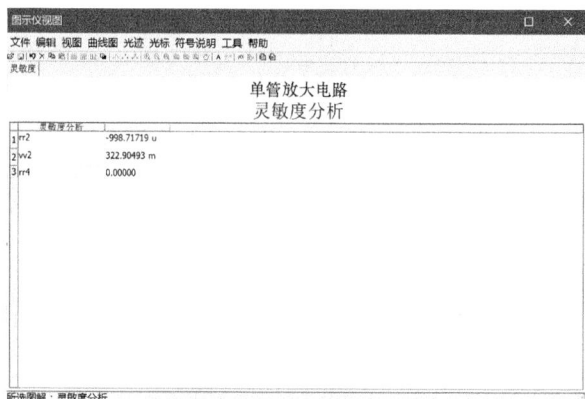

图 6-56 直流灵敏度分析结果

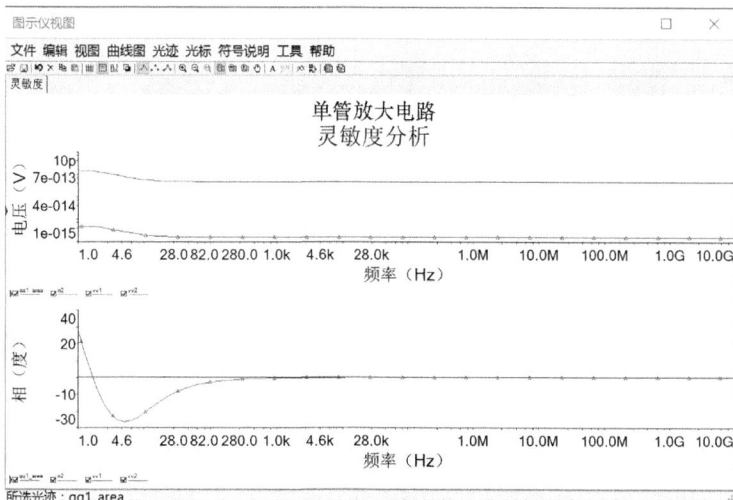

图 6-57 交流灵敏度分析结果

6.2.6 Multisim 2012 仿真分析实例

一、晶体管单管放大电路分析

（一）静态工作点分析

（1）晶体管单管放大电路如图 6-58 所示。使用 Multisim 12 创建晶体管单管放大电路，根据电路 SPICE 网表查看器，在电路中标识仿真节点。

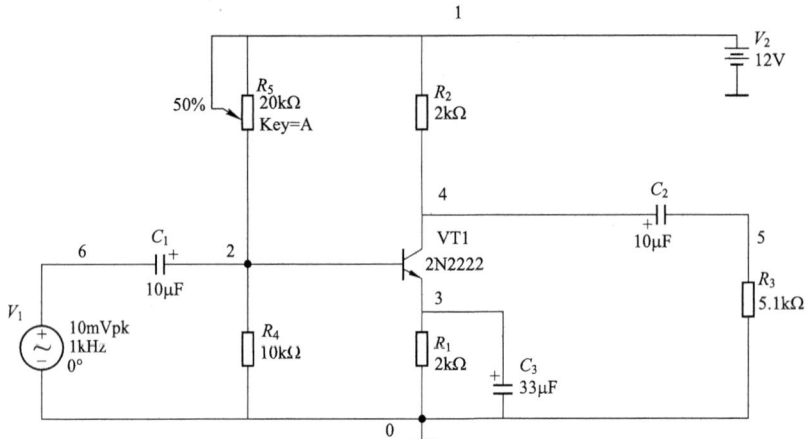

图 6-58　晶体管单管放大电路

（2）静态工作点的测试。在图 6-59 中节点 2、3、4 接入电压、电流测试仪表 U_1、U_2、U_3 和 U_4，单击"仿真开关"，测得 $U_B = 5.873\text{V}$，$U_E = 5.217\text{V}$，$U_C = 6.830\text{V}$，$I_C = 2.585\text{mA}$。根据 $U_{BE} = U_B - U_E = 5.873 - 5.217 = 0.656\text{V}$，$U_{BC} = 5.873 - 6.830 = -0.957\text{V}$，发射结正偏，集电结反偏，满足晶体管放大条件。

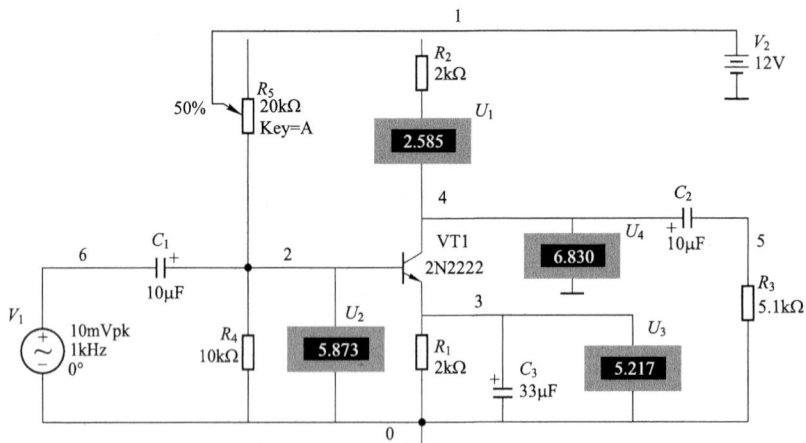

图 6-59　晶体管单管放大电路接入电压、电流测试仪表

（3）仿真分析。通过菜单窗口"仿真/分析/直流工作点分析"，选定节点 1、2、3、4、5、6 为电压输出分析节点，单击"仿真开关"，得到直流工作点直流电压仿真分析数据，如图 6-60 所示。同样以 2、3、4 节点电流为输出仿真分析节点，可以得到晶体管三个极电流数据，如图 6-61 所示，即 $i_c = i_e - i_b = 2.61030 - 0.0242558 = 2.586\text{mA}$。

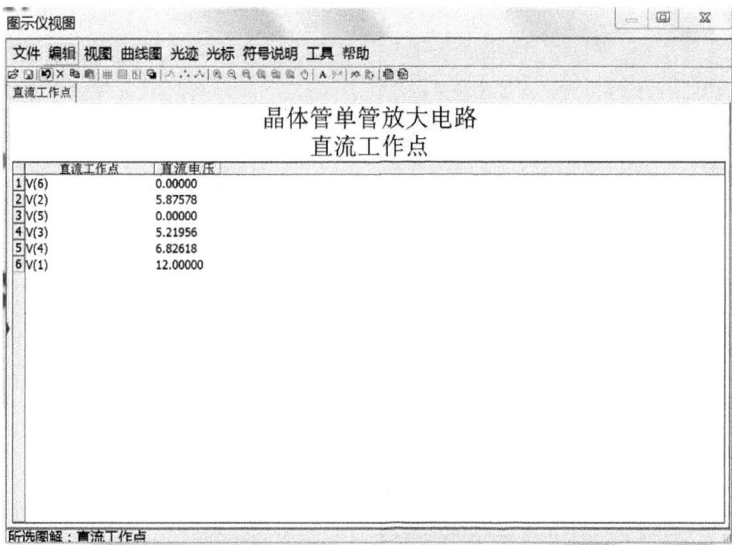

图 6-60　晶体管单管共射放大电路节点输出电压仿真结果

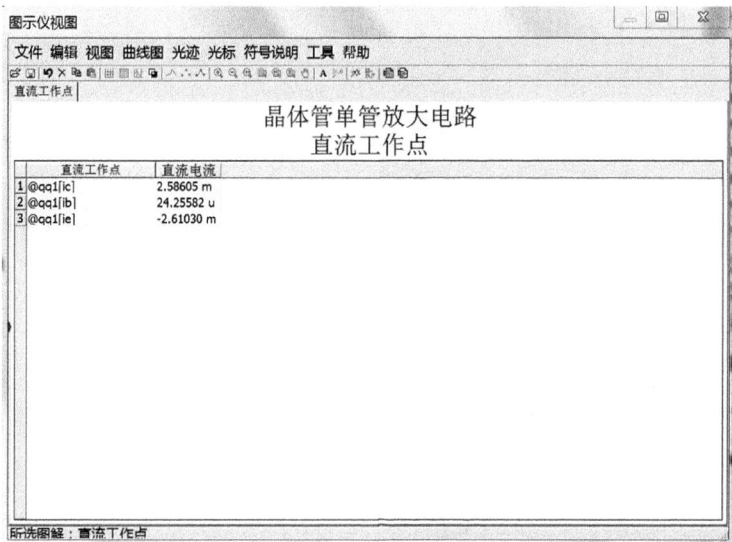

图 6-61　晶体管单管共射放大电路节点输出电流仿真结果

通过测量数据与仿真数据相比较，两者是一致的。

（二）动态分析

（1）输入、输出电阻。通过电流电路理论计算放大电路，输入电阻 5kΩ，输出电阻 2kΩ。

将输入电容短路，选择传递函数分析（仿真/分析/传递函数分析），设置分析参数为输出节点，参考电压为"0"，输入为信号源 V1，分析结果如图 6-62 所示。从图中可知输入电阻为 4.97439kΩ，输出电阻为 2.000kΩ，仿真分析与理论计算结果基本一致。

（2）瞬态分析。瞬态分析是电路的响应在信号源激励下在时间域内的函数波形。在

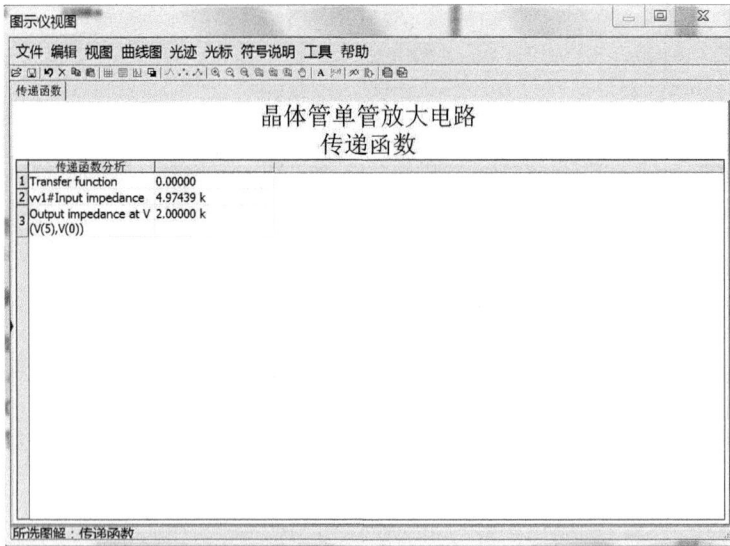

图 6-62 传递函数对电路输入、输出电阻分析结果

图 6-58 中加入 V1（10mV，1kHz）交流信号源为激励信号，其他元件参数保持默认设置。

选取节点 5、6 为输出电压为仿真分析节点，通过"仿真/分析/瞬态分析"，得到的分析输入、输出信号仿真曲线如图 6-63 所示。

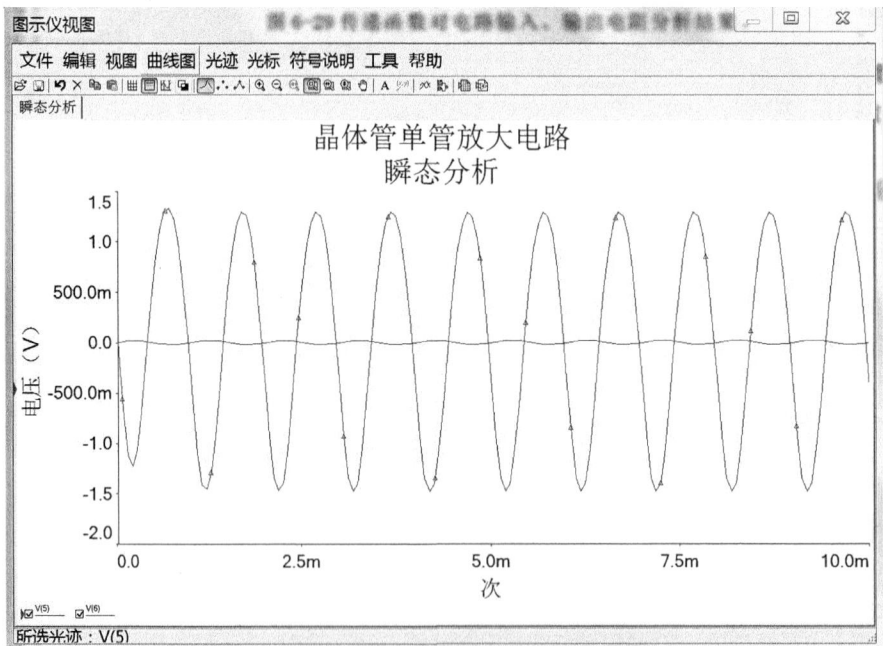

图 6-63 输入、输出信号仿真分析曲线

（3）交流分析。从交流分析中可以看出电路的频率响应，单击"仿真/分析/交流分析"，将图 6-45 中 V(5)/V(6) 作为电压放大倍数为输出量。电路频率响应曲线如图 6-64 所示。

从图 6-64 中可以看出电路的电压放大倍数随信号频率的变化而变化，图 6-64 为幅度频率曲线，在游标 1 和游标 2 之间部分较为平坦，一般称为中频段；两边的部分随频率变化很大，分别称为低频和高频段。在图 6-64 中移动游标 1 和 2 可得，放大倍数在中频段的数值大约为 102 左右。工程上，将中频段放大倍数下降到 0.707 左右对应的信号频率称为截止频率，如图 6-64 中可见，截止频率有两个。

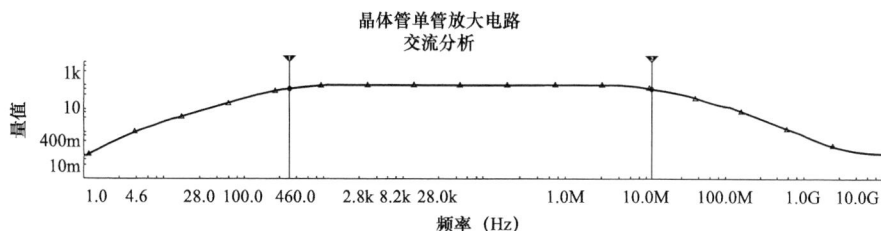

图 6-64　放大电路频率响应曲线

如图 6-65 所示，当放大倍数从 102 下降到 0.707 倍左右时，游标 1 和 2 的数值 y1 和 y2 都是 72Hz 左右。此时 x1 的数值为 371.8092Hz，定义放大电路下限截止频率；x2 的数值为 11.7708MHz，定义为放大电路上限截止频率。通常定义 x1 和 x2 之间的频率为同频带，从图 6-65 中可知，该放大电路的通频带为：$BW = f_1 - f_2 = 11.3986MHz$。

（4）电压放大倍数分析。放大倍数是单管放大电路的重要参数指标，表征了小信号对大信号控制能力的大小。对图 6-58 所示的放大电路放大倍数分析方法可以采用电压表测量法和示波器波形图分析法，上述两种方法均需要测出输出电压信号大小，最后计算出电压放大倍数。

光标	⊠
	V(5)/V(6)
x1	371.8092
y1	72.6491
x2	11.7708M
y2	72.1376
dx	11.7704M
dy	-511.5266m
dy/dx	-43.4587n
1/dx	84.9589n

图 6-65　放大电路光点对应数值

1）测量法。在图 6-58 所示的输入端和输出端分别接入万用表 XMM1、XMM2，如图 6-66 所示。单击"仿真开关"，从输入端电压表图示窗口测得 $U_i = 7.071mV$，从输出端电压表图示窗口测得 $U_o = 673.819mV$，如图 6-67 所示。因此电压放大倍数为

$$A_u = \frac{U_o}{U_i} = \frac{673.819}{7.071} = 95.29$$

2）图示仪分析法。在图 6-58 中，将输入端和输出端分别接入双棕示波器 A、B 通道，其电路图如图 6-68 所示。单击"仿真开关"，打开示波器显示面板，得到放大电路输出信号仿真波形如图 6-69 所示，从示波器窗口分别估读出 $U_i = \frac{10}{\sqrt{2}} = 7.072mV$，$U_o = \frac{950}{\sqrt{2}} = 671.853mV$。因此电压放大倍数为

$$A_u = \frac{U_o}{U_i} = \frac{671.853}{7.072} = 95.00$$

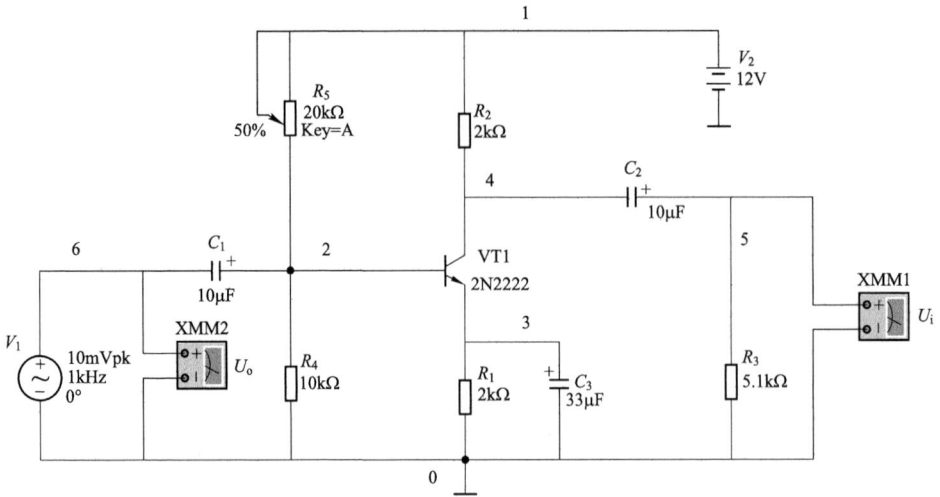

图 6-66　放大电路接入万用表 XMM1 和 XMM2 示意图

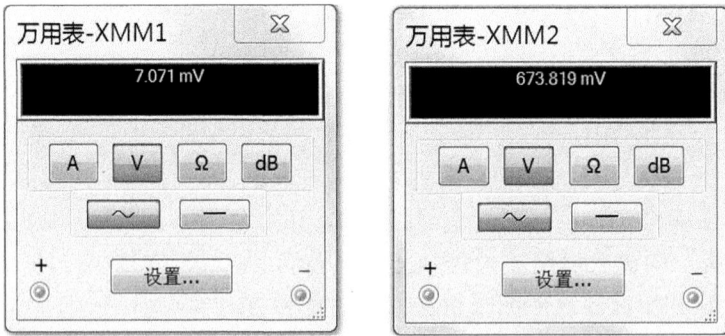

图 6-67　万用表 XMM1、XMM2 读数

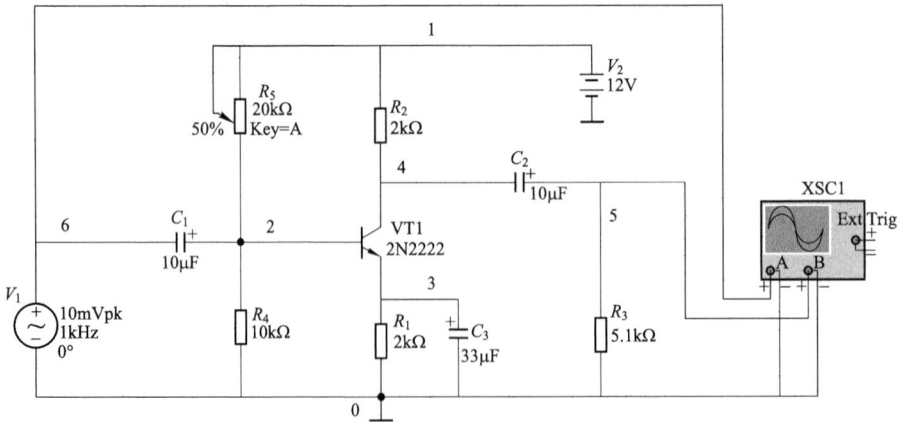

图 6-68　放大电路接入双踪示波器示意图

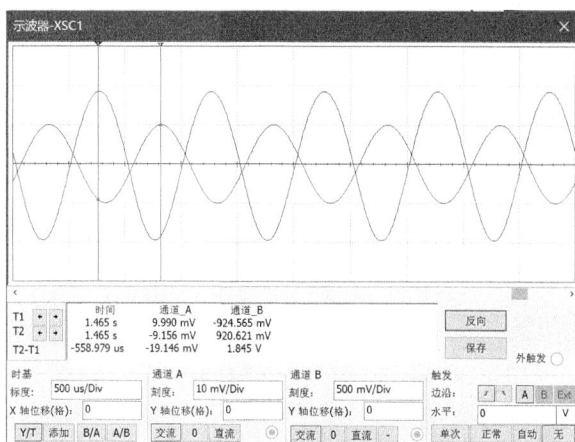

图 6-69　放大电路接入双踪示波器仿真曲线图

（5）参数调整对输出信号波形的影响。放大电路静态工作点的设置非常重要，只有保证电路具有一定动态范围，才能保证电路放大信号不失真。在图 6-58 所示电路中，若把发射极电阻变为 4.3kΩ，电路动态范围减小，在输入信号 V_1 调整为 50mV 时将出现波形失真，如图 6-70 所示。

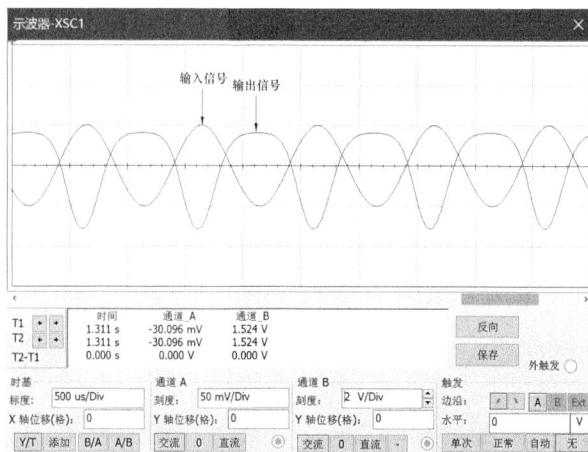

图 6-70　放大电路输出信号失真波形图

（6）失真分析。主要分析图 6-58 所示电路增益的非线性引起的谐波失真和相位不一致产生的互调失真。单击菜单"仿真/分析/失真分析"，对"失真分析"对话框进行设置，选取节点 5 为输出电压为分析对象，单击"失真分析"对话框"仿真"，得到节点 5 电压输出量失真分析结果如图 6-71 所示。

另外，还可以用失真分析仪来分析图 6-58 电路谐波失真和信噪比。失真分析仪测量电路，如图 6-72 所示。

单击失真分析仪面板，将"失真分析仪-XDA1"对话框"基本频率"设置为 1kHz，"分解频率"设置为 100Hz，对谐波设置（THD）、信噪比（SINAD）进行分析，单击"仿真开关"得到总谐波失真和信噪比分析结果如图 6-73 所示。

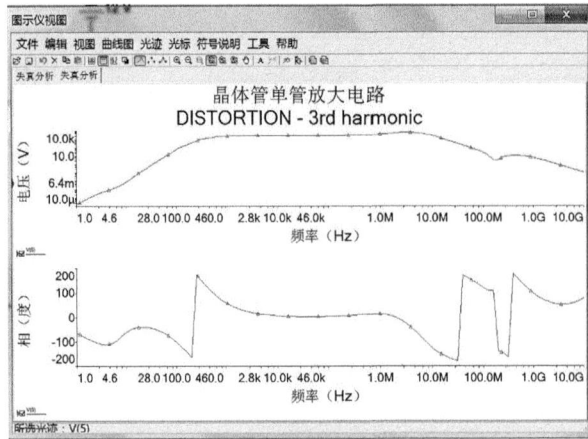

图 6-71　放大电路输出量失真分析结果

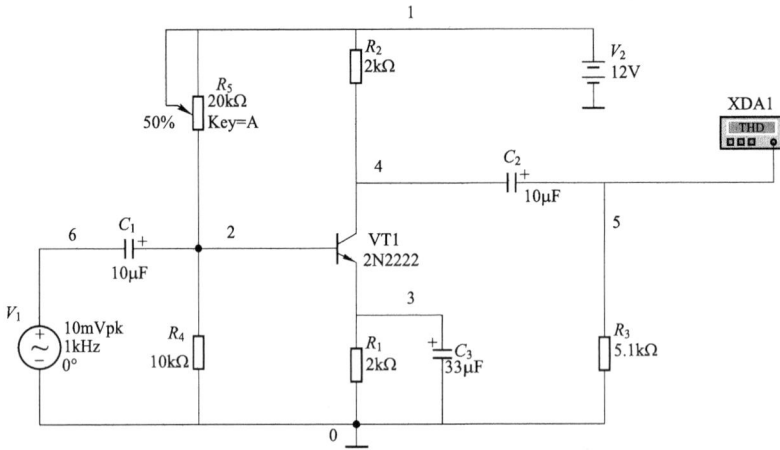

图 6-72　失真分析仪测量电路

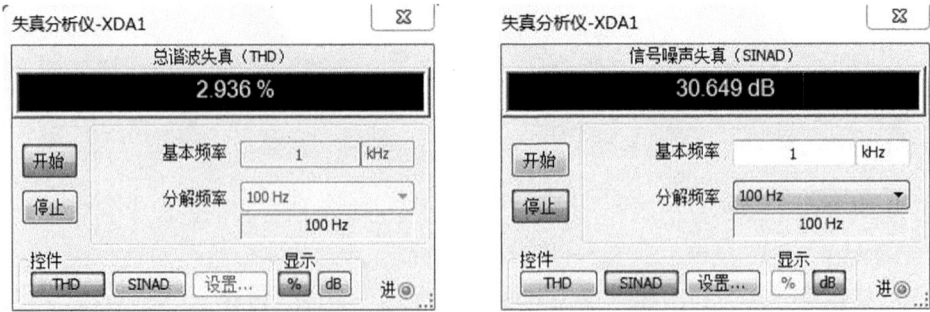

图 6-73　总谐波失真和信噪比分析结果

二、逻辑电路分析

（一）组合逻辑电路分析

组合逻辑电路的特点是在任一时刻的输出只取决于该时刻的输入信合逻辑取值的组合，与电路以前的状态无关。组合逻辑测试电路如图 6-74 所示。

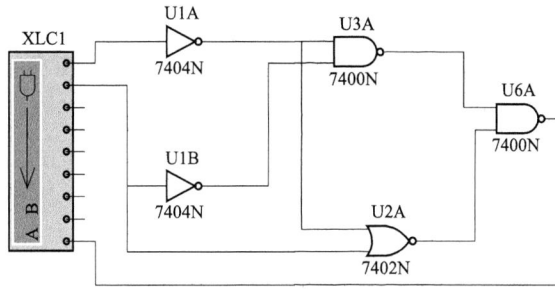

图 6-74 组合逻辑门电路测试

组合逻辑电路分析方法如下：

(1) 将电路的输入和输出连接到逻辑转换仪。

(2) 由逻辑转换仪转换成真值表、逻辑函数表达式以及最简式。

(3) 根据真值表或逻辑表达式确定逻辑功能。

【例 1】 三人多数表决电路。

已知该电路由 A、B、C 三人组成，三人投票表决，表决分同意 (1) 与不同意 (0) 两种情况，当同意票达到两票或两票以上的结果为通过 (1)，否则为不通过 (0)。

设计方法：如图 6-75 所示，首先在电路工作区打开逻辑转换仪并双击打开面板，定义逻辑变量，选择"A""B""C"三个变量输入端，依据设计原理输入真值表，双击输出可修改输出值。按 转换，得到简化得逻辑表达式。

再由简化表达式生成与非门电路图，按 转换按钮得到如 6-76 所示的与非门电路。

最后进行电路仿真，在三个逻辑输入端接入开关按键和结果指示灯，输入按键组合，如图 6-77 所示，观测输出结果是否符合实际要求。

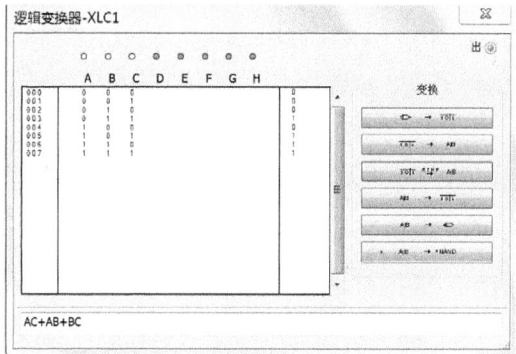

图 6-75 逻辑转换仪输入真值表

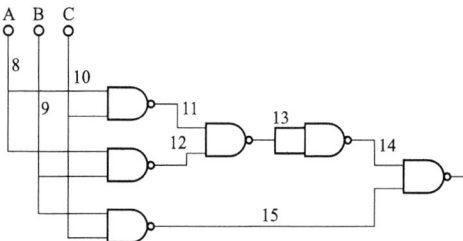

图 6-76 转换后的与非门电路

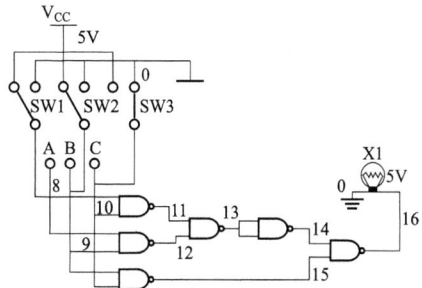

图 6-77 三人多数表决仿真电路

（二）时序逻辑电路分析

时序逻辑电路的特点是：电路任何时刻的稳态输出不仅取决于当前的输入，还与前一时刻输入形成的状态有关，即时序逻辑电路具有记忆功能。JK 触发器测试电路如图 6-78 所示。

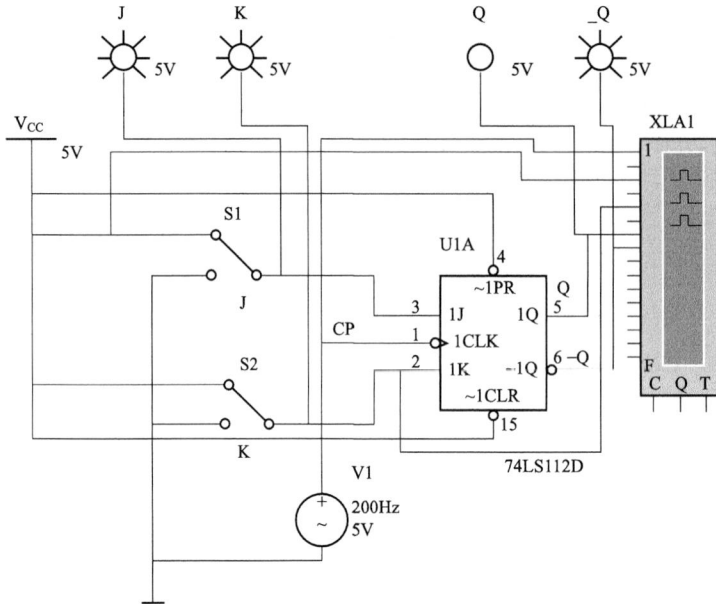

图 6-78　JK 触发器测试电路图

时序逻辑电路分析方法如下：

（1）根据设计要求选择合适的数字集成电路芯片（TTL 或 CMOS 型），创建逻辑电路图。

（2）在电路中接入逻辑分析仪，选择合适的 CP 脉冲源，输出端接入逻辑显示器件。

（3）通过逻辑分析仪进行仿真分析，逻辑分析仪图示窗口，获得输出信号波形图，通过电路输出端显示器件实现电路逻辑功能。

【例 2】　用反馈清零法设计一个九进制加法计数器，计数范围为 0~8，要求循环计数。

设计方法：首先要选择一个具有清零功能的计数器芯片 74LS161D，该计数器具有异步清零功能，在计数过程中不论输出端处于哪个状态，只要清零端有低电平输入，使 $\overline{CLR}=0$，74LS161D 输出置零（0000）。清零信号消失后，74LS161D 重新从 0 开始计数。

由于要设计一个九进制计数器，可以借助 74LS161D 异步清零功能，当 9 个 CP 脉冲上升沿到达时，输出 $Q_D Q_C Q_B Q_A = 1001$，通过一个与非门译码，反馈给 $\overline{CLR}$ 一个清零信号，使 $Q_D Q_C Q_B Q_A = 0000$。此时，产生清零条件消失，$\overline{CLR}=1$，74LS161D 重新开始计数。这样就跳过了 1001~1111 七个状态。

输出端可以接入译码显示器显示计数过程。

具体步骤：

（1）按上述分析选择 TTL 器件 74LS161D，该计数器是同步二进制计数器，主要功能有异步置零（低电平有效），同步并行置数功能。当 $\overline{LOAD} = \overline{CLR} = ENP = ENT = 1$，CLK 端输入计数脉冲时开始计数。A、B、C、D 为置数端，作计数器时置零。Q_D、Q_C、Q_B、Q_A 为输出的二进制码。

（2）由于是九进置计数器，最大显示十进制数为 8，对应的二进制数为 1000，当计数器输出为 1001（9）时，$Q_D = Q_A = 1$，计数器必须清零，因此必须将输出 Q_D、Q_A 接入与非门电路 74LS00D，74LS00D 在 $Q_D = Q_A = 1$ 时，输出为低电平零，保证计数器 74LS161D 异步清零。

（3）74LS161D 输出端 Q_D、Q_C、Q_B、Q_A 可以接入带译码器的数码管 DCD_ HEX，可以显示计数结果。

九进制计数器测试电路如图 6-79 所示。计数器仿真结果如图 6-80 所示。

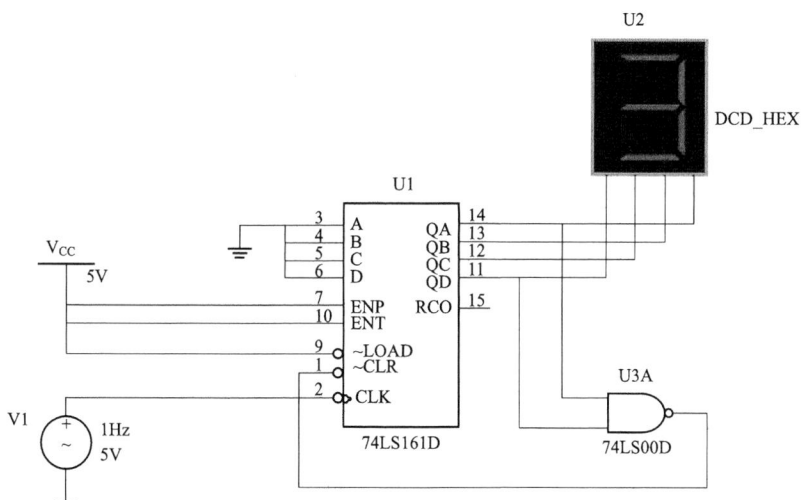

图 6-79　九进制计数器测试电路图

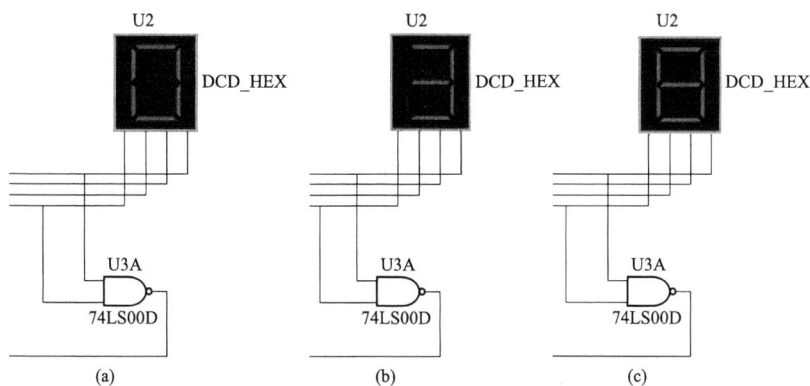

图 6-80　仿真结果

（a）输出为"0"；（b）输出为"3"；（c）输出为"8"

6.3　Protel 99SE 基础

6.3.1　Protel 99SE 原理图的编辑

一、电路板设计步骤

一般而言，设计电路板最基本的过程可以分为三大步骤：

（1）电路原理图的设计。电路原理图的设计主要是利用 Protel 99SE 的原理图设计（Schematic Document，SCH）来绘制一张电路原理图。在这一过程中，要充分利用 Protel 99SE 所提供的各种原理图绘图工具、各种编辑功能，来实现我们的目的，即得到一张正确、精美的电路原理图。

（2）产生网络表。网络表是电路原理图设计与印制电路板设计（PCB）之间的一座桥梁，它是电路板自动布线的灵魂。网络表可以从电路原理图中获得，也可从印制电路板中提取出来。

（3）印制电路板的设计。印制电路板的设计主要是针对 Protel 99SE 的另外一个重要的部分 PCB 而言的，在这个过程中，借助 Protel 99SE 提供的强大功能实现电路板的版面设计，完成高难度的工作。

二、原理图设计过程

原理图的设计流程如图 6-81 所示。

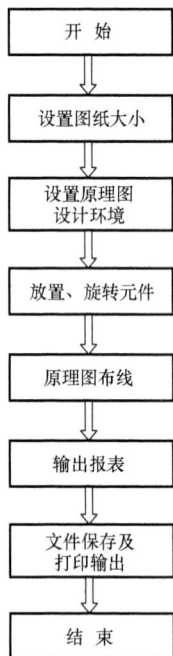

图 6-81　原理图的设计流程图

（1）设计图纸大小。进入 Protel 99SE/Schematic 后，首先要构思好零件图，设计好图纸大小。图纸大小是根据电路图的规模和复杂程度而定的，设置合适的图纸大小是设计好原理图的第一步。

（2）设置原理图设计环境。设置 Schematic（原理图）设计环境，包括设置栅格大小和类型，光标类型等，大多数参数也可以使用系统默认值。

（3）放置、旋转元件。用户根据电路图的需要，将元件从元件库里取出放置到图纸上，并对放置元件的属性（序号、参数、元件封装等）进行定义和设定等工作。

（4）原理图布线。利用 Protel 99SE/Schematic 提供的各种工具，将图纸上的元件用具有电气意义的导线、符号连接起来，构成一个完整的原理图。

（5）调整线路。将初步绘制好的电路图作进一步的调整和修改，使得原理图更加美观。并进行电气规则检查。

（6）输出报表。通过 Protel 99SE/Schematic 提供的各种报表工具生成各种报表，其中最重要的报表是网络表，通过网络表为后续的电路板设计作准备。

（7）文件保存及打印输出。最后的步骤是文件保存及打印输出。

三、进入原理图编辑器（SCH）

（一）新建一个设计库

（1）启动程序或桌面 Protel 99SE，启动界面如图 6-82 所示。启动后出现的窗口如图

6-83 所示。

（2）选取菜单 File/New 来新建一个数据库文件，如图 6-84 所示。

将光标移到菜单 File/New 处，单击鼠标左键或按回车键进行确认即可。此时打开新建设计数据库文件窗口如图 6-85 所示，可在 Database File Name 输入框中输入新建设计数据库名文件，按"Browse"按钮选择数据库存储路径。

（3）再选取 File/New 后，打开选择文件类型对话框，如图 6-86 所示，用鼠标双击图标（Schematic Document），选中原理图编辑器的图标，如图 6-87 所示。

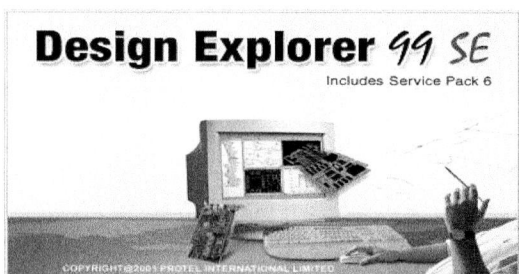

图 6-82　Protel 99SE 启动界面

图 6-83　启动后的窗口

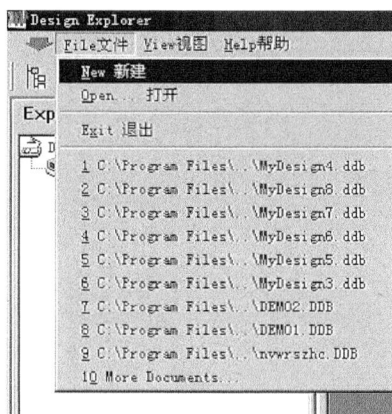

图 6-84　打开 File/New 菜单

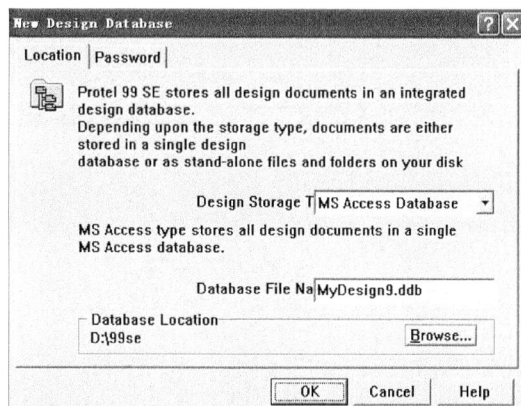

图 6-85　新建设计数据库

图 6-86　执行 File/New 菜单

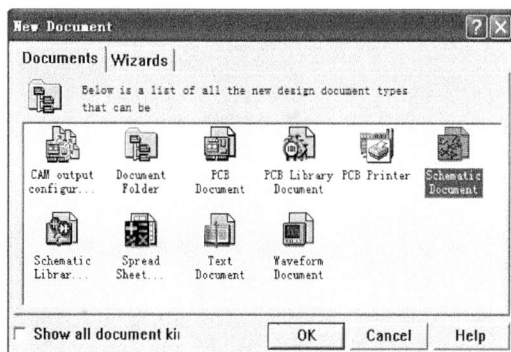

图 6-87　选择文件类型对话框

（4）用鼠标双击图标后即可进入原理图编辑器文件，如图6-88所示。此时可以修改原理图的文件名，用鼠标双击图标后即可进入原理图编辑器（Schematic，SCH）界面，如图6-89所示。

图6-88　原理图文件

（二）原理图设计环境设置

（1）设计图纸大小、栅格和标题栏。进入原理图编辑器界面后选择选项"Design/Options/standard/Grids"，打开如图6-90所示对话框。要求电气栅格（Electrical Grid）应小于捕捉栅格（Snap Grids）。

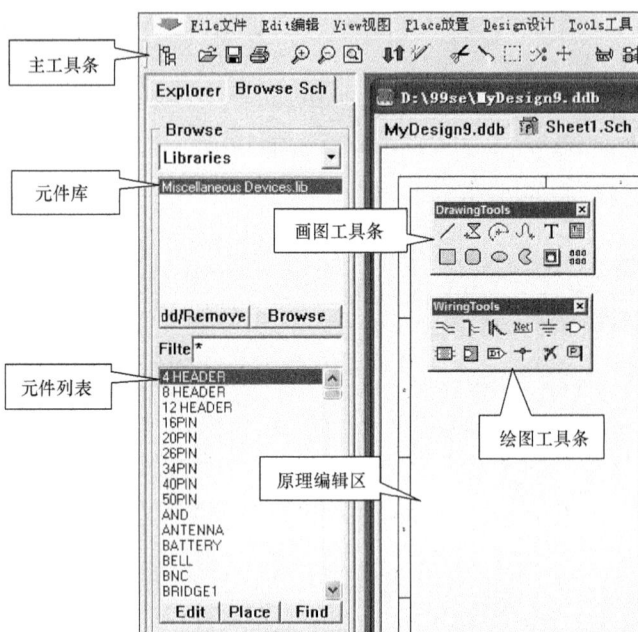

图6-89　原理图编辑器界面

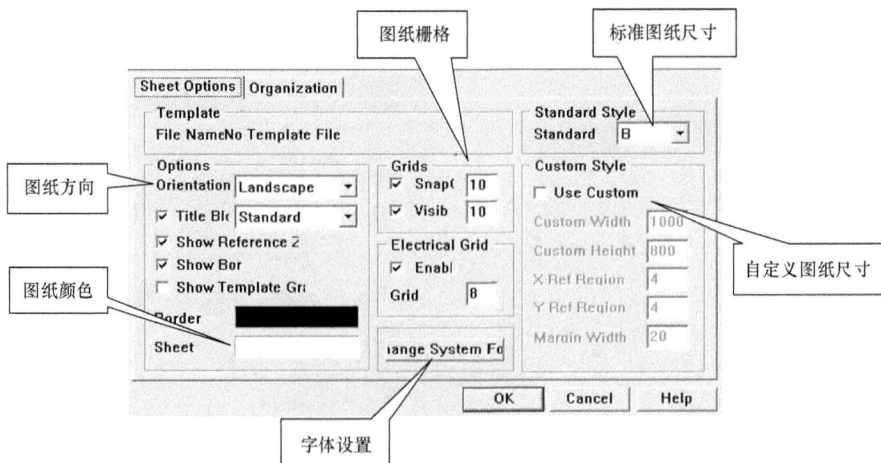

图6-90　设计图纸大小、栅格

（2）设置 Protel 99SE/Schematic 设计环境。在图 6-89 界面中选择菜单"Tool/preferences"用于设置原理图和图形编辑环境，如图 6-91、图 6-92 所示。大多数参数也可以使用系统默认。

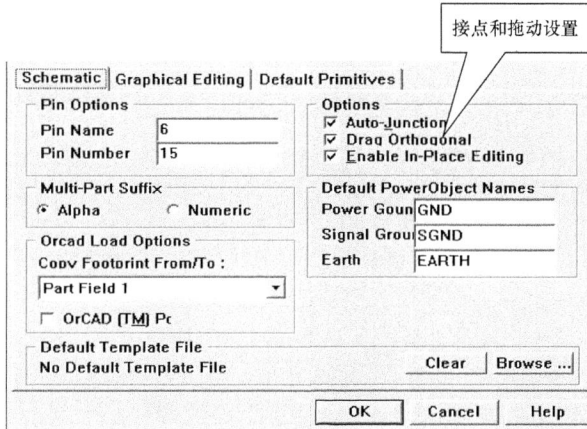

图 6-91　原理图和图形编辑环境 Schematic 选项卡

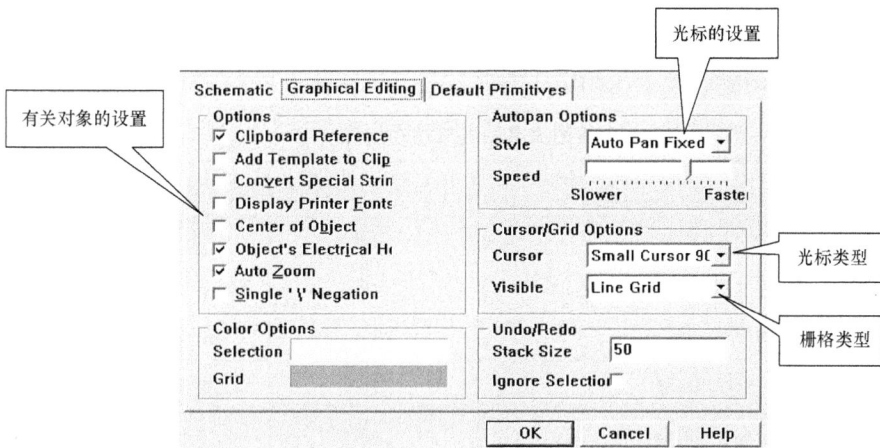

图 6-92　原理图和图形编辑环境 Graphical Editing 选项卡

（三）添加元件库

在放置元件之前，必须先将该元件所在的元件库载入内存才行。如果一次载入过多的元件库，将会占用较多的系统资源，同时也会降低应用程序的执行效率。所以，通常只载入必要而常用的元件库，其他特殊的元件库当需要时再载入。

添加元件库的步骤如下。

（1）点击图 6-89 中"Libraries"（设计管理器）中的"Add/Remove"按钮，屏幕将出现如图 6-93 所示的"Change Librarg File List"（元件库添加、删除）对话框。

（2）在"Design Explorer 99SE\Library\Sch"文件夹下选取元件库文件，然后双击鼠标或点击"Add"按钮，此元件库就会出现在"Selected Files"框中，如图 6-93 所示。

（3）然后点击"OK"按钮，完成该元件库的添加。常用元件库有 Miscellaneous Devices；

Intel DataBooks Inter；Nsc DataBooks；TI DataBooks；sim；spice 等。

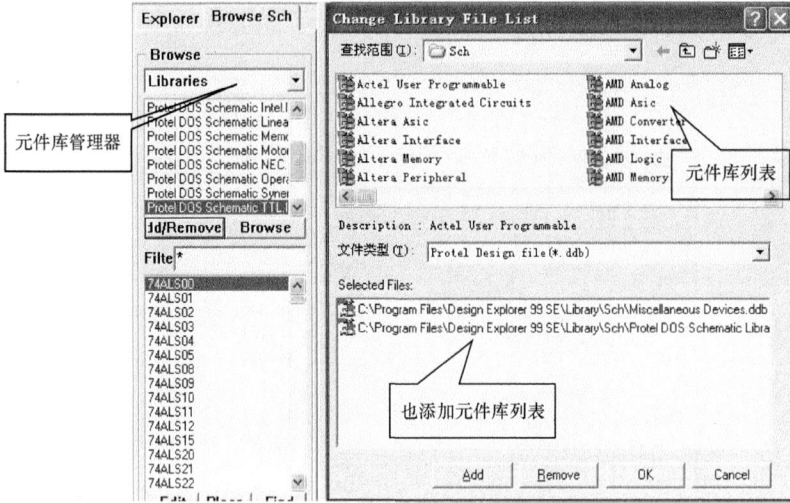

图 6-93　元件库添加、删除对话框

（四）放置元件

由于电路是由元件（含属性）及元件间的边线所组成的，所以现在要将所有可能使用到的元件都放到空白的绘图页上。绘图工具箱的各按键功能见表 6-1。

表 6-1　绘图工具箱各按键功能表

按　键	功　能	按　键	功　能
	画连线		画电路图符号
	画总线		画电路图符号中的端口
	画总线入口		放置电路输入输出端口
	放置网络标号		放置节点
	放置电源/地线符号		设置忽略电气检查规则标号
	放置元件		放置 PCB 布线指示符号

通常用下面两种方法来选取元件。

（1）通过输入元件名来选取元件。做法是通过菜单命令"Place/Part"或直接点击电路绘制工具栏上的 按钮，打开如图 6-94 所示的"Place Part"对话框，然后在该对话框中"Lib Ref"输入元件的库名称，"Designator"输入元件的流水号，"Part Type"输入元件的参数，"Footprint"输入元件的封装格式，如图 6-94 所示。然后点击"OK"按钮，完成元件的放置。

放置元件的过程中，按空格键可旋转元件，按下"X"或"Y"键可在 X 方向或 Y 方向镜像，按"Tab"

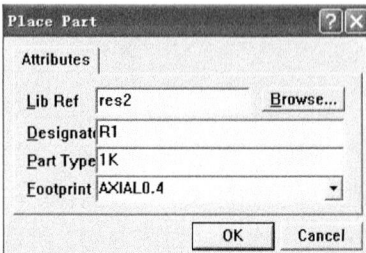

图 6-94　元件放置及属性对话框

键可打开如图 6-95 所示的编辑元件属性对话框。

（2）从元件列表中选取。添加元件的另外一种方法是直接从元件列表中选取，该操作必须通过设计库管理器窗口左边的元件库面板来进行。

下面示范如何从元件库管理面板中取一个与门元件，如图 6-96 所示。首先在原理图编辑器上的"Library"栏中选取"Miscellaneous Devices.lib"，然后在"Components In Library"栏中利用滚动条找到"AND"并选定它。单击"Place"按钮，此时屏幕上会出现一个随鼠标移动的"AND"符号，按空格键可旋转元件，按下"X"或"Y"键可在 X 方向或 Y 方向镜像，按"Tab"键可打开编辑元件对话框。将符号移动到适当的位置后单击鼠标左键使其定位即可。

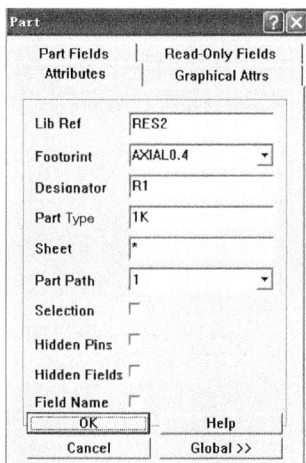

图 6-95　编辑元件属性对话框

图 6-96　元件列表

（五）编辑元件

原理图编辑器中所有的元件对象都各自拥有一套相关的属性。某些属性只能在元件库编辑中进行定义，而另一些属性则只能在绘图编辑时定义。在将元件放置到绘图页之前，此时元件符号可随鼠标移动如果按下"Tab"键就可打开如图 6-95 所示的"Part"对话框。

"Attributes"选项卡中的内容较为常用，它包括以下选项：

（1）Lib Ref：在元件库中定义的件名称，不会显示在绘图页中（不允许修改）。

（2）Footprint：元件封装形式，该元件在 PCB 库里的名称。如果要根据该电路图来自动设计电路板的话，那一定要在本栏中指定元件封装才行。

（3）Designator：元件序号栏。如果在此改为"U1"，则所放置的元件上将显示"U1"。

（4）Part Type：显示在绘图页中的元件名称，默认值与元件库中名称"LibRef"一致。

（5）Sheet Path：指示以电路图定义元件的电路图名称，也就是利用一张电路图代表该元件的内部电路。

（6）Part：设定同一个集成块中的第几个元件，主要是针对复合封装的元件而设的。如与门电路的第一个逻辑门为 1，第二个为 2，等等。

（7）Selection：切换选取状态。

（8）Hidden Pins：是否显示元件的隐藏引脚。

（9）Hidden Fields：是否显示"Part Fields 1-8""Part Fields 9-16"选项卡中的元件数据栏。

（10）Field Name：是否显示元件隐藏栏名称。

改变元件的属性，也可以通过菜单命令"Edit/Change"。该命令可将编辑状态切换到对象属性编辑模式，此时只需将鼠标指针指向该元件，然后单击鼠标左键，就可打开"Part"对话框。

在元件的某一属性上双击鼠标左键，则会打开一个针对该属性的对话框。例如在显示文字"U?"上双击，由于这是 Designator 流水序号属性，所以出现对应的"Part Designator"对话框，如图6-97所示。

（六）电源与接地元件的放置

"VCC"电源元件与"GND"接地元件有别于一般的电气元件。它们必须通过菜单"Place/Power Port"或电路图绘制工具栏上的 ≑ 按钮调用，这时编辑窗口中会有一个随鼠标指针移动的电源符号，按"Tab"键，即出现如图6-98所示的"Power Port"对话框。

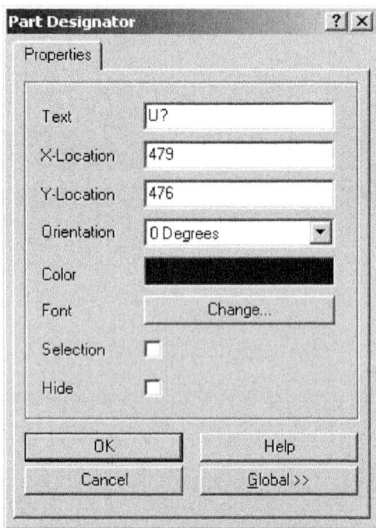

图 6-97　"Part Designator"对话框

图 6-98　"Power Port"对话框

在"Power Port"对话框中可以编辑电源属性，在"Net"栏中修改电源/地符号的网络名称，在"Style"栏中修改电源类型，"Orientation"修改电源符号放置的角度方向。电源与接地符号在"Style"下拉列表中有多种类型可供选择，如图6-99所示。

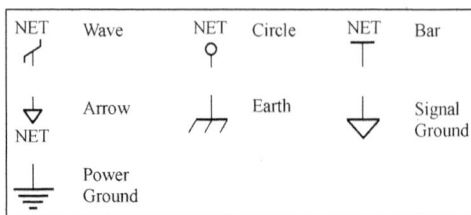

图 6-99　各种电源与接地符号

（七）连线和放置接点

所有元件放置完毕后，就可以进行电路图中各对象间的连线（Wiring）。连线的主要目的是按照电路设计的要求建立网络的实际连通性，具体方法是：

（1）单击电路绘制工具栏上的 ≋ 按钮或执行菜单"Place/Wire"将编辑状态切换到连线

模式，此时鼠标指针由空心箭头变为大十字。

（2）将鼠标指针指向欲拉连线的元件引脚或导线端点，同时出现大黑点。单击鼠标左键，即可设置起点。

（3）紧接着，随光标的移动即可拉出一条线，而转弯或到了欲连接的位置时，在按鼠标左键就完成这一段连接。同时，该点也成为下一段导线的起点。若要以其他为新的起点，则先按鼠标右键或"Esc"键，将编辑状态切回到待命模式，放弃起点。

（4）当完成了线路连接，连续按鼠标右键或"Esc"键两下，即可结束画线状态。

若在前编辑环境设置时将图 6-91 中"Auto Junction"不选中时，原理图编辑器不会自动在交叉连线上加上接点（Junction）。但通常有许多接点要我们自己动手才可以加上的。连接类型如图 6-100 所示。要放置接点，可单击电路绘制工具栏上的 ✝ 按钮或执行菜单"Place/Junction"，这时鼠标指针会由空心箭头变成大十字，且出现一个小黑点。将鼠标指针指向欲放置接点的位置，单击鼠标左键即可，单击鼠标右键可或按"Esc"键退出放置接点状态。

（八）电气规则检查

菜单"Tool/REC"用于电气规则检查。在"Setup"页面"ERC Options"区域设置检查错误的种类，八种都可以选择；"Options"区域给出处理错误的方法；"Sheet to Netlist"下拉列表框设置检查范围。

（九）建立网络表

网络表文件是原理图的文本表达方式，是电路原理图设计（SCH）与印制电路板设计（PCB）之间的桥梁，通过 Protelse 进行布线时，必须先将网络表文件导入，然后才能进行下一步工作。网络表文件可以直接在原理图编辑器中执行菜单"Design/Create Netlist"生成，也可以在文本编辑器中通过手工编写。

（十）生成元件报表

执行菜单"Reports"可进行生成元件报表，如图 6-101 所示。

图 6-100　连接类型

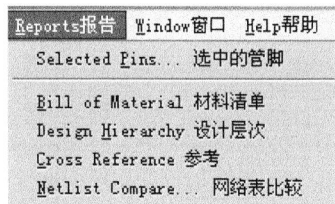

图 6-101　生成元件报告

（十一）存储文件

电路图绘制完成后要保存起来，以供日后调出修改及使用。当打开一个旧的电路图文件并进行修改后，执行菜单"File/Save"可自动按原文件名将其保存，同时覆盖原先的旧文件。在保存文件时如果不希望覆盖原来的文件，可换名保存的。

在默认情况下，电路图文件的扩展名为".Sch"。

6.3.2　Protel 99SE 的 PCB 编辑

一、印制电路板基础知识

印制电路板（Printed Circuit Board，PCB），又称印制板，是电子产品的重要部件之一。

电路原理图完成以后，还必须设计印制电路板图，最后由制板厂家依据用户所设计的印制电路板图制作出印制电路板。

（一）印制电路板结构

印制电路板的制作材料主要是绝缘材料、金属铜及焊锡等。一般来说，可分为单面板、双面板和多层板。

（二）元件封装

元件封装是指实际元件焊接到电路板时所指示的外观和焊盘位置。不同的元件可以共用同一个元件封装；同种元件也可以有不同的封装；元件的封装可以在设计电路原理图时指定，也可以在引进网络表时指定。元件封装分以下几类：

（1）针脚式元件封装。如图 6-102 所示，针脚类元件焊接时先将元件针脚插入焊盘导通孔，然后再焊锡。由于针脚式元件封装的焊盘导孔贯穿整个电路板，所以其焊盘的属性对话框中"Layer"板层属性必须为"Multi Layer"（多层）。

（2）表面粘着式元件封装。如图 6-103 所示，SMD 元件封装的焊盘只限于表面板层。在其焊盘的属性对话框中，"Layer"板层属性必须为单一表面，即"Top Laycr"（顶层）或者"Bottom Layer"（底层）。

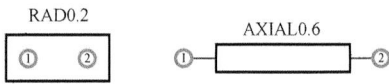

图 6-102 针脚式元件封装　　　　图 6-103 表面粘着式元件封装

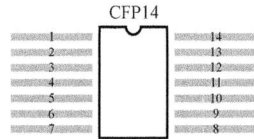

在 PCB 板设计中，常将元件封装所确定的元件外形和焊盘简称为元件。

封装图名称是封装库中封装的名称，不同的元件有不同的封装，而这些封装又在不同的封装库中。Protel 99SE 中有三个封装库，即连接器库（Connector）、一般封装库（Generic Foot Prints）和 IPC 封装库。一般常用的封装库是 Generic Foot Prints，该封装库中的 Miscellaneous. lib、AdvPCB、General IC. lib 和 Transistor. lib 等库文件部分元件封装说明见表 6-2。

表 6-2　　　　　　　　　　　　部分元件封装说明

封装类型	封装名称	说　明
电阻类无源元件	AXIAL0. 3~1. 0	数字表示焊盘间距，单位是英寸
无极性电容元件	RAD0. 1-0. 4	数字表示焊盘间距
有极性电容元件	RB. 2/. 4-RB. 5/1. 0	斜杠前的数字表示焊盘间距，斜杠后的数字表示电容外直径
二极管	DIODE0. 4-0. 7	数字表示焊盘直径
晶体管	TO-×××	×××为数字，表示不同的晶体管封装
石英晶体	XTAL1	
可变电阻	VR1-VR5	
双列直插元件	DIP-××	××为数字，表示引脚数
单列直插元件	SIP×	×为数字，表示引脚数
牛角连接器	IDC××	××为数字，表示引脚数

（三）铜膜导线

铜膜导线简称导线，用于连接各个焊盘，是印制电路板最重要的部分。印制电路板设计都是围绕如何布置导线来进行的。

另外有一种线为预拉线，常称为飞线。飞线是在引入网络表后，系统根据规则生成的，用来指引布线的一种连线。

（四）助焊膜和阻焊膜

助焊膜是涂于焊盘上，提高可焊性能的一层膜，也就是在绿色板子上比焊盘略大的浅色圆。阻焊膜是为了使制成的板子适应波峰焊等焊接形式，要求板子上非焊盘处的铜箔不能粘焊，因此在焊盘以外的各部位都要涂覆一层涂料，用于阻止这些部位上锡。

（五）印制电路板层

印制电路板的“层”是印制板材料本身实实在在的铜箔层。目前，一些较新的电子产品中所用的印制板不仅上下两面可供走线，而且在板的中间还设有能被特殊加工的夹层铜箔。上下位置的表面层与中间各层需要连通的地方用“过孔（Via）”来沟通。

注意：一旦选定了所用印制板的层数，务必关闭那些未被使用的层，以免布线出现差错。

（六）焊盘和过孔

焊盘的作用是放置焊锡、连接导线和元件引脚。选择元件的焊盘类型要综合考虑该元件的形状、大小、布置形式、振动和受热情况、受力方向等因素。

过孔的作用是连接不同板层的导线。

（七）丝印层

为方便电路的安装和维修，需要在印制板的上下两表面印制上所需要的标志图案和文字代号，如元件标号和标称值、元件外廓形状和厂家标志、生产日期等，这就是丝印层（Silkscreen Top/Bottom Overlay）。

二、新建 PCB 文件

进入 Protel 99SE 系统后，首先从“File”菜单中打开一个已存在的设计库，或执行“File\New”命令建立新的设计管理器。进入设计管理器后，执行菜单命令“File\New…”，打开新建文件对话框，如图 6-104 所示。选取该对话框中的“PCB Document”图标，单击“OK”按钮；或者直接双击“PCB Document”图标即可创建一个新的 PCB 文件。

（一）PCB 编辑器的工具栏

Protel 99SE 为 PCB 设计提供了 4 个工具栏，包括 Main Toolbar（主工具栏），Placement Tools（放置工具栏），Component Placement（元件布置工具栏）和 Fink Selections（查找选取工具栏）。

图 6-104 新建文件对话框

（1）主工具栏。该工具栏为用户提供了缩放、选取对象等命令按钮，如图 6-105 所示。

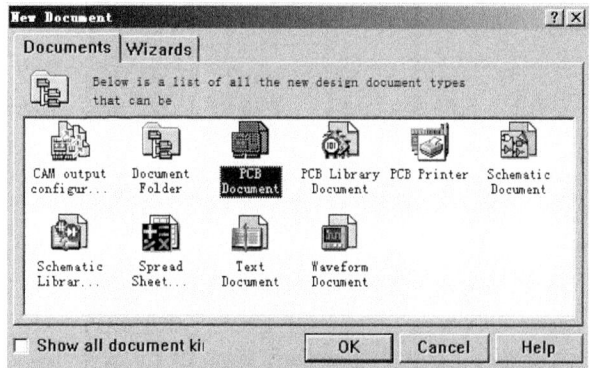

图 6-105　主工具栏

（2）放置工具栏。放置工具栏如图 6-106 所示。该工具栏主要提供图形绘制及布线命令。

（3）元件布置工具栏。元件布置工具栏如图 6-107 所示。该工具栏方便了元件排列和布局。

（二）PCB 电路参数设置

在设计窗口中单击鼠标右键，在调出的右键菜单中选择"Options …"下的"Preferences"命令，屏幕将出现如图 6-108 所示的系统参数对话框，其中包括 6 个标签页，可对系统参数进行设置。

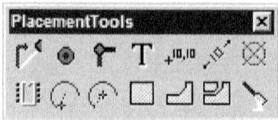

图 6-106　放置工具栏

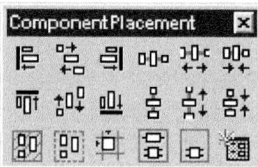

图 6-107　元件布置工具栏

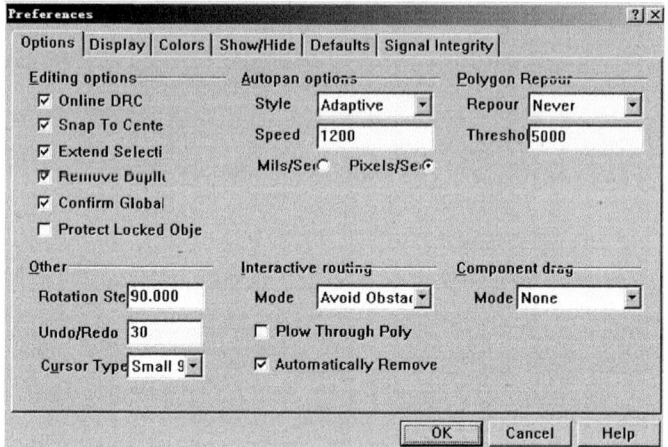

图 6-108　系统参数对话框

（1）"Options"选项标签页。该选项卡主要用于设置一些特殊的功能，这些内容设定后，就不用以后在工作中进行设定了。

（2）"Display"显示标签页。单击"Display"即可进入"Display"选项标签页，如图 6-109 所示，该选项卡主要用于设置屏幕显示模式。"Display option"区域用于显示方式设置；"Show"区域用于设置应该显示的内容；"Draft thresholds"区域用于设置草图显示的阈值；"Layer Drawing Order"按钮用于设置板层的画图顺序，最上层的最后画。

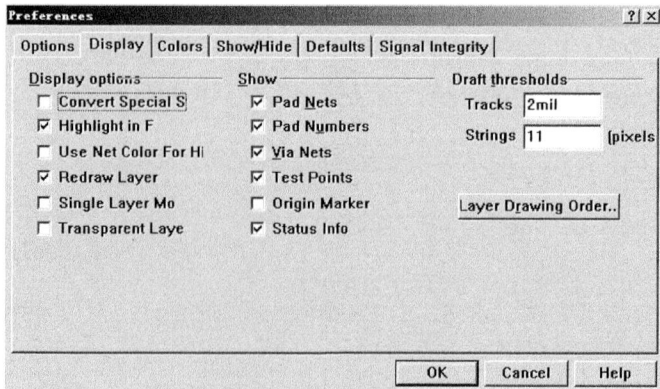

图 6-109　显示标签页

（3）"Colors"颜色标签页。"Colors"用于设置各种板层、文字、屏幕等的颜色。设置方法如下：单击需要修改颜色的颜色条，将出现颜色的对话框；在系统提供的 239 种默认。

（4）"Show/Hide"显示/隐藏标签页。单击"Show/Hide"即可进入 Show/Hide 显示/隐藏标签页，可以设置各种图形的显示模式。标签页中的每一项都有相同的三种显示模式，即 Final（精细显示模式）、Draft（粗略显示模式）和 Hidden（隐藏显示模式）。

（三）设置电路板工作层

在设计窗口单击鼠标右键，选择弹出菜单中"Options"下的"Broad Layers…"（板层选项）命令，或直接选择主菜单"Design/Options"命令，就可以看到如图 6-110 所示的工作层设置对话框。此对话框分为"Layers"板层标签页和"Options"选项标签页。

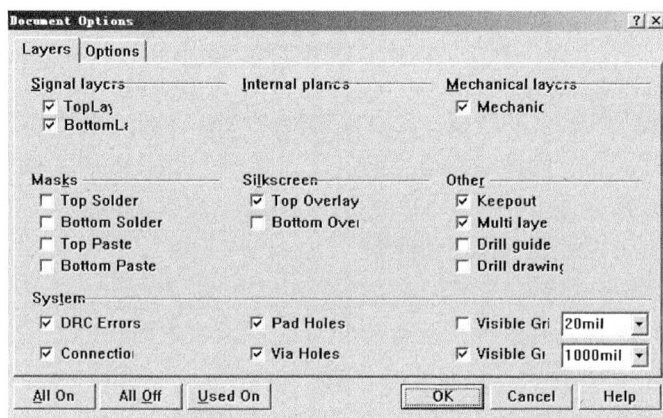

图 6-110　工作层设置对话框

（四）工作层参数的设置

在设计窗口中单击鼠标右键，选择菜单"Options"下的"Board Options"就可以看到如图 6-111 所示的文档选项对话框。在该对话框中可以进行相关参数的设置：

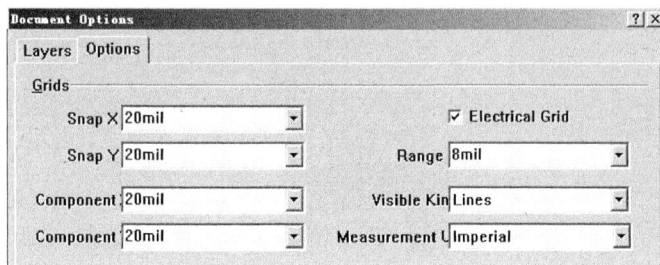

图 6-111　文档选项对话框

Grids：栅格设置。

Snap X、Snap Y：设定光标每次移动（分别在 X 方向、Y 方向）的最小间距。

Component X、Component Y：设定元器件移动操作时的最小间距。

Visible Kind：设定栅格显示方式。在下拉菜单中有两种方式选择，即 Lines（线状）和

Dots（点状）。

　　Electrical Grid：电气栅格设置。

　　Measurement Unit：度量单位，即 Imperial（英制）和 Metric（公制），系统默认为英制。

三、规划电路板和电气定义

　　规划电路板有两种方法：一种是手动设计规划电路板和电气定义，另一种是使用"电路板向导"。

　　（一）手动规划电路板

　　手动规划电路板并定义电气边界的一般步骤如下：

　　（1）单击编辑区下方的标签 Keep Out Layer，将禁止布线层设置为当前工作层，如图 6-112 所示。

图 6-112　当前画线工作层设置为禁止布线层

　　（2）再单击放置工作栏上的按钮，也可以执行"Place\Keepout\Track"命令。执行命令后，光标会变成十字。将光标移动到适当的位置，画一个封闭的 PCB 的限制区域，双击限制区域的板边，系统将会弹出如图 6-113 所示"Track"属性对话框，在该对话框中可以精确地进行定位，并且可以设置工作层和线宽。

　　（二）使用"电路板向导"

　　使用向导生成电路板就是系统自动对新 PCB 文件设置电路板的参数，形成一个具有基本框架的 PCB 文件。具体操作过程如下：

　　（1）打开或者创建一个用于存放 PCB 文件的设计数据库；

　　（2）打开或者创建一个用于存放 PCB 文件的设计文件夹；

　　（3）执行"File\New"命令，在弹出的对话框中选择"Wizards"选项卡，如图 6-114 所示。

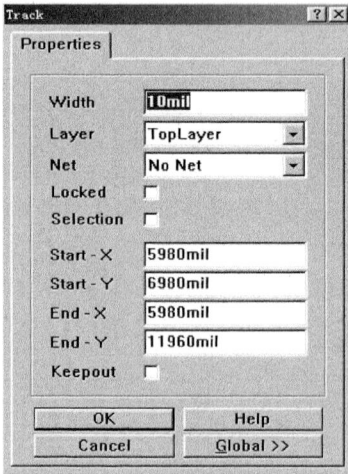

图 6-113　"Track"属性对话框

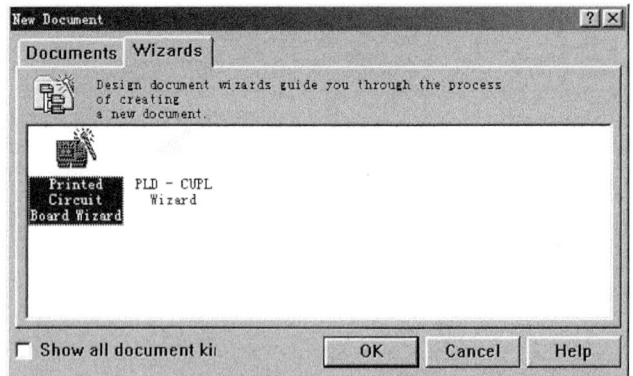

图 6-114　"Wizard"选项卡

　　（4）双击对话框中创建 PCB 的"Printed Circuit Board Wizard"（电路板向导）图标（或先选择该图标，单击"OK"按钮），进入向导的下一步，系统将弹出如图 6-115 所示的对话框。

（5）在图 6-115 中单击"Next"按钮，系统弹出如图 6-116 所示选择预定义标准板对话框，就可以开始设置印制板的相关参数。

（6）如果选择了"Custom Made Board"，则单击"Next"按钮，系统将弹出如图 6-117 所示设定板卡的相关属性对话框。

图 6-115　生成电路板先导

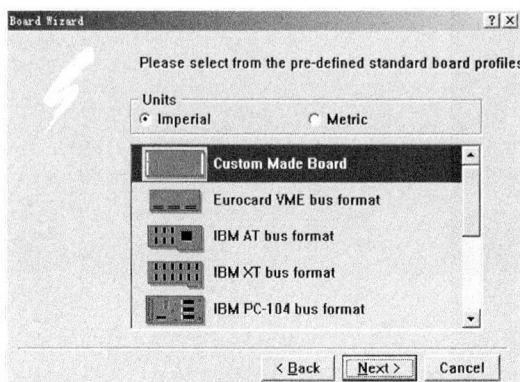

图 6-116　选择预定义标准板对话框

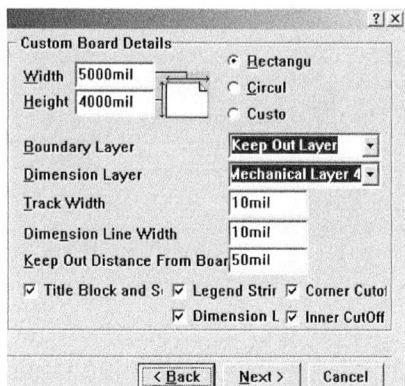

图 6-117　自定义板卡的参数设置框

（7）单击"Next"按钮，系统将弹出如图 6-118 所示设定板卡的相关属性对话框，定义板卡的长、宽。

（8）单击"Next"按钮，系统将弹出如图 6-119 所示设定板卡的相关属性对话框，定义板卡四周的长、宽。

（9）单击"Next"按钮后，系统弹出如图 6-120 所示对话框，可以设置电路板的工作层数和类型，以及电源/地层的数目等。

（10）单击"Next"按钮后，系统将弹出如图 6-121 所示对话框，此时可以设置过孔类型。其中"Thruhole Vias only"表示过孔穿过所有板层；"Blind and Buried Vias only"表示过孔为盲孔，不穿透电路板。

（11）单击"Next"按钮后，系统弹出如图 6-122 所示对话框，此时可以指定该电路板上以哪种元器件为主，其中"Surface-mount components"选项是以表面粘贴式元器件为主，而"Through-hole components"选项是以针脚式元器件为主。

（12）单击"Next"按钮，系统将弹出如图 6-123 所示对话框，此时可以设置最小的导线尺寸、过孔直径和导线间的安全距离。

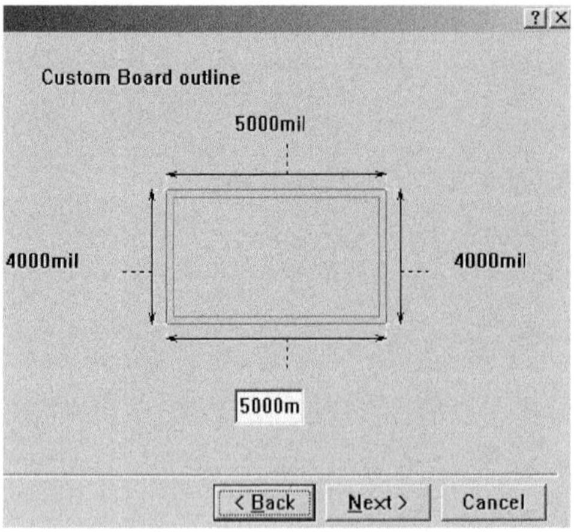

图 6-118　自定义板卡的参数设置

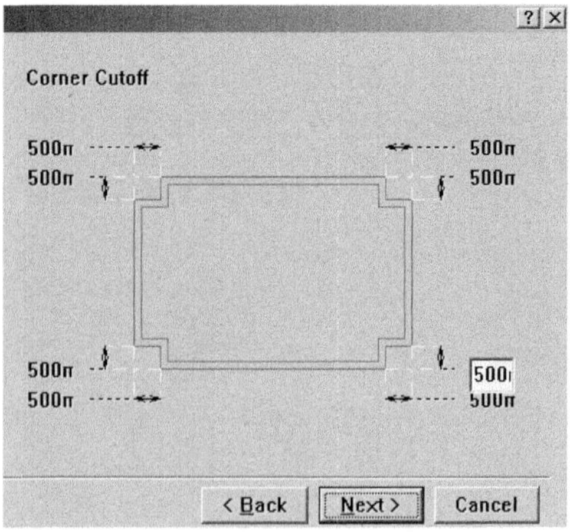

图 6-119　自定义板卡四周的参数设置

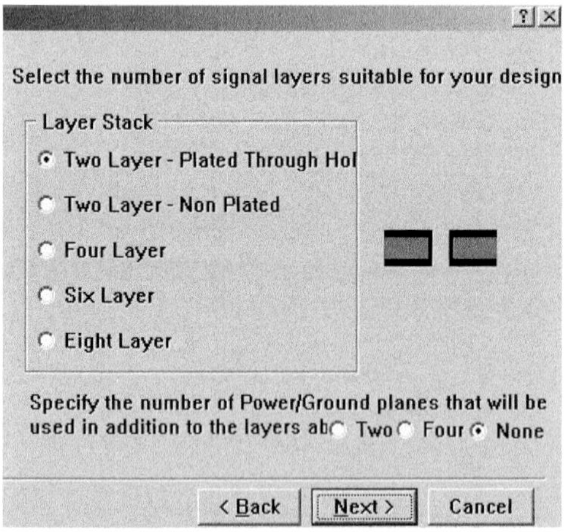

图 6-120　选择电路板工作层

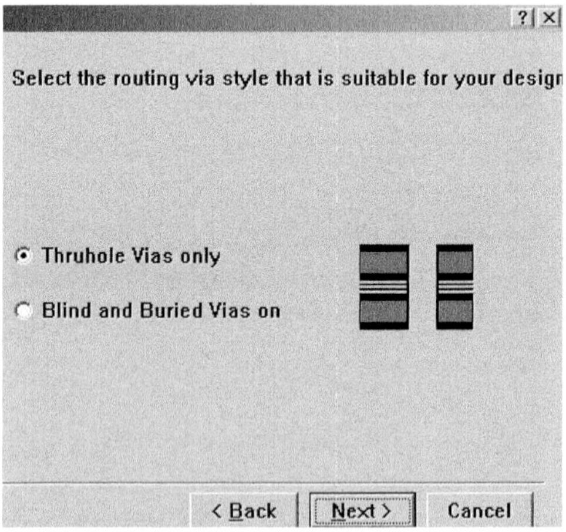

图 6-121　设置过孔类型

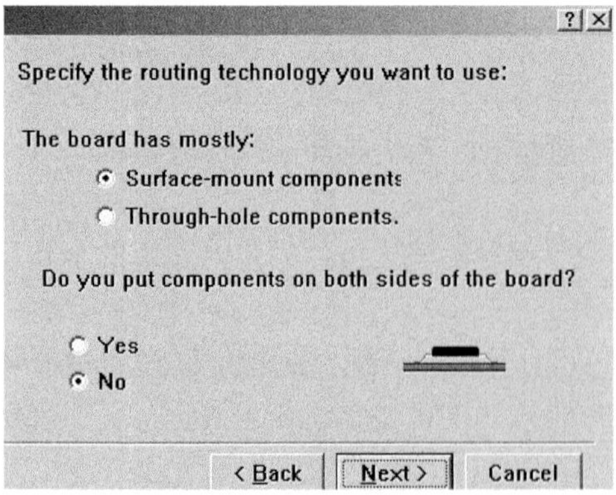

图 6-122　选择哪种元器件

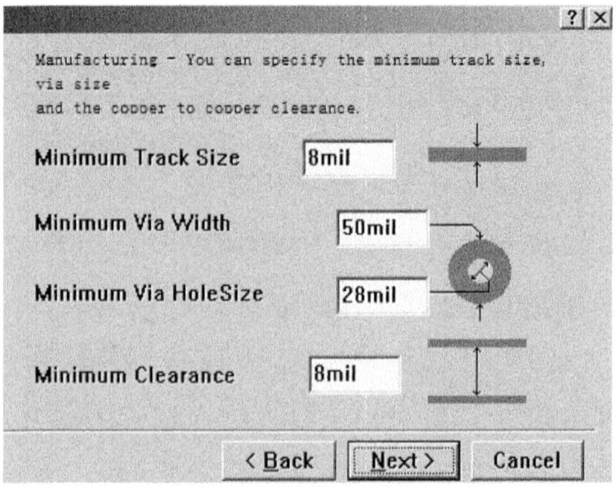

图 6-123　设置最小的尺寸限制

（13）单击"Next"按钮后，完成对话框，此时单击"Finish"按钮完成生成印制电路板的过程，该印制电路板为已经规划好的板，可以直接在上面放置网络表和元器件。

四、装入元件封装库

装入印制电路板所需的几个元件库，其基本步骤如下：

（1）在编辑印制电路板文件的状态下，将左边的设计管理器切换为"Browse PCB"标签页界面。然后单击"Browse"浏览栏下右边的下拉按钮，选择"Libraries"（库）。最后单击左下方的"Add/Remove"（添加/删除）按钮，将弹出图 6-124 所示的添加/删除库文件的对话框。

（2）在该对话框中，通过上方的搜寻窗口选取库文件的安装目录，图 6-124 所示的目录为：C：\Program Files\Design Explorer99 SE\Library\PCB\Generic FootPrints。选取方法与 Windows 2000 应用软件相同。

（3）目录选中后，选取所要引入的所有元件封装库文件，单击"Add"按钮，此文件就会出现在选择的文件列表中，如图 6-125 所示。在制作 PCB 时比较常用的元件封装库有 Advpcb. ddb、DC to DC. ddb、General IC. ddb 等，用户还可以选择一些自己设计所需的元件库。

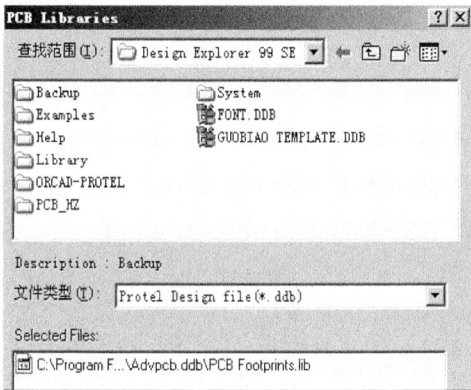

图 6-124　添加/删除库文件的对话框

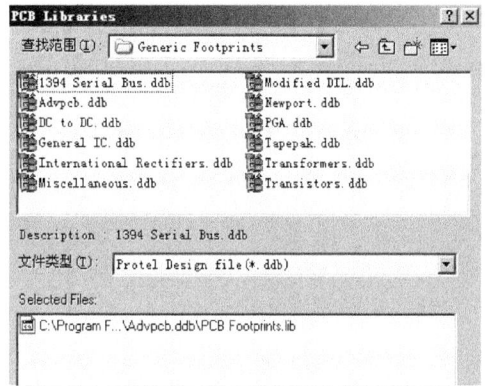

图 6-125　要选取库文件对话框

（4）添加完所有需要的元件封装库，然后单击"OK"按钮，关闭对话框，系统即可将所选中的元件库装入。

如果想删除某个库文件，只需在图 6-125 下面文件列表中选中该文件，而后单击"Remove"（删除）按钮即可完成库文件的卸载。最后单击"OK"按钮即可。

五、网络表的调入与编辑

菜单"Design/Load Net"可以将原理图生成的网络表调入电路板设计环境。它首先将调入的网络表翻译成可以执行的宏命令，然后执行宏命令将元件封装和网络放置在电路板上。若在调入过程中出现错误，可以在编辑器内修改错误。

六、设计规则

执行菜单"Design/Rule"就会出现如图 6-126 所示的设计规则设置窗口，用于设置电路板的基本规则。共有 6 个选项卡页面，它们分别是 routing（走线方面的规则），Manufacturing（制造方面的规则），High Speed（高速电路设计规则）。Placement（元件布置规则），Signal Integrity（信号完整性规则）和 Other（其他规则）。其中最有必要设置的是 routing（走线方面的规则）、Placement（元件布置规则）。

七、自动布置元件

在对设计规则进行必要的设置完后就可以进行自动布置元件。选择菜单"Tool/Auto

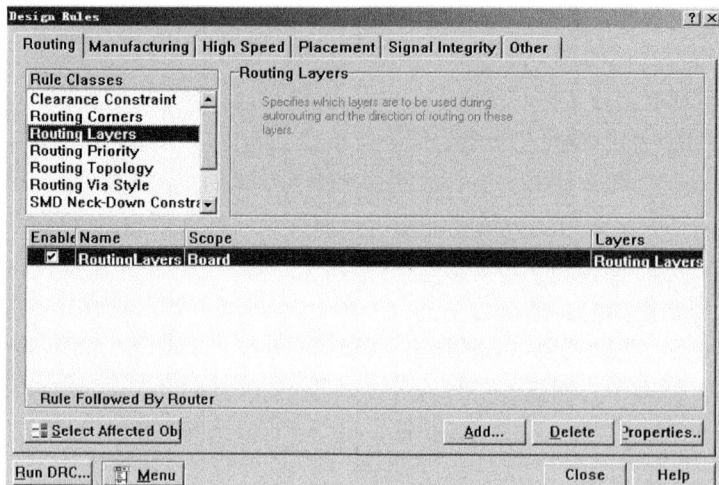

图 6-126　设计规则设置窗口

Placement"。启动后该菜单命令后屏幕显示如图 6-127 所示。

该对话框中，各选项功能如下：

Cluster Placer：集群布置方式，这种方式将元件分组放置。

Statistical Placer：统计布局方式，这种方式使元件之间的连接线最短。

Quick Component Placement 加快放置速度。

常用的布局方式是 "Cluster Placer"，设置完后。单击 "OK" 按钮，就可以看到元件在电路板图上移动一段时间后，元件就自动排列好了。但有些还需人工调整，如图 6-128 所示。

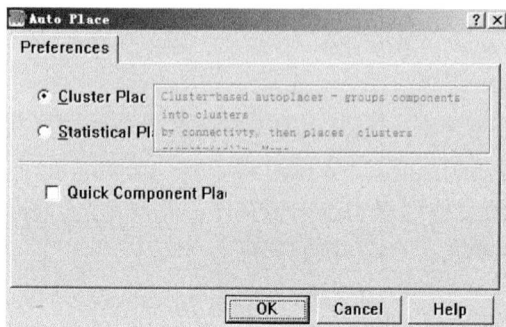

图 6-127　自动布局对话框

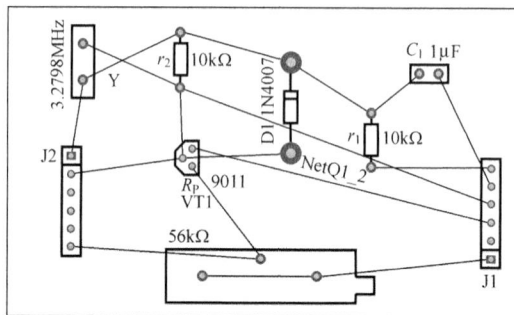

图 6-128　自动布局人工调整电路

图 6-129　自动布线

八、自动布线

在元件布局好后就可以进行自动布线，选择菜单 "Auto Route" 如图 6-129 所示。

（一）自动布线设置

菜单 "Auto Route/Setup" 用于自动布线设置，其设置窗口如图 6-130 所示。自动布线后的电路板图如图 6-131 所示。

（二）滴泪焊盘处理

菜单 "Tool/Teardrops" 用于滴泪焊盘处理，可将焊盘颈部加宽。

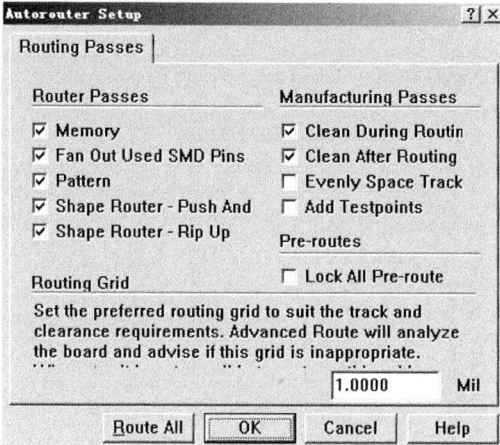

图 6-130　自动布线设置窗口

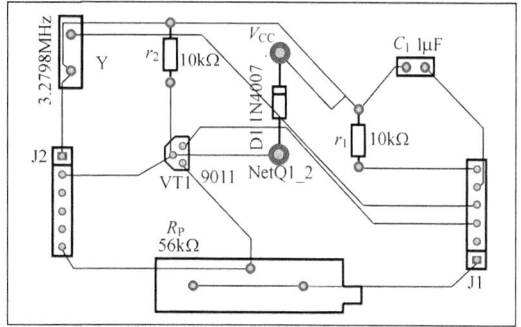

图 6-131　自动布线后的电路板图

九、设计规则检查

菜单"Tool/Design Rule Check"用于设计规则检查。设计规则除了用来限制和指导画电路板外，还可以对电路板进行检查。图 6-132 所示为电路检查设置窗口。

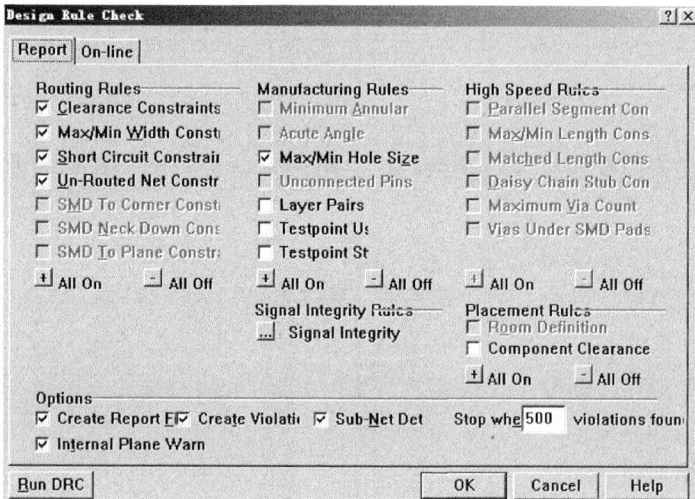

图 6-132　电路检查设置窗口

6.3.3　电路板设计的一般原则

一、电路板设计的一般原则

（一）电路板的选用

根据实际使用环境和功能选择不同的板材，厚度一般有 0.5、1、1.5、2mm。

（二）电路板的尺寸

应考虑实际大小和成本，及抗干扰等因素。

（三）布局原则

（1）特殊元件布局。高频元件之间的连线越短越好，应设法减小连线的分布参数和相互之间的电磁干扰；加大具有高电位差元件和连线间的距离；重量大的元件应该有支架固定；

发热元件要远离热敏元件；可调节的元件应放在容易调节的地方。

（2）按照电路功能布局。没有特殊要求时，尽可能按原理图的元件安排对元件进行布局；信号从左到右，从上到下分布；以功能单元电路为核心，围绕核心电路均匀整齐分布；数字电路与模拟电路分开布置。

（3）元件放置的顺序。先放置与结构紧密配合的固定位置的元器件（如指示灯、开关等），再放置特殊元件和大元件（如变压器、集成电路等），最后放置小元器件（如电阻、电容二极管等）。

（四）布线原则

（1）线长：应尽可能的短，铜膜线的拐弯处应为圆角或斜角；双面板的两面铜膜线布线不能平行走向。

（2）铜膜线宽：满足电气要求，便于生产，一般单面板不小于 0.3mm，双面板不小于 0.2mm，电源和地线要宽点。

（3）线间距：满足电气安全要求。

（4）屏蔽与接地：铜膜线的公共地线应尽可能放在电路板的边缘部分；地线的形状最好做成环路或网状。

（五）焊盘规则

（1）焊盘尺寸：一般焊孔直径为元件脚直径+0.2mm，焊盘尺寸为孔径+1.2mm。

（2）注意事项：相邻焊盘要避免有锐角；焊盘孔边缘到电路板边的距离要大于1mm；焊盘要做滴泪焊盘处理。

（六）大面积填充

大面积填充的作用有两点：一是散热，二是用于屏蔽减小干扰。大面积填充一般做成网状。

（七）跨接线

当有些铜膜线不能连接时，可用跨接线。跨接线的可选长度分别为 6、8、12mm。

二、接地设计要求

（1）正确选择单点接地和多点接地。

（2）将数字地和模拟地分开。

（3）尽量加粗地线。

（4）将地线够成闭环。

（5）同一级电路的接地点应尽可能靠近。

三、抗干扰设计

（1）选用时钟频率低的微处理器，在能满足要求的情况下，时钟频率越低越好。

（2）减小信号传输中的畸变，信号铜膜线应尽量短，过孔数越少越好。

（3）减小信号交叉干扰，具体方法是加一个接地的轮廓线将弱信号包围起来，或增加线间距离。不同层间的干扰可以采用增加电源和地线层的方法。

（4）减小来自电源的噪声，可适当增加电容滤除电源噪声。

（5）加去耦电容，在每个集成电路的电源和地线之间加个去耦电容，以减小干扰，一般选择 0.01~0.1μF 的电容。

6.3.4　电路板设计实例

以下面通过两个实际电路，说明 PCB 的绘制方法。

一、单面板的制作

（1）单级放大电路如图 6-133 所示。

（2）设计电路时考虑的因素包括：

1）电路板的大小。元件少，板子要小点一般为长方形。

2）信号的流向，应遵循从左到右的原则。

3）元件的分布。应以三极管为核心均匀分布。

4）铜膜线的宽度。一般的线为 30mil 电源地线的宽度为 50mil。

（3）绘制电路板的步骤如下：

1）在 SCH 原理图中绘制电路原理图，确定各元器件的封装，进行 ERC 校验，无错误后执行菜单"Design/Create Netlist"生产网络表。

2）进入 PCB，新建一个 PCB 文件，执行菜单"Tools/Preference"设置环境参数执行"Design/Options"设置文档参数。由于是单面板，信号层只选 Bottom Layer（底层）。

3）装入元件封装库。进入浏览器，按下"Add/Remove"按钮，将常用的几个库装入。

4）将当前层设置为"Keepout Layer"（禁止布线层）用画线工具画一个长 2000mil 宽 1000mil 的电路板边缘框。

5）执行菜单"Design/Netlist"载入网络表，在网络表无错的情况下，按"Execute"按钮，将元件放置到工作区。

6）执行菜单"Tools/Auto Place"自动布局。自动布局一般不太理想，需人工调整，确定元件的位置，将 J1 放左边，J2 放右边，三极管放中间，其他元件均匀分布。要注意的是，应尽量减少飞线的交叉。调整后的如图 6-134 所示。

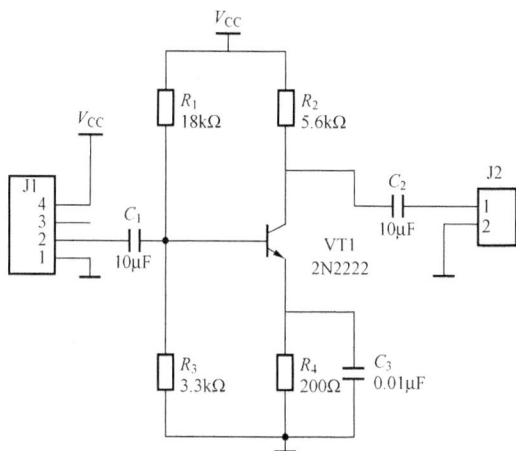

图 6-133　单级放大电路

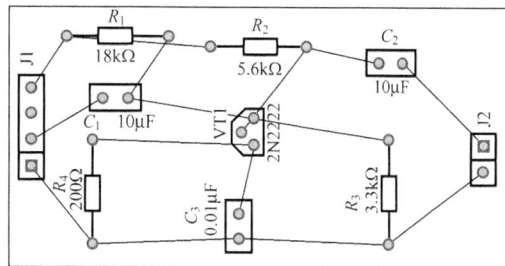

图 6-134　调整后的飞线网络

7）执行菜单"Design/Rules"设置自动布线的规则。主要设置有：间距限制规则设置为 30mil❶、拐弯方式设置为 90，布线仅在底层，其他层不用。走线方式为任意。铜膜线宽度设置地线最小宽度为 50mil 最大宽度为 100mil 其余走线宽度为 30mil 等。

8）执行菜单"Auto Route/Setup"设置自动布线的参数。一般采用系统默认值。点击

---

❶　mil 是英制单位，常用于 DIP 封装集成电路引脚间距标注，100mil = 2.54mm。

"Route All" 按钮进行自动布线结果如图 6-135 所示。

9）人工调节布线。适当的移动元件、铜膜线使其最合适并进行滴泪焊盘处理，如图 6-136 所示。

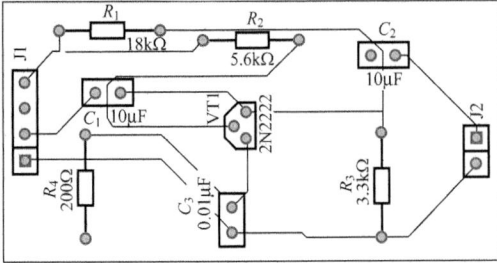

图 6-135　自动布线结果　　　　图 6-136　调整后的电路板

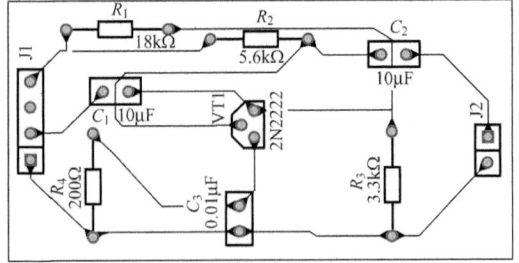

10）执行菜单"Tools/design Rule Check"，进行 DRC 检查，若有错，就返回修改；然后执行菜单"Tools/Generate Netlist"生产 PCB 的网络表文件，与 SCH 的网络表文件对比，看是否一致。

11）在电路板的四周放置 4 个直径为 40mil 的定位孔。将文件存盘。

二、双面板的制作

以图 6-137 所示电路为例，绘制双面电路板 PCB 图。

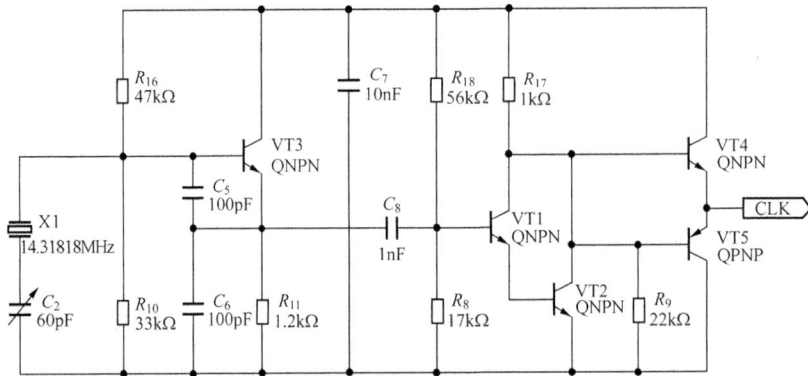

图 6-137　电路原理图

（1）在 SCH 原理图中绘制电路原理图，确定各元器件的封装，进行 ERC 校验，无错误后执行菜单"Design/Create Netlist"生产网络表。

（2）进入 PCB，新建一个 PCB 文件，执行菜单"Tools/Preference"设置环境参数。"Design/Options"设置文档参数。由于是双面板，信号层选"Bottom Layer"（底层）和"Top Layer"两个信号层。

（3）装入元件封装库。进入浏览器，按下"Add/Remove"按钮，将常用的几个库装入。

（4）将当前层设置为"Keepout Layer"（禁止布线层）用画线工具画一个长 2000mil、宽 1700mil 的电路板边缘框。

（5）执行菜单"Design/Netlist"载入网络表，在网络表无错的情况下，按"Execute"按钮，将元件放置到工作区。

（6）执行菜单"Tools/Auto Place"自动布局，自动布局一般不太理想，需人工调整。确定元件的位置，将电阻、电容放四周，三极管放中间，其他元件均匀分布。要注意的是尽量减少飞线的交叉，如图6-138所示。

（7）执行菜单"Design/Rules"设置自动布线的规则。主要设置有：间距限制规则设置为30mil、拐弯方式设置为45°，布线在顶层、底层，其他层不用。走线方式为任意。铜膜线走线宽度为30mil等。

（8）执行菜单"Auto Route/Setup"设置自动布线的参数。一般采用系统默认值。单击"Route All"按钮进行自动布线。

（9）人工调节布线。适当的移动元件、铜膜线使其最合适并进行滴泪焊盘处理，如图6-139所示。

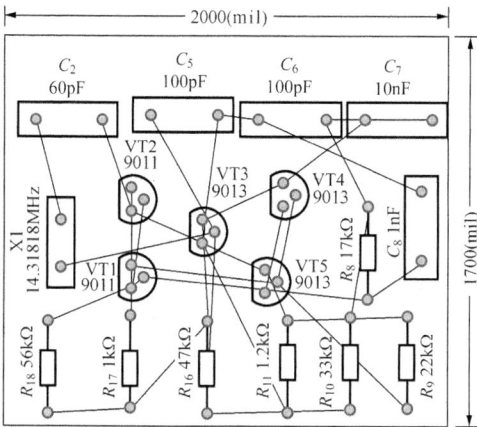

图6-138 元件布局

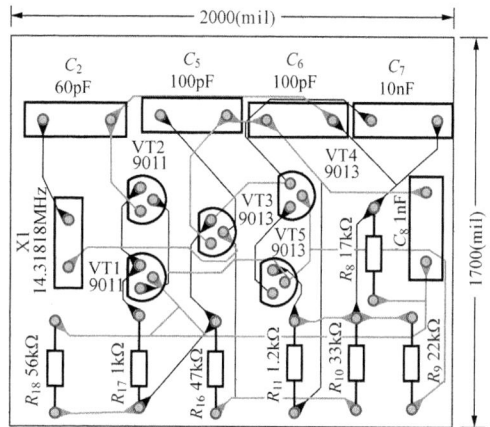

图6-139 自动布线调整后的电路板图

（10）执行菜单"Tools/design Rule Check"，进行DRC检查，若有错，则返回修改；然后执行菜单"Tools/Generate Netlist"生产PCB的网络表文件，与SCH的网络表文件对比，看是否一致。

（11）在电路板的四周放置4个直径为40mil的定位孔，并将文件存盘。

附录　常见数字集成电路资料

一、数字集成电路封装形式图

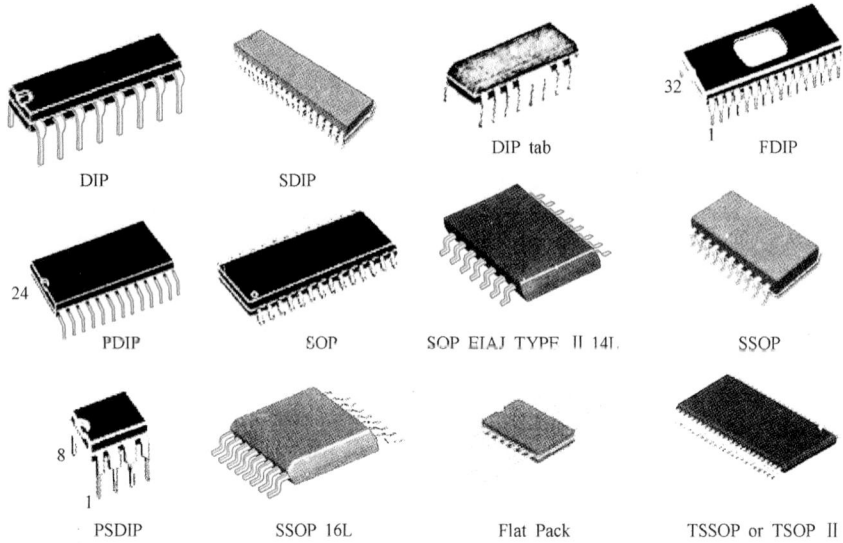

DIP　　　　　SDIP　　　　　DIP tab　　　　FDIP

PDIP　　　　　SOP　　　SOP EIAJ TYPE II 14L　　　SSOP

PSDIP　　　SSOP 16L　　　Flat Pack　　　TSSOP or TSOP II

二、数字集成电路型号与引脚图

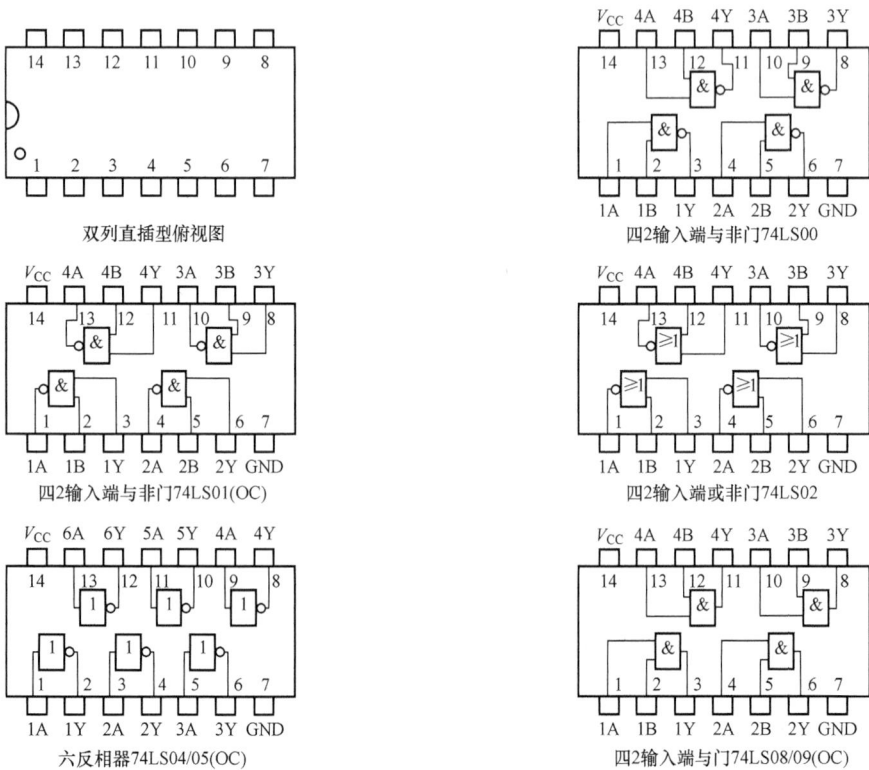

双列直插型俯视图

四2输入端与非门74LS00

四2输入端与非门74LS01(OC)

四2输入端或非门74LS02

六反相器74LS04/05(OC)

四2输入端与门74LS08/09(OC)

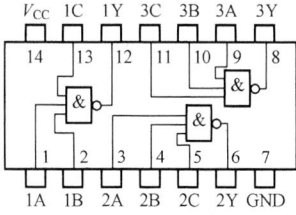

三3输入端与非门74LS10/12(OC)

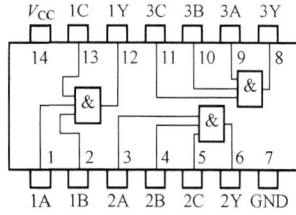

三3输入端与门74LS11/15(OC)

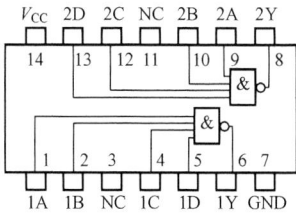

74LS20/22(OC)/40(功率)

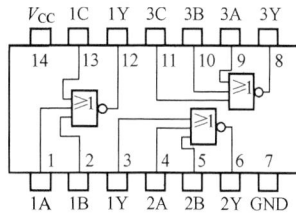

三3输入或非门74LS27

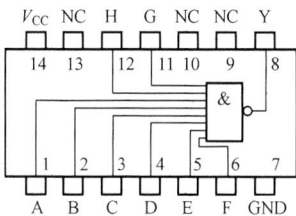

8输入与非门74LS30

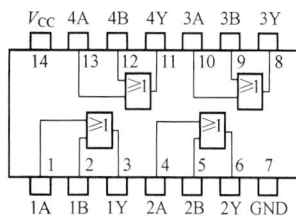

四2输入端或门74LS32

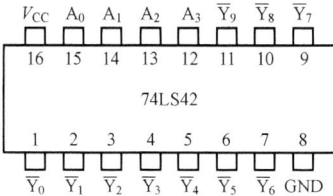

4线—10线8421BCD码译码器74LS42

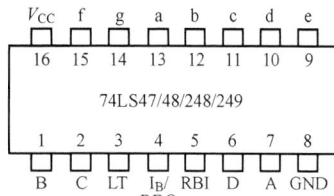

七段显示译码器74LS47/48/248/249

七段显示译码器74LS49

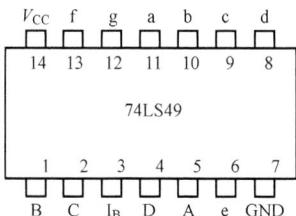

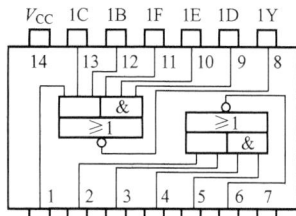

双与或非门74LS51

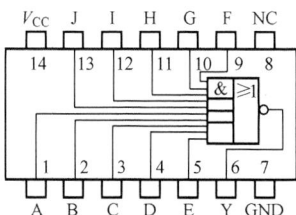

与或非门74LS54

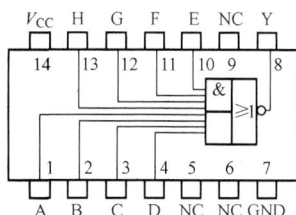

与或非门74LS55

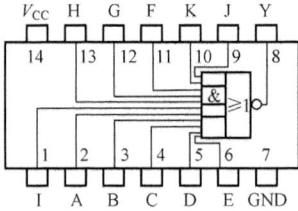

与或非门74LS64

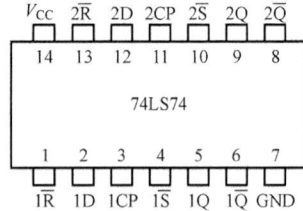

VCC	H	G	F	K	J	Y
14	13	12	11	10	9	8
1	2	3	4	5	6	7
I	A	B	C	D	E	GND

双D触发器74LS74

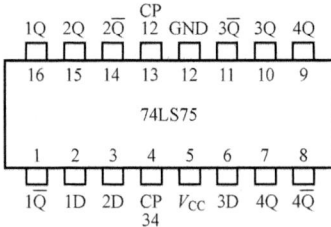

VCC	$2\bar{R}$	2D	2CP	$2\bar{S}$	2Q	$2\bar{Q}$
14	13	12	11	10	9	8
1	2	3	4	5	6	7
$1\bar{R}$	1D	1CP	$1\bar{S}$	1Q	$1\bar{Q}$	GND

四D锁存器74LS75

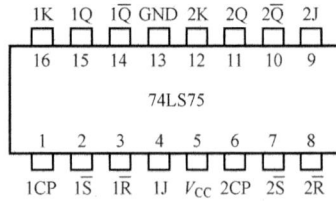

1Q	2Q	$2\bar{Q}$	CP12	GND	$3\bar{Q}$	3Q	4Q
16	15	14	13	12	11	10	9
1	2	3	4	5	6	7	8
$1\bar{Q}$	1D	2D	CP34	VCC	3D	4Q	$4\bar{Q}$

双JK触发器74LS76

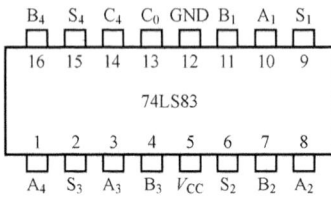

1K	1Q	$1\bar{Q}$	GND	2K	2Q	$2\bar{Q}$	2J
16	15	14	13	12	11	10	9
1	2	3	4	5	6	7	8
1CP	$1\bar{S}$	$1\bar{R}$	1J	VCC	2CP	$2\bar{S}$	$2\bar{R}$

4位二进制全加器74LS83

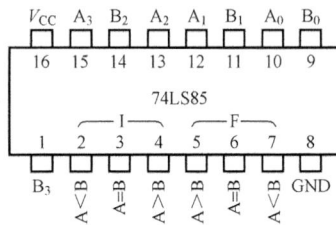

B4	S4	C4	C0	GND	B1	A1	S1
16	15	14	13	12	11	10	9
1	2	3	4	5	6	7	8
A4	S3	A3	B3	VCC	S2	B2	A2

4位大小比较器74LS85

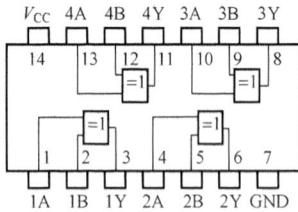

VCC	A3	B2	A2	A1	B1	A0	B0
16	15	14	13	12	11	10	9
1	2	3	4	5	6	7	8
B3	A<B	A=B	A>B	A>B	A=B	A<B	GND

四2输入端异或门74LS86/136(OC)

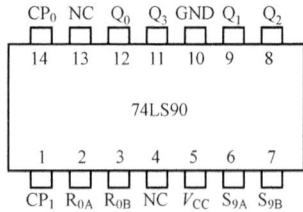

VCC	4A	4B	4Y	3A	3B	3Y
14	13	12	11	10	9	8
1	2	3	4	5	6	7
1A	1B	1Y	2A	2B	2Y	GND

异步二—五进制计数器74LS90

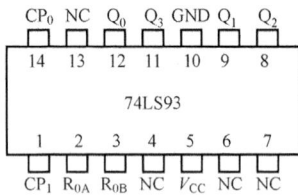

CP0	NC	Q0	Q3	GND	Q1	Q2
14	13	12	11	10	9	8
1	2	3	4	5	6	7
CP1	R0A	R0B	NC	VCC	S9A	S9B

异步二—八进制计数器74LS93

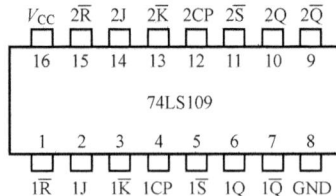

CP0	NC	Q0	Q3	GND	Q1	Q2
14	13	12	11	10	9	8
1	2	3	4	5	6	7
CP1	R0A	R0B	NC	VCC	NC	NC

双JK触发器74LS109

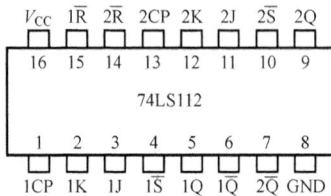

VCC	$2\bar{R}$	2J	$2\bar{K}$	2CP	$2\bar{S}$	2Q	$2\bar{Q}$
16	15	14	13	12	11	10	9
1	2	3	4	5	6	7	8
$1\bar{R}$	1J	$1\bar{K}$	1CP	$1\bar{S}$	1Q	$1\bar{Q}$	GND

双JK触发器74LS112

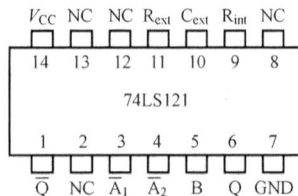

VCC	$1\bar{R}$	$2\bar{R}$	2CP	2K	2J	$2\bar{S}$	2Q
16	15	14	13	12	11	10	9
1	2	3	4	5	6	7	8
1CP	1K	1J	$1\bar{S}$	1Q	$1\bar{Q}$	$2\bar{Q}$	GND

单稳态触发器74LS121

VCC	NC	NC	Rext	Cext	Rint	NC
14	13	12	11	10	9	8
1	2	3	4	5	6	7
$\bar{Q}$	NC	$\bar{A}_1$	$\bar{A}_2$	B	Q	GND

74LS174

V_{CC} 6D 6Q 5D 5Q 4D 4Q CP
16 15 14 13 12 11 10 9
$\overline{R}$ 1Q 1D 2D 2Q 3D 3Q GND
1 2 3 4 5 6 7 8

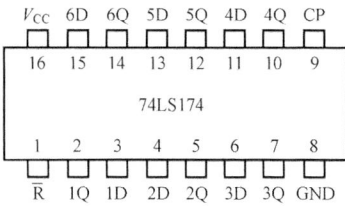

六D触发器74LS174

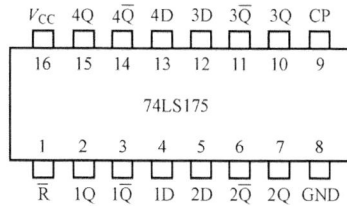

74LS175

V_{CC} 4Q $4\overline{Q}$ 4D 3D $3\overline{Q}$ 3Q CP
16 15 14 13 12 11 10 9
$\overline{R}$ 1Q $1\overline{Q}$ 1D 2D $2\overline{Q}$ 2Q GND
1 2 3 4 5 6 7 8

四D触发器74LS175

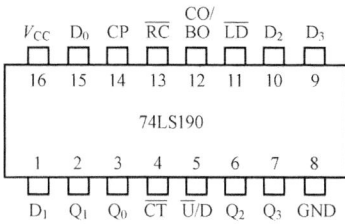

74LS190

V_{CC} D_0 CP $\overline{RC}$ CO/BO $\overline{LD}$ D_2 D_3
16 15 14 13 12 11 10 9
D_1 Q_1 Q_0 $\overline{CT}$ $\overline{U}/D$ Q_2 Q_3 GND
1 2 3 4 5 6 7 8

同步可逆十进制计数器74LS190

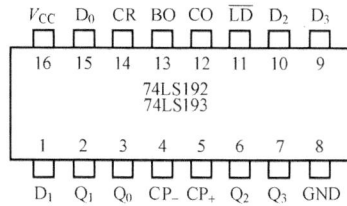

74LS192 / 74LS193

V_{CC} D_0 CR BO CO $\overline{LD}$ D_2 D_3
16 15 14 13 12 11 10 9
D_1 Q_1 Q_0 CP_ CP_+ Q_2 Q_3 GND
1 2 3 4 5 6 7 8

同步可逆计数器74LS192/193

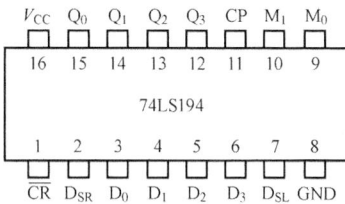

74LS194

V_{CC} Q_0 Q_1 Q_2 Q_3 CP M_1 M_0
16 15 14 13 12 11 10 9
$\overline{CR}$ D_{SR} D_0 D_1 D_2 D_3 D_{SL} GND
1 2 3 4 5 6 7 8

4位双向移位寄存器74LS194

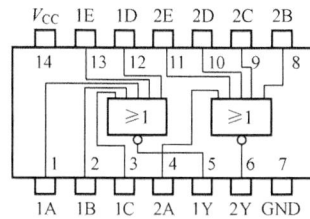

74LS260

V_{CC} 1E 1D 2E 2D 2C 2B
14 13 12 11 10 9 8
1A 1B 1C 2A 1Y 2Y GND
1 2 3 4 5 6 7

5输入双或非门74LS260

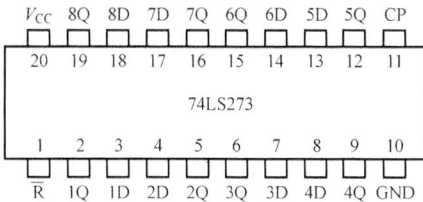

74LS273

V_{CC} 8Q 8D 7D 7Q 6Q 6D 5D 5Q CP
20 19 18 17 16 15 14 13 12 11
$\overline{R}$ 1Q 1D 2D 2Q 3Q 3D 4D 4Q GND
1 2 3 4 5 6 7 8 9 10

八D触发器74LS273

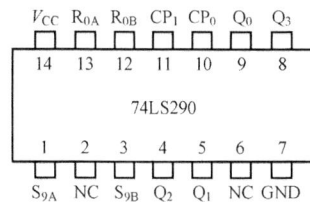

74LS290

V_{CC} R_{0A} R_{0B} CP_1 CP_0 Q_0 Q_3
14 13 12 11 10 9 8
S_{9A} NC S_{9B} Q_2 Q_1 NC GND
1 2 3 4 5 6 7

异步二—五进制计数器74LS290

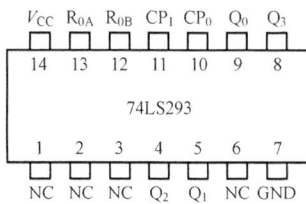

74LS293

V_{CC} R_{0A} R_{0B} CP_1 CP_0 Q_0 Q_3
14 13 12 11 10 9 8
NC NC NC Q_2 Q_1 NC GND
1 2 3 4 5 6 7

异步二—八进制计数器74LS293

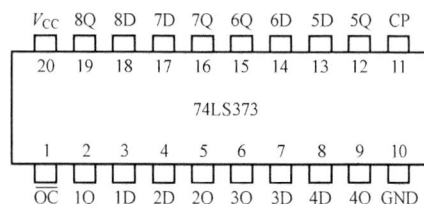

74LS373

V_{CC} 8Q 8D 7D 7Q 6Q 6D 5D 5Q CP
20 19 18 17 16 15 14 13 12 11
$\overline{OC}$ 1Q 1D 2D 2Q 3Q 3D 4D 4Q GND
1 2 3 4 5 6 7 8 9 10

八D锁存器74LS373(三态输出)

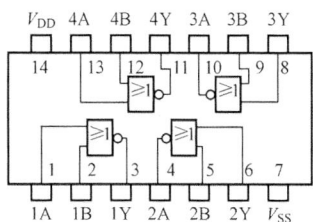

CC4001

V_{DD} 4A 4B 4Y 3A 3B 3Y
14 13 12 11 10 9 8
1A 1B 1Y 2A 2B 2Y V_{SS}
1 2 3 4 5 6 7

四2输入端或非门CC4001

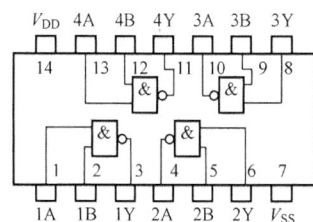

CC4011

V_{DD} 4A 4B 4Y 3A 3B 3Y
14 13 12 11 10 9 8
1A 1B 1Y 2A 2B 2Y V_{SS}
1 2 3 4 5 6 7

四2输入端与非门CC4011

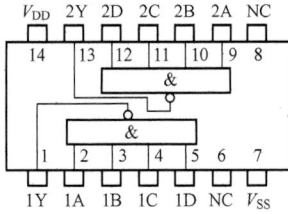

双4输入与非门CC4012

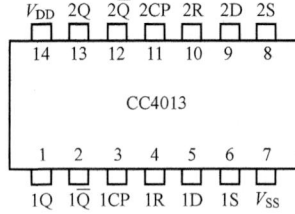

双D触发器CC4013

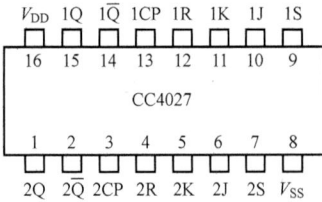

双JK主从触发器CC4027

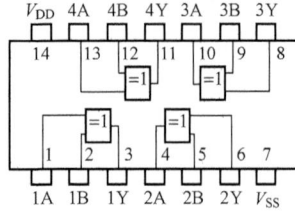

四2输入端异或门CC4030/CC4070

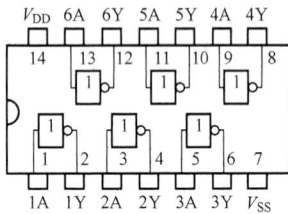

六反相器CC4069/CC40106
（施密特触发器）

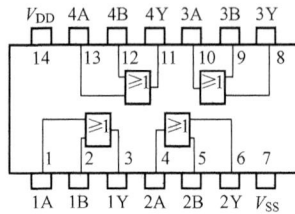

四2输入端或门CC4071

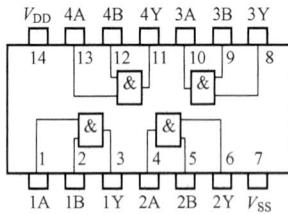

四2输入端与门CC4081

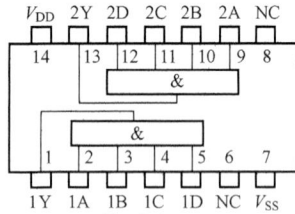

双4输入与门CC4082

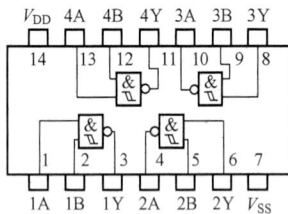

四2输入端与非门CC4093
（施密特触发器）

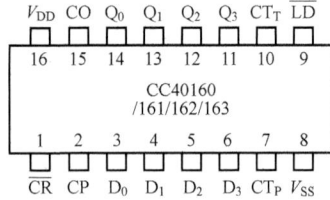

同步计数器

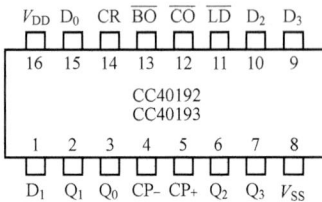

可逆计数器

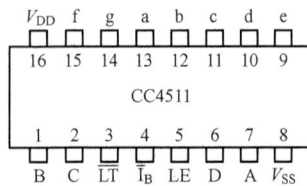

七段显示译码器

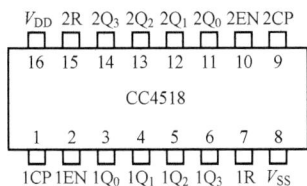

双BCD码同步加计数器

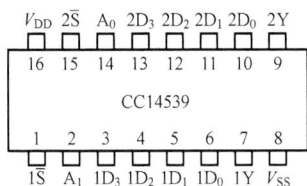

CC4518

双可重触发单稳(带清零端)

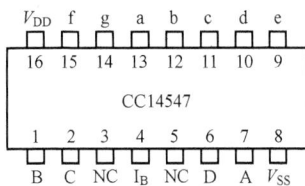

CC14528
CC4098

双4选1数据选择器

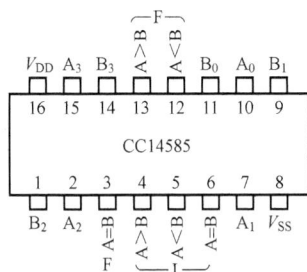

CC14539

高电平有效60Ma驱动显示译码器

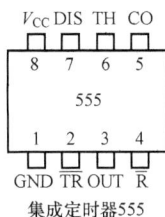

CC14547

4位大小数比较器

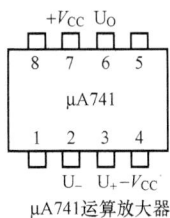

CC14585

集成定时器555

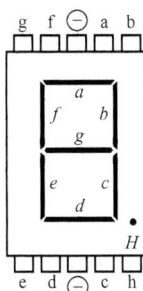

555

μA741运算放大器

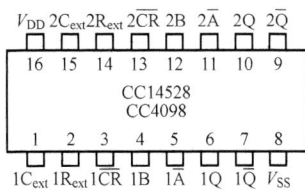

μA741

共阴型半导体数码管

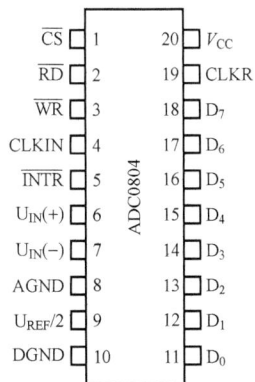

A/D转换器ADC0804

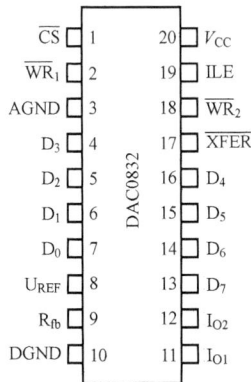

ADC0804

D/A转换器DAC0832

DAC0832

参 考 文 献

［1］杨力，左能. 电子技术. 北京：中国水利水电出版社，2006.

［2］杨力. 电子装接工基本技能. 成都：成都时代出版社，2007.

［3］王冠华，卢庆龄. Multisim12 电路设计及应用. 北京：国防工业出版社，2014.

［4］李新玉. 电子线路组装与调试. 济南：山东科学技术出版社，2015.

［5］李光飞，楼然苗，胡佳文，等. 单片机课程设计实例指导. 北京：北京航空航天大学出版社，2004.

［6］高吉祥. 电子技术基础实验与课程设计. 2 版. 北京：电子工业出版社，2005.

［7］赵淑范，王宪伟. 电子技术实验与课程设计. 北京：清华大学出版社，2006.

［8］张兴忠. 数字逻辑与数字系统实践技术. 北京：科学出版社，2005.

［9］杨忠国. 数字电子技术技能实训. 北京：人民邮电出版社，2006.

［10］邱寄帆. 数字电子技术实验与综合实训. 北京：人民邮电出版社，2005.